基礎有機化学

Janice Gorzynski Smith 著

村 田　滋　訳

東京化学同人

家族に捧ぐ

General, Organic, and Biological

CHEMISTRY

Fourth Edition

Janice Gorzynski Smith

訳者まえがき

本書は，米国ハワイ大学の Janice Gorzynski Smith による“General, Organic, & Biological Chemistry”第 4 版のうち，Organic Chemistry にあたる 11〜18 章の邦訳である．欧米では，化学を専門とはしないものの，化学的な知識が必要な職業につく学生を対象として，General, Organic, & Biological Chemistry という表題の教科書がいくつか出版されている．日本でも多数の訳書がある General Chemistry と同程度のボリュームながら，化学の基本概念から有機化学と生化学の基礎的な内容まで，1 年間で学ぶことができる教科書となっている．邦訳はほとんどないが，日本でも，医学系や薬学系の大学生，あるいは医療，看護，栄養，食品などにかかわる大学生や専門学校の学生が，将来の職業に必要な化学の知識を身につけるための教科書として最適であると思われる．本書は，Smith による原著を日本の学校で使用しやすいように，「基礎化学」，「有機化学」，「生化学」の 3 分冊に分割したうちの一冊である．

著者の Smith は大学における有機化学の教師として長い経歴をもち，特に“Organic Chemistry”（邦訳『スミス有機化学』）の著者として有名である．彼女の“Organic Chemistry”は，数ある有機化学の教科書のなかでも効果的な図版と簡潔な解説によりとてもわかりやすいとの定評があり，版を重ねている．本書の原著“General, Organic, & Biological Chemistry”も，その特徴が十分に発揮された内容になっている．

いうまでもなく，代謝，エネルギー生産，自己複製といった生命現象の主要な過程は，基本的に有機化学反応である．したがって，生物学，さらに医学，農学など生体を扱う多くの学問において，生命現象を本質的に，すなわち原子・分子といった微小な粒子の観点から理解するためには，有機化学の知識は必須である．しかし，高等学校や大学教養課程の「化学」は分子構造論や平衡反応論が中心であり，有機化学は多様な物質を学ぶ各論の一つと位置づけられ，体系的に有機化学を学ぶ機会はあまりない．また，一般的な有機化学の教科書は，化学を専門とする学生を対象としたものがほとんどであり，たとえば医療や食品にかかわる学生や研究者が有機化学を学び直そうと思っても，適切な書物を見つけることはむずかしい．このような現状において本書は，生体に関連したさまざまな学問や職業にかかわる人々をおもな対象とした書物である点に特色があり，彼らが生体と有機分子の関連を意識しながら，有機化学の基礎知識を習得することができる内容になっている．

本書では，有機分子の表記法から詳しい解説がなされているので，高等学校で有機化学を学ぶ機会がなかった人や，有機化学になじみのない人でも十分に読むことができるであろう．また，基本的な有機化合物群について命名法と構造，性質が体系的に紹介されており，物性や反応についても，決して羅列的ではなく分子の構造に基づいた説明がつけられている．一方で，基礎的な内容を扱いながら，鏡像異性体やアセタール，アミンなど，生体に関連する物質には十分な紙数が割かれ，また随所で，生体関連物質や医薬品が生体に作用するしくみについて分子の視点から説明がなされている．本書を読むと，生体内の反応は有機化学反応にほかならないことを，自然と理解することができるであろう．

本書の特徴としてまず，要点が箇条書きにされ，色をつけて強調されていることがあげられる．これは日本の高等学校の教科書を思わせる体裁であり，初学者にとってとても学びやすく，また教科書として使いやすいものと思う．また，本文に図を挿入し，説明をその図に書き込む方法が用いられており，これは重要な内容を視覚的に記憶にとどめる効果がある．最後に，重要な事項は，問題を解くことによって理解させる工夫がなされている．「例題」には丁寧な解答がつけられており，それに付随した「練習問題」によって，例題で学んだ内容を確認できるようになっている．さらに「問題」としてやや応用的な問題があり，それを解くことによって理解を深めることができる．訳書で取上げた「練習問題」と「問題」の解答は東京化学同人のホームページに収載したので，学習の際の参考にしていただきたい．

また，読者が興味をもって有機化学を学べるように，学習すべき事項に関連した身近な物品や現象について詳しく解説し，写真や図を多く掲載していることも本書の特徴の一つであろう．題材は，本書が対象とする学生の興味を反映して人体，医療，環境に関するものが多いが，バターとマーガリン，キラルな薬剤，カフェインとニコチンなど，とても興味深い内容となっている．なお，これらは原著では基本的に本文に記載されていたが，基礎的な有機化学として学ぶべき内容を明確にするために，本書ではその多くをコラムや欄外に移動させた．また，原著で掲載されていた写真や図も，教員や学生の使いやすさ，および日本の事情を考慮して部分的に割愛した．これらの編集により，原著の優れた特徴を損なうことなく，学習すべき事項がより明確になったものと思う．

上述した通り本書は，従来の有機化学の教科書にはないいくつかの特徴をもつユニークな書物である．ぜひ，医学系や薬学系の大学生，あるいは医療，看護，栄養，食品などにかかわる大学生や専門学校の学生に，有機化学の基礎知識を身につけるための教科書，あるいは自習書として使っていただきたい．生体にかかわる研究や職業に従事する人々が，化学の視点，すなわち原子・分子の視点から物質や現象を眺めることができ，有機物質に対する正しい知識と感覚をもつならば，より創造的な仕事ができるであろうと思う．東京化学同人の橋本純子氏と岩沢康宏氏には，本書の企画から出版に至るまで大変お世話になった．速やかに編集を進めていただいたにもかかわらず，私の対応が遅く，しばしばご迷惑をおかけした．ここに心よりお詫びするとともに，お二人の献身的なお仕事に深く感謝したい．

2021 年 7 月

村　田　　滋

原著者まえがき

この教科書“General, Organic, & Biological Chemistry”第4版を執筆した目的は，基礎化学，有機化学，生化学の基礎的な概念を私たちの身のまわりの世界と関係づけ，これによって日常生活の多くのできごとが，化学によってどのように説明できるかを示すことであった．執筆にあたり，次の二つの指針に従った．

- すべての化学の基礎的な概念に対して，関連する興味深い応用を用いる．
- 箇条書き，大きな挿入図，段階的な問題の解法を用いながら，学生にとってなじみやすい方法で題材を提示する．

この教科書は変わっている．それは意図的なものである．今日の学生は，学習の際にこれまでよりもずっと視覚的なイメージに頼っている．そこで本書では，化学の主要なテーマに対する学生の理解を固めるために，文章よりもダイヤグラムや挿入図を多用した．一つの重要な特徴は，私たちが日常的によく出会う現象を図示し説明するために，分子図を用いたことである．それぞれのトピックスは，少ない情報をもついくつかの内容に分割し，扱いやすく学びやすいようにした．基礎的な概念，たとえばせっけんが汚れを落とすしくみやトランス脂肪酸が食事に好ましくない理由について，学生がそれらに圧倒されることなく理解できるように，十分な詳しい説明を与えた．

この教科書は，看護学，栄養学，環境科学，食品科学，そのほかさまざまな健康に関連する職業に興味をもつ学生のために書かれたものである．本書は，化学に関する前提のない入門課程を想定したものであり，2学期連続かあるいは1学期の課程に適切な内容となっている．私はこれまでの経験から，これらの課程の多くの学生が，人体とさらに大きな身のまわりの世界について新しい知識を習得するには，新しい概念は一つずつ導入し，基礎的なテーマに焦点を合わせ，また複雑な問題は小さな部分に分割することが有効であることを知っている．

教科書の製作

教科書を執筆する過程は多面的である．McGraw-Hill社では，正確で革新的な出版物とデジタル教材を作り上げるため市場志向型の手法をとっている．それは多様な顧客による評価の繰返しと点検によって進められ，継続的な改良がなされている．この手法は，計画の初期段階から始まり，出版とともに，次の版の執筆を見越して再び開始される．この過程は，学生と指導者の両方に対して，教材の改良と刷新のための幅広い包括的な範囲のフィードバックを与えるために計画されている．具体的には，市場調査，内容の再評価，教員と学生によるグループ対話，課程および製品に特化した討論会，正確さの検査，図版の再評価などが行われる．

本書で用いる学習システム

- **文章形式**　学生が基礎化学，有機化学，生化学における主要な概念やテーマの学習に集中できるためには，文体が簡潔でなければならない．概念を説明するために日常生活から関連する題材を取上げ，またトピックスは少ない情報をもついくつかの内容に分割し，学びやすいようにした．

- **章の概要**　各章の内容の構成に関する学生の理解を助けるために，各章の冒頭に「章の概要」を掲げた．
- **マクロからミクロへの挿入図**　今日の学生は視覚的に学ぶことに慣れており，また巨視的な現象を分子の視点から見ることは，あらゆる化学の課程において化学的な理解のために重要である．このため，日常のできごとの背景にある化学に対する学生の理解を助けるために，本書の多くの挿入図には，それらの分子レベルの表記とともに，日常生活でみられる事物の写真や図を加えた．
- **問題の解法**　例題では，解答の項によって，正しい問題の解法につながる思考過程に学生を導いた．例題には練習問題が付随しており，それによって学生は，そこで学んだ内容を応用することができる．例題は章の構成に対応して，トピックスによって順に分類した．また，表題からそれぞれの例題で学ぶべき内容を知ることができる．章内には他に，例題と練習問題で学んだ考え方に基づいた問題も収載してある．
- **How To**　例題と多くの詳細な段階を用いることにより，学生は直接的で理解しやすい方法で問題を解くための重要な過程を学ぶことができる．
- **応用**　コラムや欄外図において，日常生活に対する化学の一般的な応用を取上げた．

教員や学生に対して

教員へ　　化学の教科書を執筆することは，途方もなく大きな仕事である．25 年以上にわたり，米国の私立大学の教養学部と大きな州立大学で化学を教えた経験から，私はこの教科書を執筆するための独特の考え方を得た．私は学生たちの授業に対する準備の程度が著しく異なり，また彼らの大学生活に対する期待もきわめて異なっていることを知っている．私は指導者として，あるいはいまや著者として，このようなさまざまな学生が化学という学問をもっとはっきりと理解し，そして日常的な現象に対して新しい見方ができるようなやり方へ，私の化学に対する愛情と知識を向けようと思う．

学生へ　　私は本書が，あなたが化学の世界をもっとよく理解し，そのおもしろさがわかるために役立つことを願っている．私の教師としての長い経歴における何千という学生とのかかわりは，化学に関する私の教え方や書き方に大きな影響を与えた．したがって，もし本書に関するコメントや質問があれば，遠慮なく jgsmith@hawaii.edu へメールを送ってほしい．

謝　辞

現代の化学の教科書を出版するには，著者の原稿を現実の出版物にすることができる知識をもった仕事熱心な人々からなるチームが必要である．私は，McGraw-Hill 社のこのような出版の専門家からなる献身的なチームと仕事ができたことをうれしく思っている．

特に，製作責任者の Mary Hurley と再び仕事ができたことに感謝している．彼女はタイミングよく，また高いプロ意識をもって，この仕事における日々の細かいことを管理してくれた．彼女はいつも，すべきことは何か，また版が進むとともに早くなってきたと思われる締切を守るにはどうしたらよいか，を知っていた．また，製作過程を手際よく指揮してくれた編集長の David Spurgeon 博士と，企画責任者の Sherry Kane にも感謝したい．本書と学生のための解答集の製作におけるフリーの編集者 John Murdzek の仕事にも感謝している．また私は，初版の製作に協力してくれた多くの助言者や，完成した本に見られる美しい図版の作成を指導してくれた多くの美術校閲者から多大な恩恵を受けた．

最後に，本書を出版するまでの長い過程における援助と忍耐に対して，私の家族に感謝したい．救急医療医師である夫の Dan は，本書で用いたいくつかの写真を撮影し，多くの医学的応用に関する相談相手になってくれた．私の娘の Erin は“学生のための学習の手引き/解答集(Student Study Guide/Solutions Manual)”の共著者であり，元気な息子の養育と救急医療の常勤医師として多忙ななかでそれを執筆してくれた．

査読者

次の人々が，本書の以前の版を読み，それについて意見をくれたことはとても有益であった．それは私の考えを集約し，書物の形にするために大いに役立った．

Madeline Adamczeski, *San Jose City College*
Edward Alexander, *San Diego Mesa College*
Julie Bezzerides, *Lewis-Clark State College*
John Blaha, *Columbus State Community College*
Nicholas Burgis, *Eastern Washington University*
Mitchel Cottenoir, *South Plains College*
Anne Distler, *Cuyahoga Community College*
Stacie Eldridge, *Riverside City University*
Daniel Eves, *Southern Utah University*
Fred Omega Garces, *San Diego Miramar College, SDCCD*
Bobbie Grey, *Riverside City College*
Peng Jing, *Indiana University-Fort Wayne University*
Kenneth O'Connor, *Marshall University*
Shadrick Paris, *Ohio University*
Julie Pigza, *Queensborough Community College*
Raymond Sadeghi, *The University of Texas at San Antonio*
Hussein Samha, *Southern Utah University*
Susan T. Thomas, *The University of Texas at San Antonio*
Tracy Thompson, *Alverno College*
James Zubricky, *University of Toledo*

本書のための McGraw-Hill 社の LearnSmart™ における学習目標を明確にした内容の執筆と査読に協力してくれた Vistamar School の David G. Jones に感謝したい．また，本書第 4 版に伴う補助的な出版物の著者，すなわち教員のための解答集を執筆した米国オハイオ大学の Lauren McMills，パワーポイント資料の著者であるフロリダ州立カレッジ ジャクソンビル校の Harpreet Malhotra，Test Bank を執筆したルイジアナ大学ラファイエット校の Andrea Leonard に多大な謝意を表したい．

著者について

Janice Gorzynski Smith 博士は米国ニューヨーク州スケネクタディで生まれた．ハイスクールで化学に興味をもった彼女は，コーネル大学に進学して化学を専攻し，そこで主席で教養学士の称号を得た．その後，ハーバード大学においてノーベル賞受賞者の E. J. Corey 博士の指導のもとで有機化学の博士号を取得し，さらにそこで 1 年間，米国国立科学財団の博士研究員として過ごした．Corey 研に在籍している間に，彼女は植物ホルモンであるジベレリン酸の全合成を達成した．

博士研究員として仕事をした後，Smith 博士はマウント・ホリヨーク大学の教員となり，そこで 21 年間勤務した．その間に彼女は，化学の講義と実験授業に意欲的に取組み，有機合成に関する研究プロジェクトを指揮し，また学部長を務めた．彼女の有機化学の授業は，雑誌 *Boston* による調査において，マウント・ホリヨーク大学の“必ず聴講すべき科目”の一つに選定された．1990 年代に彼女は，2 回の研究休暇をハワイの美しい自然と多様な文化のなかで過ごし，その後 2000 年に家族とともにそこへ移り住んだ．最近，彼女はハワイ大学マノア校の教員に就任し，そこで看護学生のための 1 学期間の有機化学と生化学の授業，および 2 学期間の有機化学の講義と実験授業を教えている．また彼女は，米国化学会の学生加入支部の顧問を務めている．2003 年には，教育への功績により学長表彰を受けた．

Smith 博士は，救急医療医師である夫の Dan とともにハワイに住んでいる．写真は，2016 年に夫と一緒に，パタゴニアにハイキングに行ったときのものである．彼女には 4 人の子供と 5 人の孫がいる．講義や執筆，あるいは家族と楽しく過ごすとき以外は，彼女は晴天のハワイで自転車に乗ったり，ハイキングをしたり，シュノーケルをつけた潜水やスキューバダイビングをし，時間があれば，旅行やハワイアンキルトを楽しんでいる．

目　次

コラム

人体に注目

健康と医療に注目

環境に注目

How To

1 有機化学入門

アセチレン（§1・3）は有機化合物の一つである．燃焼の際にきわめて高熱の炎を生じるので，しばしば溶接トーチに利用される．

あなたが過去24時間にとった行動について，少し考えてみよう．あなたはせっけんを使ってシャワーを浴び，カフェインの入った飲料を飲み，数回の食事をとり，CDで音楽を聴き，ガソリンで動くゴムタイヤのついた自動車で外出したかもしれない．これらのうちどれか一つでもしたとすれば，あなたの生活は有機化学とかかわったことになる．1章では有機化合物の特徴的な性質について学ぶ．

1・1 はじめに

有機化学とは何か．

- 有機化学は炭素を含む化合物を研究する学問領域である．

構成元素として炭素を含んでいるが，有機化合物ではない化合物もある．例として，二酸化炭素 CO_2，炭酸ナトリウム Na_2CO_3，炭酸水素ナトリウム $NaHCO_3$ などがある．

一つの学問領域が，周期表におけるただ一つの元素の研究にあてられることは奇妙に思われるかもしれない．しかし，現在では何千万種類もの有機化合物が知られており，その数は無機化合物よりもずっと多い．これらの有機物質は，実質的に私たちの生活のあらゆる側面に影響を与えている．したがって，有機物質に関する知識をもつことは重要であり，また有用である．

衣服，食物，医薬品，ガソリン，冷却剤，せっけんは，ほとんど有機化合物だけからできている．綿，羊毛，あるいは絹のように，天然に存在する，すなわち天然資源から直接単離することができる有機物質もある．一方，ナイロンやポリエステルのように，人工的に合成された，すなわち実験室で化学者によってつくり出された有機物質もある．有機化学の原理や概念を学ぶことによって，このような化合物についてもっと多くを知ることができ，またそれらが身のまわりの世界にどのような影響を与えるかを理解することができる．

1・2 有機化合物の特徴

有機分子の多様性を認識するための最もよい方法は，おそらくいくつかの例をみることであろう．ただ一つの，あるいは二つの炭素原子を含む簡単な有機分子は，それぞれメタンとエタノールである．

メタン　　エタノール

メタン methane

エタノール ethanol

メタンは天然ガスの主成分であり，酸素の存在下で燃焼する．私たちが今日使用している天然ガスは，何百万年も前に有機物質が分解することによって生成したものである．**エタノール**はワインや他のアルコール飲料に含まれるアルコールであり，糖類の発酵によって生成する．またエタノールは，全く異なる方法によって実験室でも合成することができる．実験室で合成されたエタノールは，発酵によって生成したエタノールと同一の物質である．

カプサイシン capsaicin

カフェイン caffeine

もっと複雑な有機分子の例として，カプサイシンとカフェインがある．**カプサイシン**はトウガラシの特徴的な辛みの原因となる化合物であり，痛み止めに用いられる塗り薬の有効成分である．**カフェイン**は苦みのある興奮剤であり，コーヒーやお茶，コーラ飲料，チョコレートなどに含まれている．

カプサイシン　　カフェイン

これらの有機化合物の一般的な特徴は何だろうか．

[1]　すべての有機化合物は炭素原子をもち，ほとんどは水素原子をもっている．炭素原子は常に四つの共有結合を形成し，水素原子は一つの共有結合を形成する．

炭素は周期表の 14 族に属する元素であるから，炭素原子は結合形成に使える 4 個の価電子をもっている．水素原子の価電子は一つだけなので，メタン CH_4 は四つの単結合から構成され，それぞれの結合は，水素原子に由来する一つの電子と炭素原子に由来する一つの電子から形成される．

それぞれの実線は一つの二電子結合を表す．

二電子結合

メタン

[2]　炭素原子は他の炭素原子と単結合，二重結合，三重結合を形成する．

化合物が二つ以上の炭素原子をもつとき，形成される結合の種類は，炭素のまわりの原子の数によって決まる．以下に示す三つの化合物を考えよう．

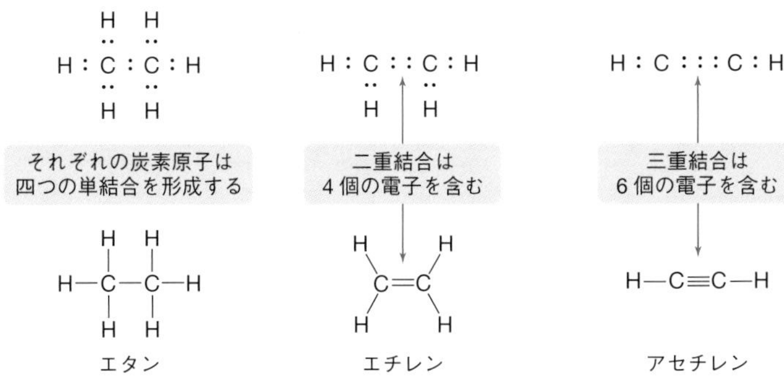

- 4 個の原子に取囲まれた炭素原子は，四つの単結合を形成する．エタン C_2H_6 では，それぞれの炭素原子は 3 個の水素原子と 1 個の炭素原子と結合している．すべての結合は単結合である．
- 3 個の原子に取囲まれた炭素原子は一つの二重結合を形成する．エチレン C_2H_4 では，それぞれの炭素原子は 3 個の原子（2 個の水素と 1 個の炭素）によって取囲まれている．ここでは，それぞれの炭素原子は，それぞれの水素原子と単結合を形成し，炭素原子と二重結合を形成する．
- 2 個の原子に取囲まれた炭素原子は，一般に一つの三重結合を形成する．アセチレン C_2H_2 では，それぞれの炭素原子は 2 個の原子（1 個の水素と 1 個の炭素）に取囲まれている．ここでは，それぞれの炭素原子は水素原子と単結合を形成し，炭素原子と三重結合を形成する．

[3] 炭素原子が鎖状に配列した化合物もあり，また環状に配列した化合物もある．

たとえば，3 個の炭素原子は連続して鎖状に結合し，プロパンを形成することができ，またシクロプロパンとよばれる環を形成することもできる．プロパンはガスコンロの燃料であり，シクロプロパンは麻酔薬として用いられる．

プロパン
C_3H_8

シクロプロパン
C_3H_6

[4] 有機化合物はまた，炭素と水素以外の元素を含むことがある．炭素と水素以外の原子は，すべて**ヘテロ原子**とよばれる．

ヘテロ原子 heteroatom

最も一般的なヘテロ原子は，窒素，酸素，およびハロゲン原子（F, Cl, Br, I）である．

- それぞれのヘテロ原子は，特徴的な結合の数をもつ．その数は，周期表におけるその位置によって決まる．
- さらにヘテロ原子は一般に非共有電子対をもち，その結果，それぞれの原子は 8 個の電子によって取囲まれている．

炭素原子およびこれらのヘテロ原子が 8 個の電子によって取囲まれることを，“オクテットを形成する”という．

たとえば，窒素原子は三つの結合を形成し，非共有電子対を一つもつ．一方，酸素原子は二つの結合を形成し，それに加えて非共有電子対を二つもつ．また，ハロゲン原子は一つの結合を形成し，さらに三つの非共有電子対をもっている．図 1・1 には，

図 1・1　有機化合物における原子の一般的な結合様式

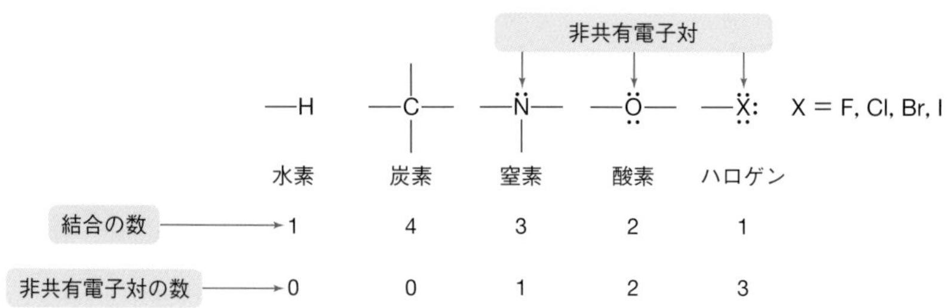

有機化合物におけるいくつかの原子の一般的な結合様式をまとめた．水素原子を除いて，有機化合物によくみられるこれらの原子は，次の一つの規則に従って結合を形成する．

結合の数 ＋ 非共有電子対の数 ＝ 4

酸素原子と窒素原子は，炭素原子と単結合および多重結合の両方を形成する．炭素原子とヘテロ原子の間に形成される最もふつうの多重結合は，炭素－酸素二重結合 C=O である．次のメタノール CH_3OH とホルムアルデヒド $H_2C=O$（防腐剤に用いられる）に示すように，図 1・1 に示した原子の結合形成様式は，原子が多重結合の一部であっても維持されている．

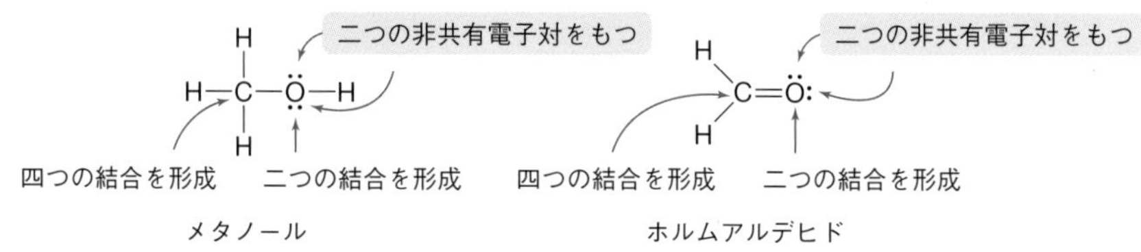

本節で示したように，分子におけるすべての価電子，すなわち共有電子対（結合電子対）と非共有電子対の位置を示した構造式を**ルイス構造**（Lewis structure）という．

これらの図から，きわめて多数の有機化合物が存在する理由がわかる．すなわち，炭素はそれ自身，および他の元素と四つの強い結合を形成することによって互いに結びつき，鎖状や環状の分子を形成できるのである．

例題 1・1　有機分子における水素原子と非共有電子対を書く

次の有機分子について，すべての水素原子と非共有電子対を表記せよ．

(a) C—C—Cl　(b) C—C=O　(c) C—C≡N

解答　炭素原子とヘテロ原子は，それぞれ 8 個の電子によって取囲まれていなければならない．図 1・1 に示した一般的な結合形成様式を用いて，必要な水素原子と非共有電子対を書き入れる．

(a)
Cl は非共有電子対を三つもつ
C は四つの結合を形成するために 3 個の H を必要とする

(b)
O は非共有電子対を二つもつ
C は四つの結合を形成するために 1 個の H を必要とする

(c)
N は非共有電子対を一つもつ
C はすでに四つの結合をもっている

（つづく）

練習問題 1・1　次の有機分子について，すべての水素原子と非共有電子対を表記せよ．

(a) C—C=C—C　(b) C—C(=C)—N—C　(c) C—C—O（三員環）

1・3 有機分子の形状

有機分子における原子のまわりの形状は，**原子価殻電子対反発理論**（**VSEPR 理論**ともいう）に基づいて，その原子がもつ基の数を数えることにより推定することができる．基は，原子あるいは非共有電子対であることに注意しよう．これらの基が，互いにできるだけ離れた配置が最も安定な配置となる．

原子価殻電子対反発理論　valence shell electron pair repulsion，略称 **VSEPR 理論**．VSEPR 理論は，電子対は互いに反発するという事実に基づく理論である．VSEPR 理論の基本的な考え方は，基を互いにできるだけ遠ざけるようにした配置が，最も安定な配置であると要約される．

- 二つの基に囲まれた原子は直線形をとり，180°の結合角をもつ．

アセチレン HC≡CH のそれぞれの炭素原子は 2 個の原子によって取囲まれており，非共有電子対は存在しない．したがって，それぞれの H−C−C 結合角は 180°であり，アセチレンの 4 個の原子はすべて 1 本の直線上に存在する．

180°
H—C≡C—H　=
180°

それぞれの炭素原子のまわりに 2 個の原子　　アセチレン 球棒模型

- 三つの基に囲まれた原子は平面三角形をとり，120°の結合角をもつ．

エチレン CH_2=CH_2 のそれぞれの炭素原子は，3 個の原子によって取囲まれており，非共有電子対は存在しない．したがって，それぞれの H−C−C 結合角は 120°であり，エチレンの 6 個の原子はすべて一つの平面上に存在している．

エチレンは，プラスチックの一種であるポリエチレンを製造するための重要な出発物質である．ポリエチレンは 1930 年代に初めて製造され，まず第二次世界大戦におけるレーダーの絶縁材として用いられた．現在では，ポリエチレンは牛乳容器，サンドイッチバッグ，食品ラッピングなど広く利用されている．全世界では，年間 4500 万トン以上のポリエチレンが製造されている．

120°

それぞれの炭素原子のまわりに 3 個の原子　　エチレン

- 四つの基によって囲まれた原子はこれらの基を正四面体の頂点に置いた配置をとり，結合角は約 109.5°となる．

メタン CH_4 の炭素原子は 4 個の水素原子と結合しており，それらは正四面体の頂点に位置している．

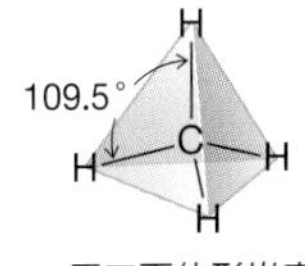

正四面体形炭素

二次元の紙の上に三次元の正四面体を書くためには，結合のうちの二つを紙面上に置き，一つの結合を紙面の前方に，もう一つの結合を紙面の後方に向ける．そして，次の慣例に従って表記する．

- 紙面上の結合は，実線を用いて表す．
- 紙面の前方に向いた結合は，くさびを用いて表す．
- 紙面の後方に向いた結合は，破線のくさびを用いて表す．

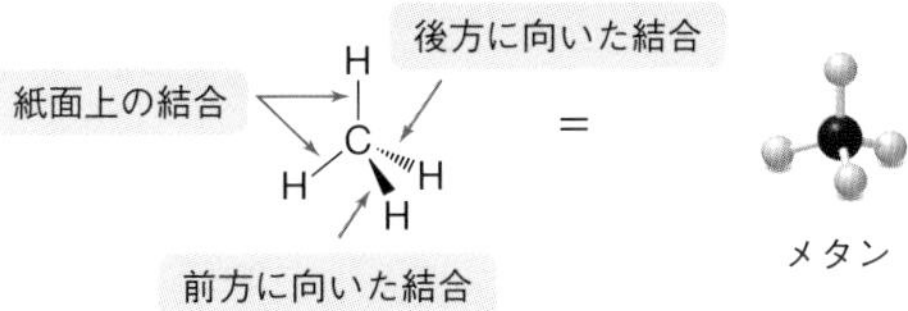

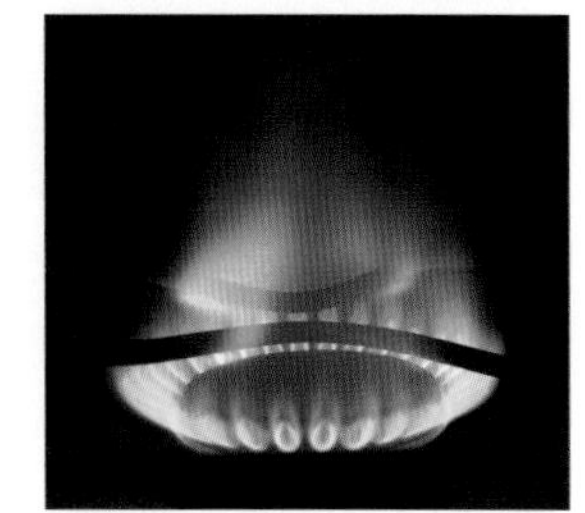

天然ガスには，メタンにつづいてエタンが多く含まれる．

四つの結合をもつ炭素原子は，すべて正四面体形をとる．たとえば，エタンのそれぞれの炭素原子は正四面体形であり，二つの結合を紙面上に書き，前方に向いた一つの結合をくさびで表し，後方に向いた一つの結合を破線のくさびで表すことによって書くことができる．

エタン

正四面体形炭素

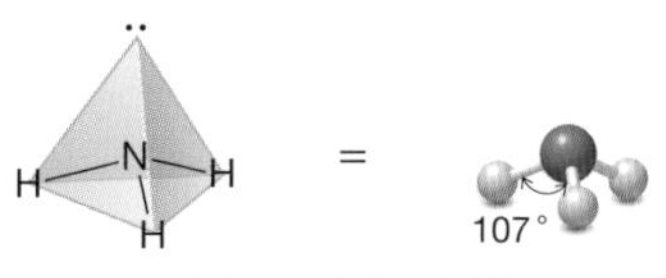

アンモニア分子の形状

三角錐形 trigonal pyramidal

窒素原子および酸素原子のまわりの形状を推定するときには，これらの原子の非共有電子対を考慮することを忘れてはならない．たとえば，メチルアミン CH_3NH_2 の窒素原子は三つの原子と一つの非共有電子対，すなわち四つの基によって囲まれている．これら四つの基が互いにできるだけ離れた配置をとるので，これらの基はそれぞれ正四面体の頂点を占める．このため，メチルアミンの窒素原子は，アンモニア NH_3 の窒素原子に類似した形状をとる．実際の H−N−C 結合角は 112° であり，これは正四面体形の結合角 109.5° に近い．窒素原子のまわりの基の一つは非共有電子対であり，原子ではないので，分子の形状は**三角錐形**と表記される．

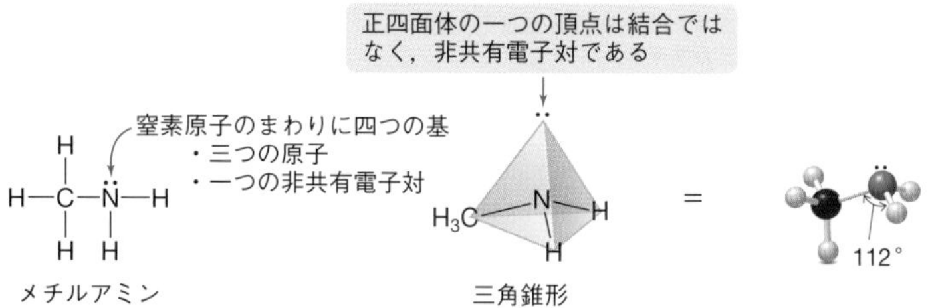

表 1・1　有機分子における原子のまわりの形状

基の総数	原子の数	非共有電子対の数	原子のまわりの形状	おおよその結合角(°)
2	2	0	直線形	180
3	3	0	平面三角形	120
4	4	0	正四面体形	109.5
4	3	1	三角錐形	約 109.5
4	2	2	屈曲形	約 109.5

同様に，メタノール CH_3OH の酸素原子は二つの原子と二つの非共有電子対，すなわち四つの基によって囲まれている．これら四つの基が互いにできるだけ離れた配置をとるので，これらの基はそれぞれ正四面体の頂点を占める．このため，メタノールの酸素原子は，水 H_2O の酸素原子に類似した形状をとる．実際の C−O−H 結合角は 109° であり，これは正四面体形の結合角 109.5° に近い．酸素原子のまわりの基のうち二つは非共有電子対であるから，メタノール分子は酸素原子のまわりで屈曲した形状をもつ．表1・1に，有機分子にみられる原子のまわりの形状をまとめた．

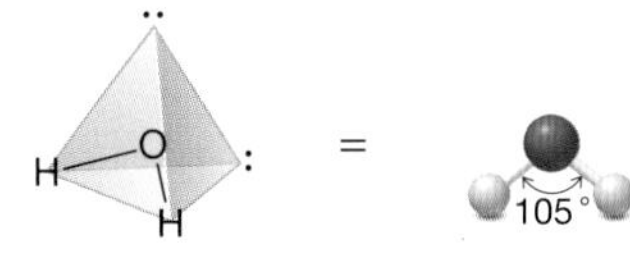

水分子の形状

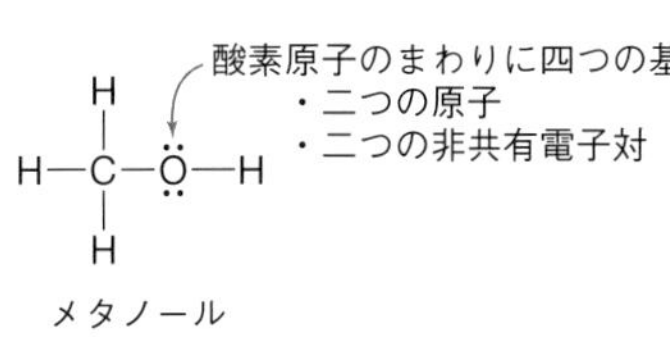

メタノール

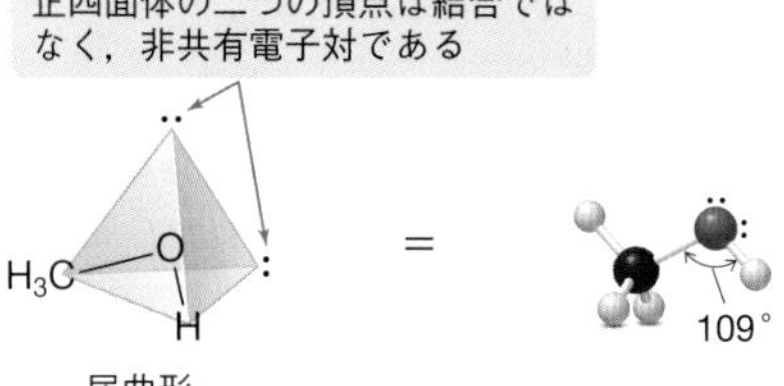

屈曲形

= 109°

例題 1・2　原子のまわりの形状を推定する

ジメチルエーテルにおける炭素原子と酸素原子それぞれのまわりの形状を推定せよ．

CH_3−O−CH_3　ジメチルエーテル

解答

四つの基 正四面体形

二つの原子と二つの非共有電子対 屈曲形

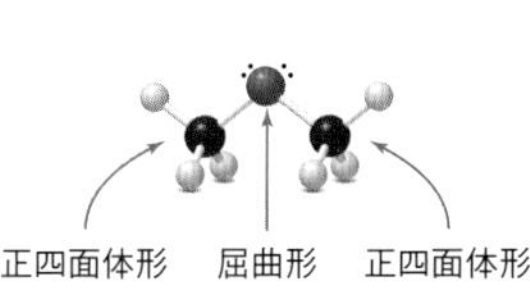

- それぞれの炭素原子は四つの原子（三つの水素と一つの酸素）によって取囲まれているので，正四面体形をとる．
- 酸素原子は二つの炭素原子と二つの非共有電子対，すなわち四つの基によって取囲まれているので，屈曲形をとる．
- この結果，ジエチルエーテルは上のような三次元的な形状をもつ．

練習問題 1・2　次の有機分子において，指示された原子のまわりの形状を推定せよ．形状を推定する前に，忘れずにヘテロ原子に非共有電子対を書き加えること．

(a) H_2C=CH−Br　（(1) 左の C，(2) 右の C）

(b) H−C≡C−CH_2−O−H　（(1) C≡C の左の C，(2) CH_2 の C，(3) O）

(c) H−C(=O)−O−H　（(1) C，(2) O）

(d) C_6H_5−CH_2−C≡N　（(1) 環の C，(2) C≡N の C）

問題 1・1　次の有機分子における炭素原子のまわりの三次元的な形状がわかるように，それぞれの構造式を実線，くさび，破線のくさびを用いて表せ．

(a) CH_3Cl　(b) CH_3CH_2Br

有機分子が大きくても，あるいは複雑であっても恐れることはない．ここで述べた考え方を用いれば，どんな複雑な分子であっても，その分子におけるあらゆる原子のまわりの形状を予想できるのである．

問題 1・2　L-ドーパはパーキンソン病の治療に用いられる薬剤である．右のL-ドーパの構造式において，指示された原子のまわりの形状を推定せよ．

L-ドーパ

1・4 有機分子の表記法

簡略構造式 condensed structure
骨格構造式 skeletal structure

§1・1～§1・3から，有機分子を表記するには，いくつかの異なる方法があることがわかる．たとえば，ペンタン C_5H_{12} は**A**のようにすべての原子と結合を書いて表すことができ，また球棒模型**B**はこの分子の三次元構造を示している．さらに，有機分子はしばしば多数の原子をもつので，簡略化した表記法が用いられる．この結果，ペンタンは**C**や**D**のように表記される．**C**を**簡略構造式**，**D**を**骨格構造式**という．

$CH_3CH_2CH_2CH_2CH_3$

ペンタン 完全な構造式 **A**　ペンタン 球棒模型 **B**　ペンタン 簡略構造式 **C**　ペンタン 骨格構造式 **D**

簡略構造式と骨格構造式の書き方と解釈について，それぞれ§1・4Aと§1・4Bで説明する．

1・4A 簡略構造式

簡略構造式は，原子が環状よりも，むしろ鎖状に結合した構造の分子を表記する際によく用いられる．簡略構造式を書くときには，次のような慣習が用いられる．

- すべての原子を表記するが，二電子結合を示す線はふつう省略される．
- ヘテロ原子上の非共有電子対は省略される．

簡略構造式を解釈するには，一般に，分子の左端から出発し，炭素原子は常に四つの結合をもつことに注意するとよい．

- 3個のHと結合している炭素は CH_3 と表記される．
- 2個のHと結合している炭素は CH_2 と表記される．
- 1個のHと結合している炭素は CH と表記される．

$= CH_3CH_2CH_2CH_3$

$= CH_3CHCH_2CH_3$（CH_3）

CH_3 基の結合位置を明確に示すために，結合線を垂直に書く

これらの構造式は，同じ基を括弧を用いて表すことよって，さらに簡略化されることがある．たとえば，連続して結合した二つの CH_2 基は $(CH_2)_2$ となる．また，同じ炭素に結合した二つの CH_3 基は $(CH_3)_2C$ と表記される．

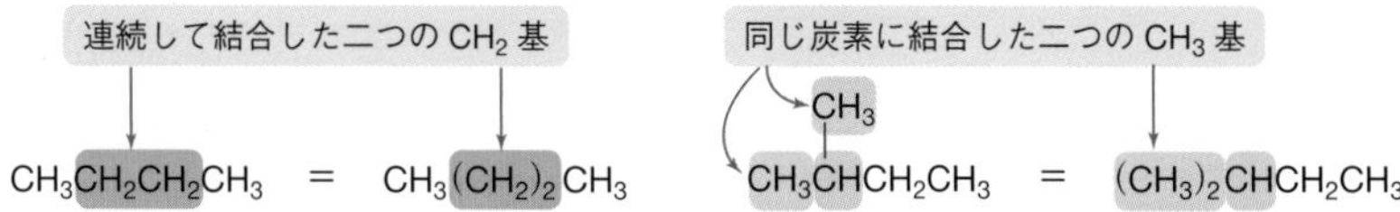

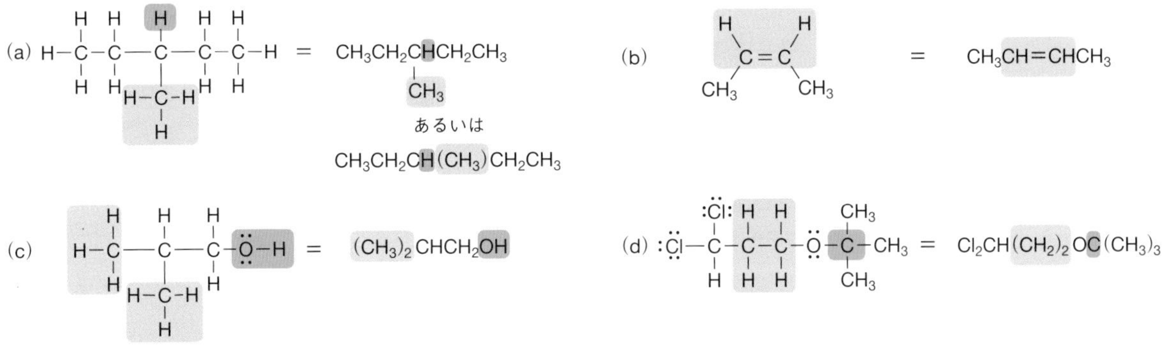

(a) = $CH_3CH_2CHCH_2CH_3$ (with CH_3 branch) あるいは $CH_3CH_2CH(CH_3)CH_2CH_3$

(b) = $CH_3CH{=}CHCH_3$

(c) = $(CH_3)_2CHCH_2OH$

(d) = $Cl_2CH(CH_2)_2OC(CH_3)_3$

図 1・2　**簡略構造式の例.** (a) 水素原子はそれが結合している炭素原子に続けて表記する．CH_3 が炭素鎖に結合していることを示すために，CH_3 に括弧をつける．(b) 炭素－炭素二重結合はそのまま表記し，それぞれの炭素原子に結合している水素原子は炭素原子の後に記載する．(c) 簡略構造式では酸素原子上の非共有電子対は省略する．(d) 塩素および酸素原子上の非共有電子対は省略し，連続した 2 個の CH_2 基を $(CH_2)_2$ と表記する．

図 1・2 に，分子を簡略構造式で表記したさらにいくつかの例を示す．

例題 1・3　簡略構造式を書く

次の有機分子の構造式を簡略構造式に変換せよ．

(a) 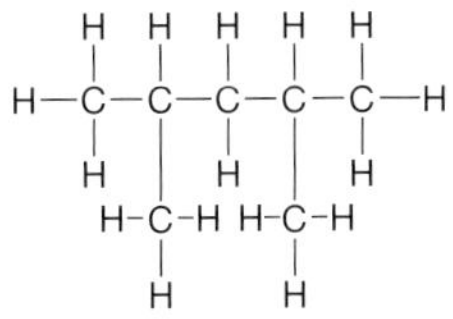　(b)

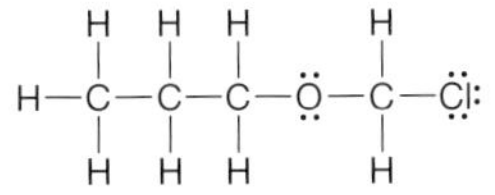

解答

(a) 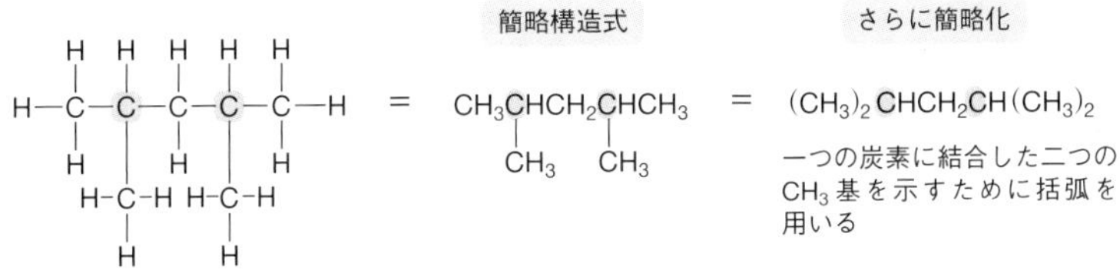 = 簡略構造式 $CH_3CHCH_2CHCH_3$ (with two CH_3 branches) = さらに簡略化 $(CH_3)_2CHCH_2CH(CH_3)_2$

一つの炭素に結合した二つの CH_3 基を示すために括弧を用いる

(b) 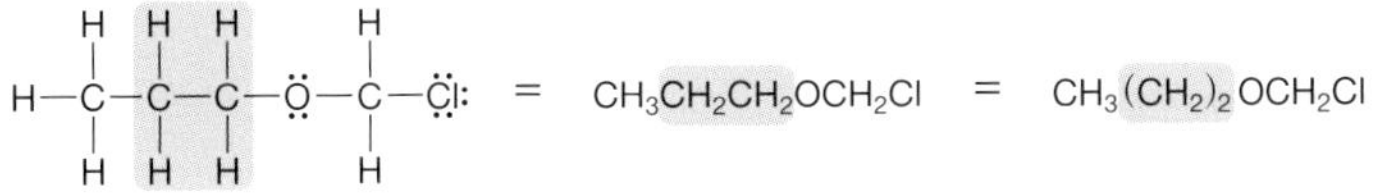 = $CH_3CH_2CH_2OCH_2Cl$ = $CH_3(CH_2)_2OCH_2Cl$

練習問題 1・3　次の有機分子の構造式を，簡略構造式に変換せよ．

(a) 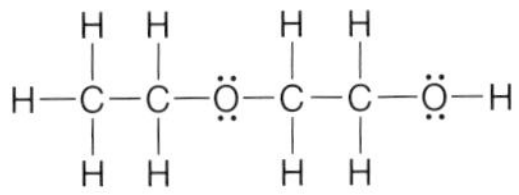　(b)

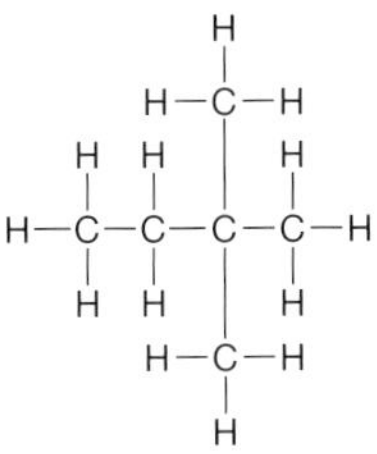

問題 1・3　次の簡略構造式を，ヘテロ原子上にすべての非共有電子対をもつ完全な構造式に変換せよ．

(a) $(CH_3)_3CCH_2NH_2$　(b) $CH_3CH_2OCH(CH_3)_2$　(c) CH_3CCl_3

1・4B　骨格構造式

骨格構造式は，環状構造および鎖状構造をもつ有機化合物のどちらに対しても用いられる．骨格構造式を書く際には，次の三つの重要な規則が適用される．

- 二つの線の交点および線の末端には，すべて炭素原子があるとみなす．
- それぞれの炭素原子のまわりには，その炭素原子が四つの結合をもつだけの十分な数の水素原子があるとみなす．
- すべてのヘテロ原子と，その原子に直接結合している水素原子は省略せずに書く．

以下のシクロヘキサンとシクロペンタノールの例が示すように，環は，それぞれの頂点に炭素原子があると“了解されている”多角形として書く．ヘテロ原子に結合している水素原子を除いて，これらの分子のすべての炭素原子と水素原子は，その存在が暗黙のうちに了解されているのである．

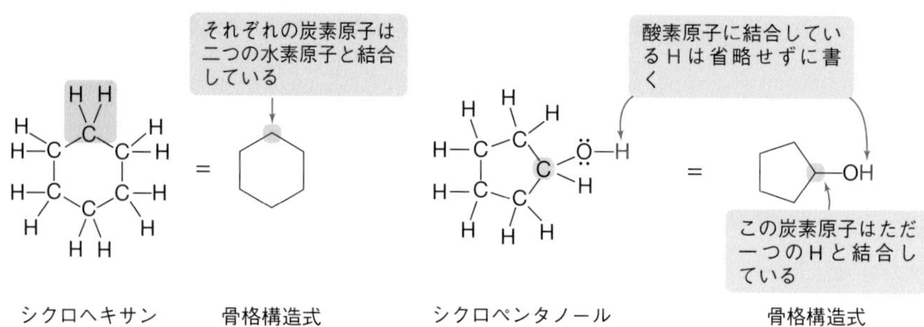

図1・3には環状の骨格構造式を完全な構造式へと変換する例を示した．

(a)　(b)

図 1・3　**環をもつ骨格構造式の例．** 青色で標識した炭素原子は3個の水素原子をもつので，それぞれの炭素原子は四つの結合をもっている．赤色で標識した炭素原子は1個の水素原子をもつので，それぞれの炭素原子は四つの結合をもっている．緑色で標識した炭素原子は四つの結合をもつので，その炭素原子には水素原子は結合していない．その他の炭素原子はすべて2個の水素原子をもつので，それぞれの炭素原子は四つの結合をもっている．

例題 1・4　環状化合物の骨格構造式を完全な構造式に変換する

次の骨格構造式を，すべての炭素原子と水素原子が記された完全な構造式に変換せよ．

(a)　(b)

解答　骨格構造式を完全な構造式に変換するためには，それぞれの多角形の頂点に炭素原子を置き，それぞれの炭素原子が四つの結合をもつように水素原子を加える．さらにヘテロ原子には，それぞれの原子がオクテットを形成するように非共有電子対を付け加える．

(a)

それぞれのCは二つのHを必要とする

(b)

このCはただ一つのHを必要とする

Clに三つの非共有電子対を書き加える

練習問題 1・4　次の骨格構造式を，すべての炭素原子と水素原子が記された完全な構造式に変換せよ．すべてのヘテロ原子には，非共有電子対を付け加えること．

(a)　(b)　(c)

リンダン（殺虫剤）

同様の原理を用いて，炭素鎖も骨格構造式を用いて書くことができる．以下のヘキサンの例に示すように，炭素鎖は，球棒模型における炭素の配列に似たジグザグ形に書く．

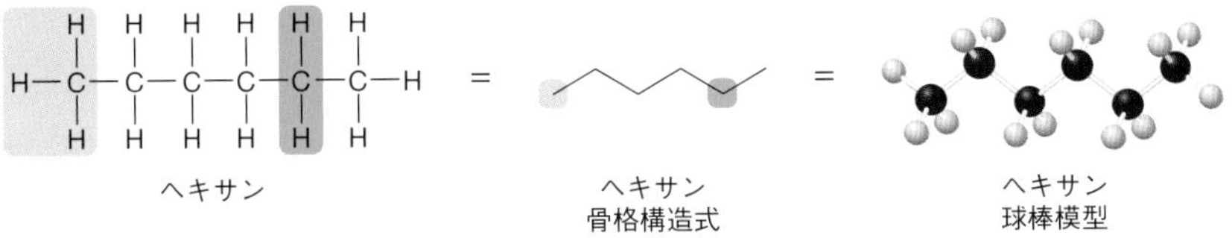

ヘキサン　　ヘキサン 骨格構造式　　ヘキサン 球棒模型

炭素鎖とヘテロ原子の両方を含む有機分子の骨格構造式は，次の段階的手法によって完全な構造式に変換することができる．

How To 骨格構造式を完全な構造式に変換する方法

例 次の分子について，すべての炭素原子，水素原子，および非共有電子対を記した完全な構造式を示せ．

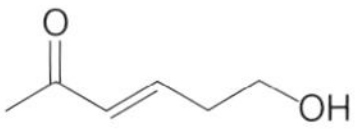

段階 1 すべての二つの線の交点と，すべての線の末端に炭素原子を置く．

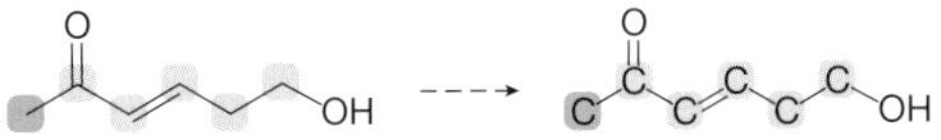

- 炭素鎖の左端にある赤色で標識された炭素原子を含めて，この分子には 6 個の炭素原子がある．
- C=C と OH 基の間には，緑色で標識された 2 個の炭素原子がある．

段階 2 それぞれの炭素原子が四つの結合をもつために十分な数の水素原子を付け加える．

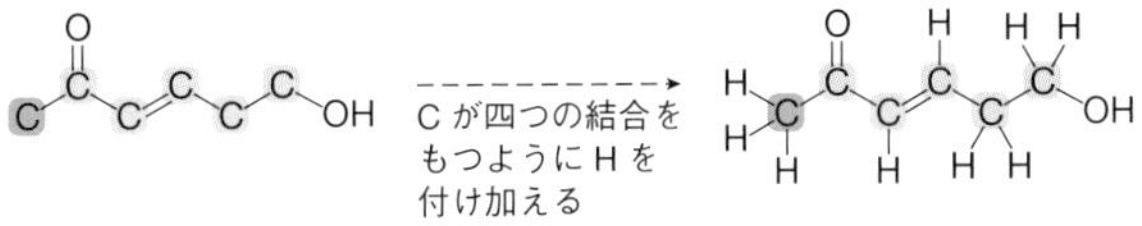

C が四つの結合をもつように H を付け加える

- 赤色で標識された末端の炭素原子が四つの結合をもつためには，3 個の水素原子が必要である．
- C=C を形成するそれぞれの炭素原子は，すでに三つの結合をもつので，水素原子を一つだけ付け加えればよい．
- C=C と OH 基の間には二つの CH_2 基がある．

段階 3 それぞれのヘテロ原子がオクテットを形成するように，非共有電子対を付け加える．

二つの共有電子対　　二つの非共有電子対

オクテットを形成するために，それぞれの O は二つの非共有電子対を必要とする

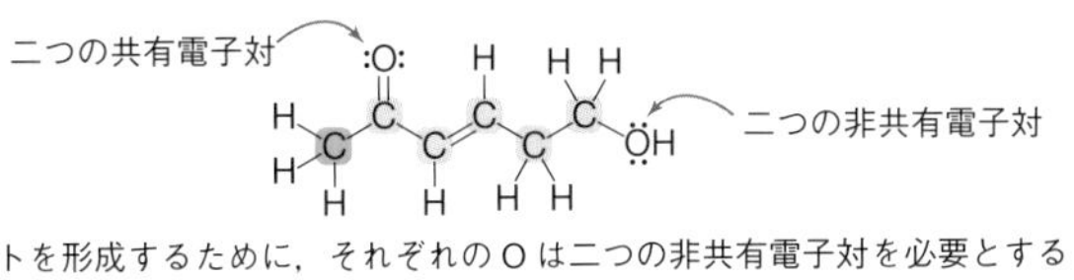

問題 1・4 次の骨格構造式を，すべての炭素原子と水素原子が記された完全な構造式に変換せよ．すべてのヘテロ原子には，非共有電子対を付け加えること．

(a)　　(b)

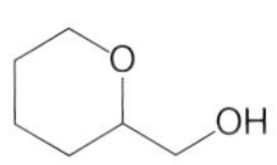

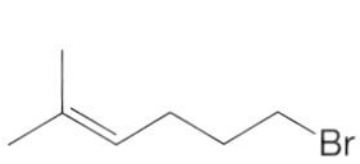

問題 1・5　以下の図は，二次性徴の発現を制御する女性ホルモンのエストラジオールの構造式である．次の問いに答えよ．

エストラジオール（女性ホルモン）

(a) エストラジオールにはいくつの炭素原子が存在するか．

(b) 図に示す C1, C2, C3, C4 にはそれぞれいくつの水素原子が結合しているか．

(c) エストラジオールの完全な構造式を書け．酸素原子上のすべての非共有電子対も記すこと．

問題 1・6　次の構造式は，2 型糖尿病の治療に用いられるシタグリプチンの骨格構造式である．この分子の分子式を決定せよ．

シタグリプチン

1・5 官 能 基

官能基 functional group

強固な C−C 結合と C−H 結合に加えて，有機分子は他の構造的特徴をもつ場合がある．現在では 5 千万種類を超える有機化合物が知られているが，これらの分子の一般的な構造的特徴をみると，その種類はわずかな数に限られている．それらを**官能基**という．

- 官能基は，有機化合物に特徴的な化学的および物理的性質を与える原子あるいは原子団である．
- 官能基はヘテロ原子または多重結合，あるいはしばしばヘテロ原子と多重結合の両方を含む．

官能基によって，分子の形状や性質，および分子が行う反応の形式が決まる．官能基は，それが 2 個のように少数の，あるいは 20 個のように多数の炭素からなる炭素骨格に結合していても，そのふるまいは同じである．このため，しばしば分子の炭素と水素の部分を大文字の R で表し，特定の官能基を R と結合させることによって，分子を表記する場合がある．

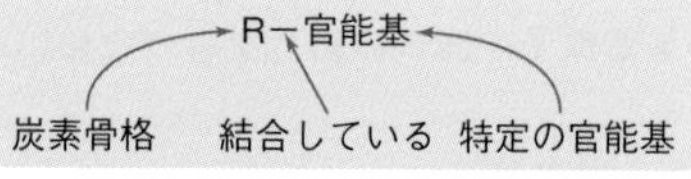

ヒドロキシ基 hydroxy group

アルコール alcohol

たとえば，エタノール CH_3CH_2OH は炭素骨格に 2 個の炭素原子と 5 個の水素原子をもち，さらに官能基として OH 基をもつ．OH 基を**ヒドロキシ基**という．ヒドロキシ基は，エタノールの物理的性質，およびエタノールが行う反応の形式を決定する．さらに，ヒドロキシ基をもつあらゆる有機分子は，エタノールと類似の性質をもつ．ヒドロキシ基を含む化合物を**アルコール**という．

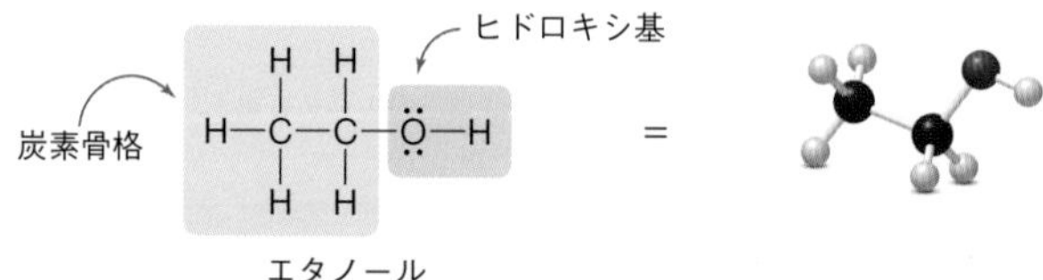

一般的な官能基に注目すると，有機化合物は次のような三つの種類に分けることができる．

- 炭化水素　• ヘテロ原子との単結合を含む化合物　• C=O 基を含む化合物

1・5A 炭 化 水 素

表1・2に示すように，**炭化水素**は炭素原子と水素原子だけからなる化合物である．

炭化水素 hydrocarbon

表 1・2 炭 化 水 素

化合物の種類	一般式	例	三次元構造	官能基
アルカン	R—H	CH_3CH_3		なし
アルケン	C=C	$H_2C{=}CH_2$		炭素－炭素二重結合
アルキン	—C≡C—	H—C≡C—H		炭素－炭素三重結合
芳香族化合物				ベンゼン環

- 炭素－炭素単結合だけをもち，官能基をもたない化合物を**アルカン**という．エタン CH_3CH_3 は簡単なアルカンである．
- 官能基として炭素－炭素二重結合をもつ化合物を**アルケン**という．最も簡単なアルケンはエチレン $CH_2{=}CH_2$ である．
- 官能基として炭素－炭素三重結合をもつ化合物を**アルキン**という．最も簡単なアルキンはアセチレン HC≡CH である．
- 三つの二重結合をもつ6個の炭素原子から構成される環をベンゼン環といい，ベンゼン環を含む化合物を**芳香族化合物**という．

アルカン alkane

アルケン alkene

アルキン alkyne

芳香族化合物 aromatic compound

アルカン以外のすべての炭化水素は多重結合をもつ．アルカンには官能基がなく，そのため活性な部位をもたないので，きわめて激しい条件下を除いて反応性に乏しいことが知られている．たとえば，プラスチックの一種である**ポリエチレン**は高分子量のアルカンであり，何百あるいは何千という原子が互いに結合した CH_2 基の長い鎖からなる．ポリエチレンは活性な部位をもたないため，きわめて安定な化合物である．このためポリエチレンは容易に分解せずに，廃棄物埋立地に何年間も残存する．

ポリエチレン polyethylene

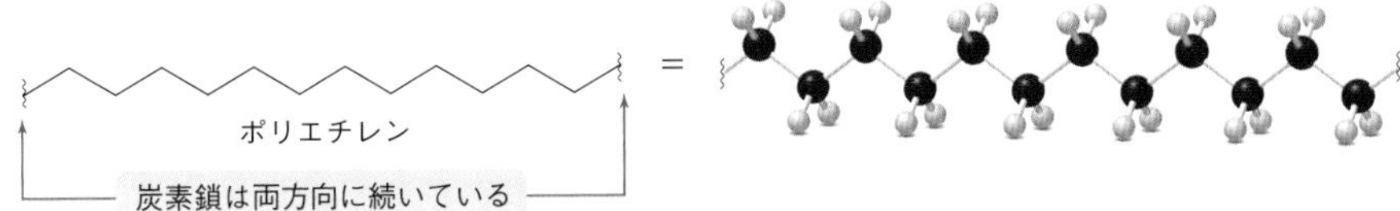

1・5B ヘテロ原子との単結合を含む化合物

いくつかの官能基は，単結合によってヘテロ原子と結合した炭素原子をもつ．表1・3に示すように，代表的な例として，ハロゲン化アルキル，アルコール，エーテル，アミン，およびチオールがある．

この分類に属するいくつかの簡単な化合物は，さまざまな用途に利用されている．たとえば，ハロゲン化アルキルのブロモメタン CH_3Br は，米国における有害なカミ

表 1・3　炭素−ヘテロ原子単結合をもつ化合物

化合物の種類	一般式	例	三次元構造	官能基
ハロゲン化アルキル	R—$\ddot{X}$: (X = F, Cl, Br, I)	CH_3—$\ddot{Br}$:		−X ハロゲン原子
アルコール	R—$\ddot{O}$H	CH_3—$\ddot{O}$H		−OH ヒドロキシ基
エーテル	R—$\ddot{O}$—R	CH_3—$\ddot{O}$—CH_3		−OR アルコキシ基
アミン	R—$\ddot{N}H_2$ あるいは $R_2\ddot{N}H$ あるいは $R_3\ddot{N}$	CH_3—$\ddot{N}H_2$		$-NH_2$ アミノ基
チオール	R—$\ddot{S}$H	CH_3—$\ddot{S}$H		−SH メルカプト基

テトラヒドロカンナビノール（tetrahydrocannabinol, 略称 THC）はマリファナの主要な有効成分である．米国のいくつかの州では，THC の医療的な使用が認められている．

キリムシの一種の拡散を抑制するために用いられる．クロロエタン CH_3CH_2Cl は一般に塩化エチルとよばれ，局所麻酔薬として用いられるハロゲン化アルキルである．クロロエタンを傷に吹付けると，それは急速に蒸発して清涼感をひき起こし，それが痛みを麻痺させる．

これらの官能基を含む分子は，構造が簡単なこともあれば，きわめて複雑な場合もある．しかし，分子の官能基以外の部分に，他に何が存在するかは問題ではない．官能基を同定するためには，分子をいくつかの部分に分解してみるとよい．たとえば，一般的な麻酔薬として最初に用いられたジエチルエーテルは，2 個の炭素原子に結合した酸素原子をもつのでエーテルである．マリファナの有効成分であるテトラヒドロカンナビノールもまた，2 個の炭素原子に結合した酸素原子をもつのでエーテルである．この場合には，酸素原子は環の一部にもなっている．

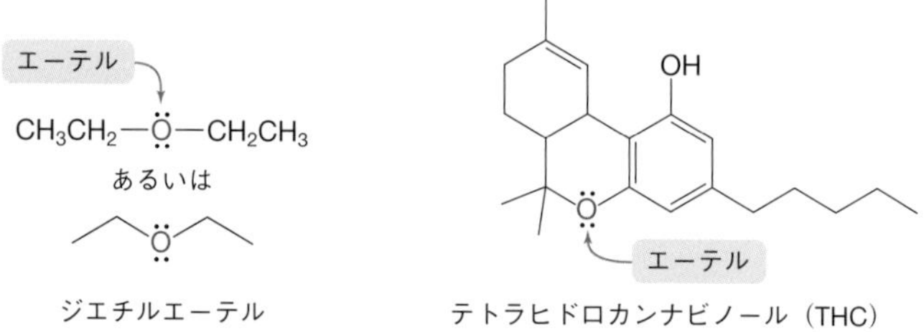

ジエチルエーテル　　テトラヒドロカンナビノール（THC）

問題 1・7　次のそれぞれの化合物における官能基の名称を記せ．なお，複数の官能基をもつ化合物もある．

(a) C_6H_5—CH=CH_2
スチレン
発泡スチロールの合成に用いる出発物質

(b) $H_2NCH_2CH_2CH_2CH_2NH_2$
プトレッシン
腐敗した魚の悪臭の起源

(c) セボフルラン
麻酔薬

1・5C　C=O 基を含む化合物

表1・4に示すように，カルボニル化合物，すなわち炭素－酸素二重結合 C=O（**カルボニル基**）をもつ化合物には，さまざまな種類がある．カルボニル基を含む代表的な化合物として，アルデヒド，ケトン，カルボン酸，エステル，アミドがある．カルボニル炭素に結合した原子の種類，すなわち水素，炭素，あるいはヘテロ原子によって，カルボニル化合物の特定の種類が決まる．

カルボニル基 carbonyl group

:O: ‖ C =

カルボニル基

アルデヒド，カルボン酸，およびエステルを書くために用いられる簡略構造式には，特に注意が必要である．

- **アルデヒドはカルボニル炭素に直接結合した水素原子をもつ．**

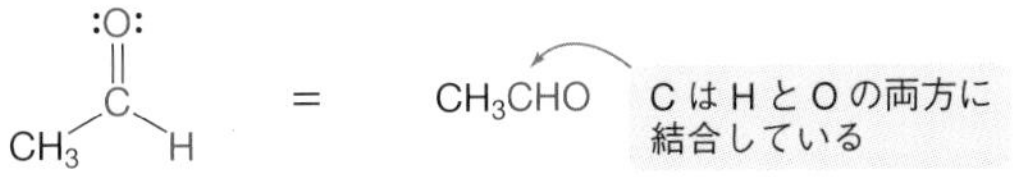

:O: ‖ C (CH_3, H) = CH_3CHO　C は H と O の両方に結合している

アセトアルデヒド　　簡略構造式

- **カルボン酸はカルボニル炭素に直接結合した OH 基をもつ．**

:O: ‖ C (CH_3, $\ddot{O}H$) = CH_3COOH あるいは CH_3CO_2H　C は両方の O に結合している

酢酸　　簡略構造式

表 1・4　カルボニル基 C=O をもつ化合物

化合物の種類	一般式	例	簡略構造式	三次元構造	官能基
アルデヒド	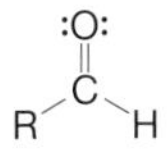 :O: ‖ C (R, H)	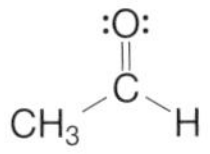 :O: ‖ C (CH_3, H)	CH_3CHO	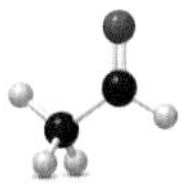	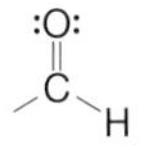 :O: ‖ C (H) ホルミル基
ケトン	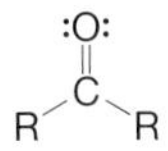 :O: ‖ C (R, R)	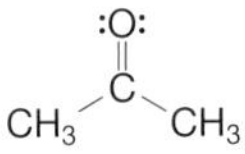 :O: ‖ C (CH_3, CH_3)	$(CH_3)_2CO$	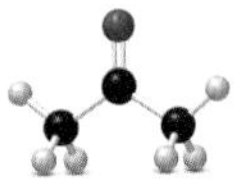	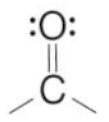 :O: ‖ C カルボニル基
カルボン酸	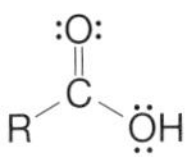 :O: ‖ C (R, $\ddot{O}H$)	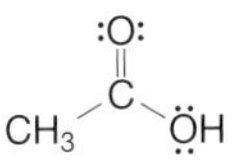 :O: ‖ C (CH_3, $\ddot{O}H$)	CH_3CO_2H	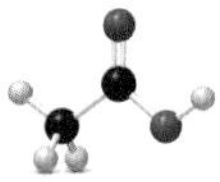	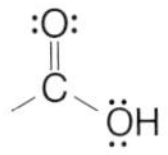 :O: ‖ C ($\ddot{O}H$) カルボキシ基
エステル	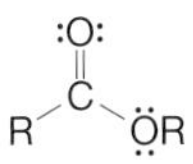 :O: ‖ C (R, $\ddot{O}R$)	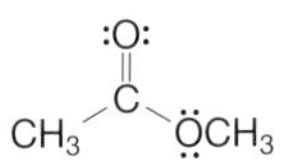 :O: ‖ C (CH_3, $\ddot{O}CH_3$)	$CH_3CO_2CH_3$	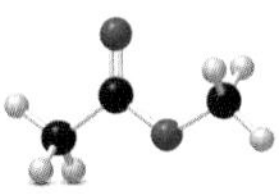	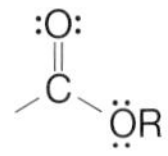 :O: ‖ C ($\ddot{O}R$) エステル基
アミド	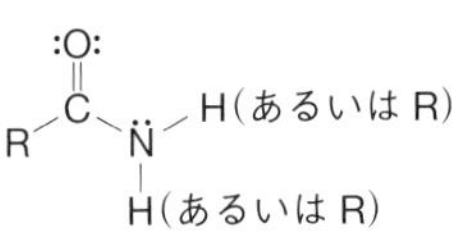 :O: ‖ C (R, $\ddot{N}$) ; N–H(あるいは R), N–H(あるいは R)	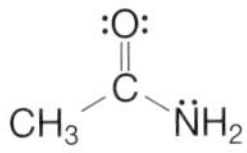 :O: ‖ C (CH_3, $\ddot{N}H_2$)	CH_3CONH_2	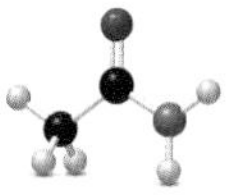	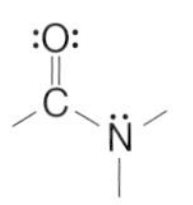 :O: ‖ C ($\ddot{N}$) アミド基

・エステルはカルボニル炭素に直接結合した OR 基をもつ．

:O:
‖
CH_3—C—$\ddot{O}CH_2CH_3$
酢酸エチル

$= CH_3COOCH_2CH_3$ 簡略構造式　あるいは　$CH_3CO_2CH_2CH_3$（C は両方の O に結合している）

カルボニル化合物は天然にも広く存在し，図 1・4 に示すように，その多くは果物類の特徴的なにおいの原因となっている．

例題 1・5　官能基を同定する

次の化合物に含まれる官能基を示し，その名称と，それを含む化合物の種類名を記せ．

A：$(H)_2C{=}C(CH_3)_2$　B：シクロヘキサン環–OH　C：シクロペンタン環=O

解答

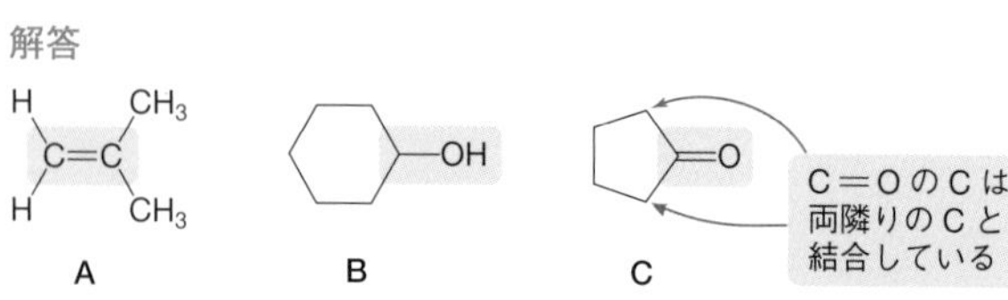

A は炭素−炭素二重結合をもつ炭化水素であり，アルケンに分類される．**B** はヒドロキシ基 OH に結合した炭素原子をもつので，アルコールに分類される．**C** はカルボニル基 C=O をもつ．カルボニル炭素は環内の他の二つの炭素と結合しているので，**C** はケトンである．

練習問題 1・5　以下に示す化合物について，次の問いに答えよ．1) 官能基を示し，その名称を記せ．2) 完全な構造式を書け．ヘテロ原子上の非共有電子対も記すこと．

(a) シクロヘキサン環–CHO　(b) シクロペンタン環–C(=O)–$NHCH_3$　(c) $CH_3CH_2CO_2CH_2CH_3$

問題 1・8　次の簡略構造式で書かれたそれぞれの化合物を，エーテルあるいはケトンのいずれかに分類せよ．

(a) $(CH_3)_2O$　(b) $(CH_3)_2CO$
(c) $(CH_3CH_2)_2CO$　(d) $CH_3CH_2OCH(CH_3)_2$

有用な有機化合物には，複数の官能基を含む複雑な構造をもつものが少なくない．問題 1・9 と問題 1・10 で，一つの分子に含まれるいくつかの官能基を同定する問題をやってみよう．

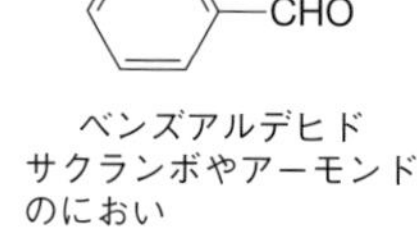

ベンズアルデヒド
サクランボやアーモンドのにおい

$HO—C(CO_2H)(CH_2CO_2H)—CH_2CO_2H$
クエン酸
かんきつ類の酸味の起源

$CH_3CO_2CH_2CH_2CH(CH_3)_2$
酢酸イソアミル
バナナのにおい

$CH_3CH_2CH_2CO_2CH_2CH_3$
ブタン酸エチル
パイナップルのにおい

図 1・4　**果物に含まれる天然由来のカルボニル化合物．** ベンズアルデヒドはホルミル基をもつ．クエン酸にはヒドロキシ基一つとカルボキシ基三つが含まれる．酢酸イソアミルとブタン酸エチルはいずれもエステル基をもつ．果物（および他の食物）は水とともにさまざまな有機化合物を含んでおり，それらはそれぞれの食物に味，におい，歯ごたえ，栄養価を与えている．ある食物の味やにおいの主要な成分が一つの有機化合物である場合もあるが，私たちが味わったり，においをかいだりする物質は，ふつう複雑な混合物である．これらの成分の一つが欠けたときでさえも，味やにおいはいくらか異なったものとなる．これが，人工の香料や色素が天然の香りを模倣しても，完全に置き換わることができない理由である．

問題 1・9 次の図は抗ウイルス薬タミフルの構造式である．この分子に含まれるすべての官能基を示し，それぞれの名称を記せ．

$(CH_3CH_2)_2CH$
O
$CO_2CH_2CH_3$
HN
NH_2
CH_3 C O

タミフル
抗ウイルス薬としてインフルエンザの治療に用いられる．

問題 1・10 次の図は高血圧症の治療に用いられる薬剤トランドラプリルの構造式である．この分子におけるカルボニル基を含む官能基を示し，その名称を記せ．

O OH
O H O
N N
O

トランドラプリル
高血圧症の患者の治療に用いられる多くの薬剤の一つである．

1・6 有機化合物の性質

有機化合物は共有結合から形成されるので，それらの性質はイオン結合からなる無機化合物とは著しく異なっている．

- 有機化合物は個々の分子として存在し，その間には分子の間に存在する力，すなわち分子間力が働いている．イオン化合物では，反対の電荷をもつイオンの間の強い相互作用によってイオンが互いに結合しているが，分子間力はイオン間に働く力よりもずっと弱い．

この結果として，有機化合物は他の共有結合化合物と同様，イオン化合物よりも融点と沸点がきわめて低い．一般にイオン化合物は室温で固体であるが，多くの有機化合物は液体であり，気体の場合もある．表1・5に，典型的な有機化合物であるブタン $CH_3CH_2CH_2CH_3$ と，典型的なイオン性の無機化合物である塩化ナトリウム NaCl について，融点と沸点，および他の性質を比較して示した．

表 1・5 有機化合物とイオン性無機化合物の性質の比較

性　質	$CH_3CH_2CH_2CH_3$（有機化合物）	NaCl（無機化合物）
結合	共有結合	イオン結合
物理的状態	室温で気体	室温で固体
沸点	低い（−0.5 ℃）	高い（1413 ℃）
融点	低い（−138 ℃）	高い（801 ℃）
水に対する溶解性	溶けない	溶ける
有機溶媒に対する溶解性	溶ける	溶けない
燃えやすさ	可燃性	不燃性

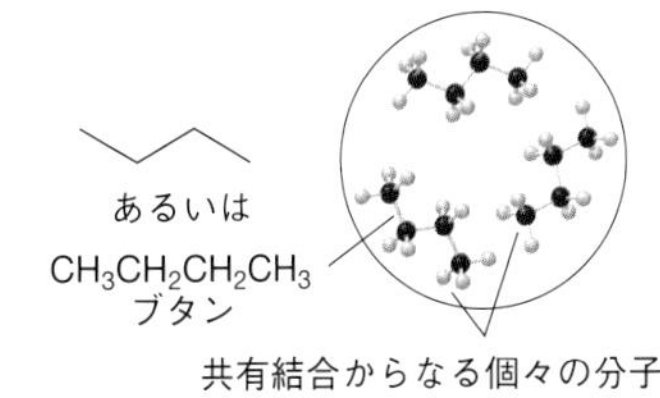

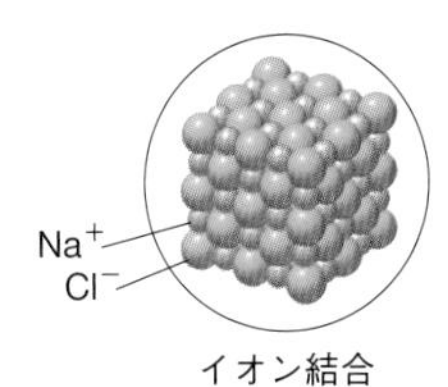

1・6A 極　性

有機化合物は極性であろうか，それとも無極性であろうか．それは場合によって異なる．他の共有結合化合物と同様，有機化合物の極性は二つの因子によって決まる．すなわち，分子を構成する個々の結合の極性と分子全体の形状である．個々の結合の極性は，その結合を形成する原子の**電気陰性度**に依存する．

電気陰性度 electronegativity
電気陰性度は，結合において特定の原子が，結合を形成している電子をどのくらい“欲しがって”いるかを表す尺度である．

- 同一あるいは類似の電気陰性度をもつ二つの原子が結合しているとき，その共有結合は無極性である．たとえば，C−C 結合および C−H 結合は，無極性結合である．
- 異なる電気陰性度をもつ原子が結合しているとき，その共有結合は極性である．たとえば，炭素と一般的なヘテロ原子（窒素，酸素，ハロゲン）との結合は極性結合である．

一般的なヘテロ原子は炭素よりも電気陰性であるから，これらの原子は電子をそれ自身の方へひきつけるため，結合を形成している電子は炭素原子から引き離される．これによって，炭素原子に部分的な正電荷が生じ，ヘテロ原子に部分的な負電荷が生じる．

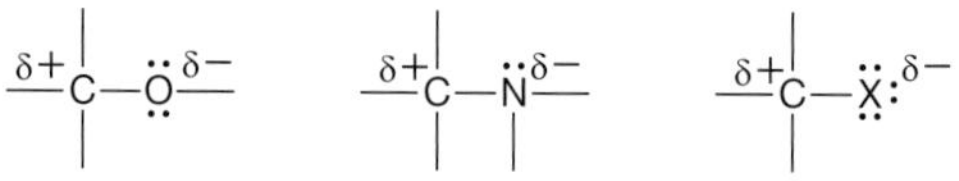

δ+ C−O δ−　　δ+ C−N δ−　　δ+ C−X δ−　　X = ハロゲン

- 電気陰性度がより小さい原子（ふつう炭素あるいは水素）に，記号 δ+ が与えられる．
- 電気陰性度がより大きい原子（ふつう窒素，酸素，あるいはハロゲン）に，記号 δ− が与えられる．

問題 1・11　次の化合物における極性結合はどれか．該当する結合の原子に，δ+ あるいは δ− を表記せよ．

(a) 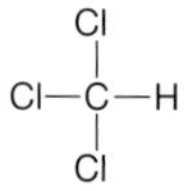 $CHCl_3$
クロロホルム
かつては麻酔薬として用いられた

(b) 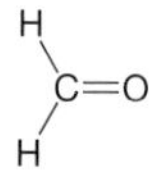 H₂C=O
ホルムアルデヒド
防腐剤

(c) 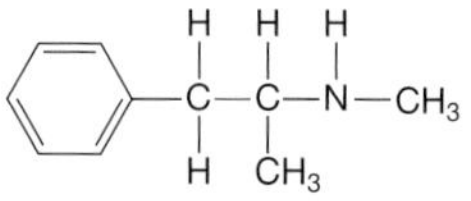 $C_6H_5CH_2CH(CH_3)NHCH_3$
メタンフェタミン
非合法の中毒性興奮薬

炭化水素は無極性の C−C 結合と C−H 結合だけを含むので，炭化水素は無極性分子である．一方，ハロゲン化アルキル CH_3CH_2Cl のように，単一の極性結合をもつ有機化合物は，分子が正味の**双極子**をもつので極性分子である．

双極子 dipole

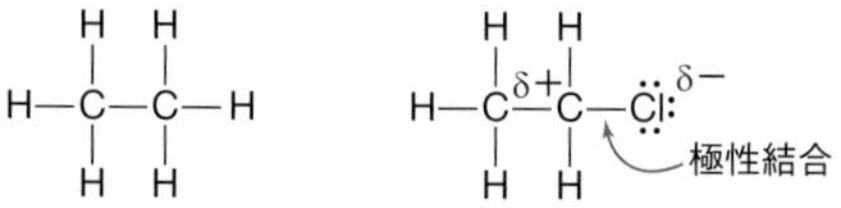

CH_3CH_3
エタン
極性結合をもたない
無極性分子

CH_3CH_2Cl（δ+ C−Cl δ−，極性結合）
クロロエタン
一つの極性結合
極性分子

複数の極性結合をもつ有機化合物では，分子の形状が分子全体の極性を決める．

- 個々の結合の双極子が分子内で打消し合うとき，その分子は無極性である．
- 個々の結合の双極子が打消し合わなければ，その分子は極性である．

結合の双極子は，電気陰性度の小さい原子から大きい原子に向かい，尾部に垂直な線をつけた矢印（⟼）を用いて表されることがある．

たとえば，ジクロロアセチレン ClC≡CCl は極性である二つの C−Cl 結合をもつが直線分子であり，個々の結合の双極子は大きさが等しく方向が反対である．この結果，ジクロロアセチレンは無極性分子となる．対照的に，メタノール CH_3OH は C−O 結合と O−H 結合の二つの極性結合をもち，酸素原子のまわりは屈曲形である（§1・3）．このため，個々の結合の双極子は打消し合わず，CH_3OH は極性分子となる．

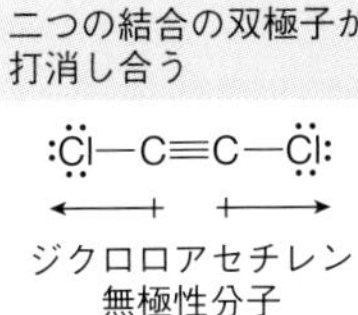

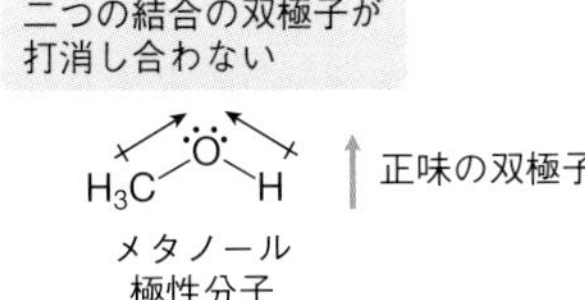

例題 1・6 分子の極性を決定する

ジクロロメタン CH_2Cl_2 は塗料除去剤に用いられる溶媒である．ジクロロメタンが極性分子である理由を説明せよ．

解答 CH_2Cl_2 は極性である二つの C－Cl 結合をもつ．また，CH_2Cl_2 の炭素原子は 4 個の原子によって取囲まれているので，正四面体形である．したがって，二つの結合の双極子は打消し合わないので，CH_2Cl_2 は極性分子である．

CH_2Cl_2 を以下のように書いてはいけない

この表記法では，結合の双極子が打消し合っているようにみえるが，実際にはそうではない

結合の双極子が打消し合わないことがわかるように，CH_2Cl_2 では正四面体形に書くこと

正味の双極子

極性分子

練習問題 1・6 次の分子は極性か，あるいは無極性か．判断した理由も述べよ．

(a) △ (b) $(CH_3)_2C{=}O$ (c) CCl_4 (d) $CH_3CH_2CH_2NH_2$

問題 1・12 ジメチルエーテル CH_3OCH_3 が極性分子である理由を説明せよ．

1・6B 溶 解 性

有機化合物の溶解性を理解すると，多くの興味深い現象を説明することができる．一般に物質の溶解性は，次の一つの原理によって支配される．それは，“同類は同類を溶かす”である．この原理によると，有機化合物の溶解性は，次の三つの規則によって理解することができる．

- ほとんどの有機化合物は有機溶媒に溶ける．
- 炭化水素や他の無極性の有機化合物は水に溶けない．
- 極性の有機化合物は，それが炭素原子が 6 個以下の小さい分子からなり，水と水素結合を形成できる窒素原子や酸素原子を含む場合にのみ水に溶ける．

これらの規則を理解するために三つの化合物，ヘキサン，エタノール，コレステロールの溶解性をみてみよう．これらはすべて有機化合物であるので，ジエチルエーテル $CH_3CH_2OCH_2CH_3$ のような有機溶媒に溶ける．しかし，これらの水に対する溶解性は，それぞれの極性と分子の大きさに依存している．

ヘキサン $CH_3CH_2CH_2CH_2CH_2CH_3$ は無極性の炭化水素なので，水には溶けない．一方，エタノール CH_3CH_2OH は水に溶ける．それは，エタノールの分子は小さく，水と水素結合を形成できる極性の OH 基をもつためである．ジンに含まれるエタノールはトニックウォーター（香料と糖分を含む炭酸水）に溶け，“ジントニック”とよばれるアルコール飲料ができる．

コレステロールの分子は 27 個の炭素原子からなり，OH 基を一つだけもっている．その無極性の炭化水素部分は水に溶けるにはあまりに大きすぎるため，コレステロー

ルは水に溶けない．この結果，コレステロールは血液の水溶性部分には溶けることができない．コレステロールが血流によって身体の中を移動しなければならないときには，コレステロールは水に溶ける他の物質と結合する．

CH_3CH_2—OH
エタノール
水に溶ける

HO
コレステロール
無極性の C−C および C−H 結合があまりに多いので，コレステロールは水には溶けない
水に溶けない

表1・6にヘキサン，エタノール，コレステロールの溶解性をまとめた．

表 1・6　三つの典型的な有機化合物の溶解性

化合物	有機溶媒に対する溶解性	水に対する溶解性
ヘキサン $CH_3CH_2CH_2CH_2CH_2CH_3$	溶ける	溶けない
エタノール CH_3CH_2OH	溶ける	溶ける
コレステロール	溶ける	溶けない

例題 1・7　有機化合物の溶解性を推定する

図1・5に酢酸 CH_3CO_2H とオレイン酸 $CH_3(CH_2)_7CH{=}CH(CH_2)_7CO_2H$ の球棒模型を示す．それぞれの化合物の有機溶媒と水に対する溶解性を推定せよ．

解答　酢酸とオレイン酸はともに炭素原子を含む有機化合物であるので，いずれも有機溶媒に溶ける．酢酸分子はただ2個の炭素原子からなり，水と水素結合を形成できる COOH 基をもつので，酢酸は水に溶ける．一方，オレイン酸は18個の炭素原子とただ一つの COOH 基からなり，その無極性の長い炭素鎖のため，オレイン酸は水に溶けない．

練習問題 1・7　次の化合物の水に対する溶解性を推定せよ．

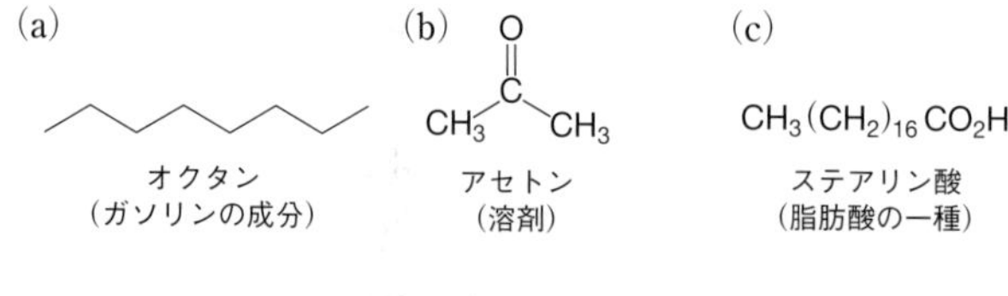

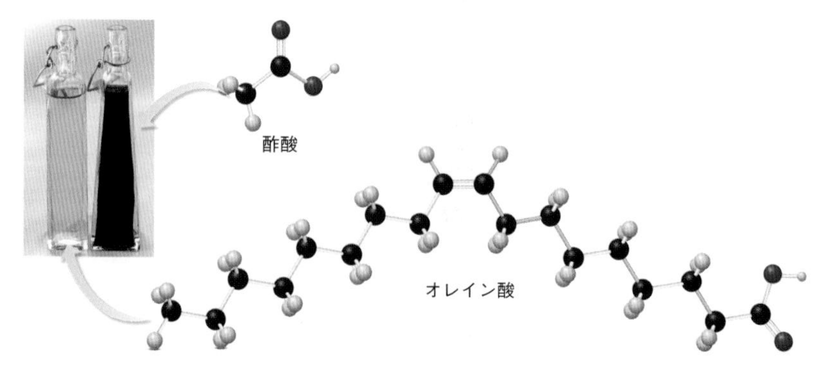

図 1・5　食酢とオリーブ油に含まれるカルボン酸．バルサミコ酢は2炭素のカルボン酸である酢酸を含む．一方，オリーブ油は18炭素のカルボン酸であるオレイン酸に由来するエステルを含んでいる．

環境汚染物質

有機化合物の環境汚染物質がどこに存在するかを推定するためには，その物質の溶解性が役立つ．MTBE〔*t*-ブチルメチルエーテル（*t*-butyl methyl ether）の略〕と4,4′-ジクロロビフェニルについて，それを示してみよう．

$CH_3—O—C(CH_3)_3$
MTBE
t-ブチルメチルエーテル

Cl–C₆H₄–C₆H₄–Cl
4,4′-ジクロロビフェニル
（PCBの一種）

MTBEは小さい，極性の有機分子であり，無鉛ガソリンにおいてオクタン価を高めるための添加物として使用されている．しかし，いまやMTBEの使用は，環境に関する懸念をひき起こしている．MTBEは無毒であり発がん性ももたないが，特有の不快なにおいがあり，また水に溶ける．米国カリフォルニアのいくつかの地方では，少量のMTBEによって水が汚染され，飲料に用いることができなくなった．これによって，米国におけるガソリン添加物としてのMTBEの使用は，衰退することになった．

4,4′-ジクロロビフェニルは**PCB**〔ポリ塩素化ビフェニル（polychlorinated biphenyl）の略〕とよばれる一群の化合物の一つであり，ポリスチレン製のコーヒーカップや他の商品を製造するために用いられている．PCBは製造，使用，貯蔵，および廃棄の過程で環境に放出されるため，それは最も広く拡散した有機汚染物質の一つとなっている．PCBは水に溶けないが，有機媒体にはよく溶ける．このためPCBは生体の脂肪組織に溶け，世界中のあらゆる種類の魚類や鳥類に検出されている．PCBは急性的な毒性はないが，PCBで汚染された魚を多量に摂取すると，子供の成長と記憶保持を阻害することが示されている．

1・7 ビタミン

ビタミンは細胞が正常に機能するために，少量が必要とされる有機化合物である．私たちの身体はこれらの化合物を合成することができないので，食事によって摂取しなければならない．ほとんどのビタミンは，A, C, D, E, Kのような文字で識別される．

ビタミン vitamin

ビタミンはそれぞれの溶解性に基づいて分類される．

- 有機溶媒に溶けるが水には溶けないビタミンを，**脂溶性ビタミン**という．脂溶性ビタミンは多くの無極性C–C結合とC–H結合をもち，極性の官能基をほとんどもたない．
- 水に溶けるビタミンを**水溶性ビタミン**という．水溶性ビタミンは多数の極性結合をもつ．

脂溶性ビタミン fat-soluble vitamin

水溶性ビタミン water-soluble vitamin

ビタミンAとビタミンCを用いて，脂溶性ビタミンと水溶性ビタミンの違いを示してみよう．

1・7A ビタミンA

ビタミンAは**レチノール**ともよばれ，目の視覚受容体の本質的な成分である．それはまた，粘膜や皮膚の健康維持にも役立つので，多くの抗老化クリームにはビタミンAが含まれている．ビタミンAの欠乏は夜盲症をひき起こす．

ビタミンA vitamin A
レチノール retinol

OH
ビタミンA

ビタミンAの分子は20個の炭素とただ一つのOH基をもつため，ビタミンAは水に溶けにくい．一方，ビタミンAは有機化合物であるから，有機媒体にはよく溶ける．このようなビタミンAの溶解特性と生体との関連を理解するためには，生体の

ビタミンAは体内において，ニンジンなどに含まれる橙色色素のβ-カロテンから合成される．ニンジンを食べ過ぎてβ-カロテンを必要以上にとったとき，生体は多くのビタミンAが必要になるときまで貯蔵する．貯蔵されたβ-カロテンの一部は皮膚の表面組織に到達して皮膚が橙色になるが，β-カロテンがビタミンAに変換されて過剰でなくなると，これらの組織も正常の色調に戻る．

化学的な環境について学ばなければならない．

生体の約70%は水からできている．血液や胃液，あるいは尿のような液体はほとんどが水であり，Na^+ や K^+ のような溶解したイオンを含んでいる．ビタミンAはこれらの液体には溶けない．生体にはまた，C−C結合およびC−H結合をもつ有機化合物からなる脂肪細胞がある．ビタミンAはこのような有機物質の環境に溶けるため，脂肪細胞，特に肝臓に容易に蓄積される．

ビタミンAは食物から直接摂取されるだけでなく，β-カロテンが，体内でビタミンAに変換される．

β-カロテン
(ニンジンに含まれる橙色色素)

1・7B　ビタミンC

ほとんどの動物種はビタミンCを体内で合成できるが，ヒト，インドオオコウモリ，およびヒヨドリは，このビタミンを食物から摂取しなければならない．かんきつ類，イチゴ，トマト，サツマイモは，いずれもビタミンCの優れた供給源となる．

ビタミンC vitamin C

アスコルビン酸 ascorbic acid

ビタミンC
(アスコルビン酸)

ビタミンCは**アスコルビン酸**ともよばれ，皮膚や筋肉，および血管の結合組織を形成するタンパク質であるコラーゲンの生成において重要な物質である．ビタミンCの欠乏は壊血病をひき起こす．壊血病は長い航海の間，新鮮な果物に接することのなかった1600年代の船乗りの一般的な病気であった．

ビタミンCは6個の炭素原子と6個の酸素原子をもつので，水に対する溶解性が高い．このため，ビタミンCは尿に溶ける．ビタミンCはふつうの風邪からがんに至るまで，あらゆる種類の病気に対して抑制効果をもつとされている．しかし，最小の1日必要量を超えた部分は変化せずに尿中に排出されてしまうので，多量のビタミンCを摂取することが有効かどうかはよくわかっていない．

2 アルカン

プロパンはアルカンの一種であり，車両や調理のための燃料として用いられるLPG（液化石油ガス liquefied petroleum gas）の主成分である．またLPGは，オゾン層を破壊するクロロフルオロカーボンに代わって，エアロゾル噴霧剤としても用いられている．

2章では，前章で学んだ有機化合物に関する一般的な原理を，最初の化合物群であるアルカンに適用する．アルカンは官能基をもたないため反応性は限られており，2章の多くはその命名法や表記法を学ぶことに費やされる．しかしアルカンには燃焼という重要な反応があり，自動車への動力供給や暖房に利用されている．近年，アルカンの燃焼によって大気中の二酸化炭素濃度が著しく増大しており，これは重大な環境問題をひき起こしている．

2・1 アルカン入門

アルカンはC−C結合およびC−H結合だけをもつ炭化水素である．アルカンの炭素原子は互いに結びついて，炭素原子の鎖あるいは環を形成している．

アルカン alkane

- 鎖状に連結した炭素原子からなり，環をもたないアルカンを**非環状アルカン**または**鎖状アルカン**という．非環状アルカンがもつ炭素の数を n とすると，非環状アルカンの分子式は一般に C_nH_{2n+2} で表される．また非環状アルカンは，炭素原子当たり最大数の水素原子をもっているので，**飽和炭化水素**とよばれることもある．
- 一つあるいは複数の環状に連結した炭素原子をもつアルカンを，**シクロアルカン**または**環状アルカン**という．シクロアルカンは同じ炭素数をもつ非環状アルカンよりも水素原子が2個少ないので，その一般式は C_nH_{2n} となる．

非環状アルカン acyclic alkane，**鎖状アルカン**ともいう．

接頭語 a- は“ない”を意味するので，acyclic alkane は“環状でない”アルカンである．

飽和炭化水素 saturated hydrocarbon

シクロアルカン cycloalkane，**環状アルカン**ともいう．

天然に存在するアルカンの二つの例として，ウンデカンとシクロヘキサンがある．ウンデカンは分子式 $C_{11}H_{24}$ をもつ非環状アルカンである．ウンデカンは**フェロモン**，すなわちある特定の動物種，最も一般的には昆虫の集団における情報伝達に用いられる化学物質の一種である．ある種のゴキブリがウンデカンを分泌すると，その種の他のゴキブリが一斉に集まってくる．一方，シクロヘキサンは分子式 C_6H_{12} をもつシクロアルカンであり，世界で最も広く消費されている果物の一つであるマンゴーの一成分である．

フェロモン pheromone

問題 2・1 次の化合物に存在する水素原子の数を求めよ．
(a) 3個の炭素をもつ非環状アルカン (b) 4個の炭素をもつシクロアルカン
(c) 9個の炭素をもつシクロアルカン (d) 7個の炭素をもつ非環状アルカン

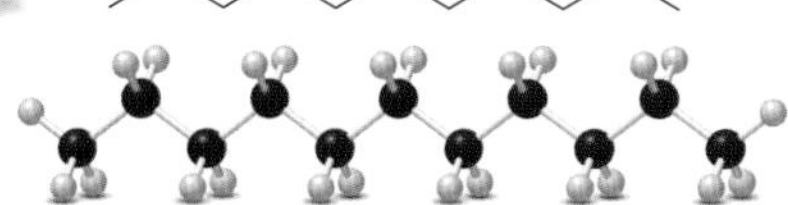

ウンデカン

シクロヘキサン

2・2 簡単なアルカン

本章では，アルカンの学習をまず非環状アルカンから始める．その後 §2・5でシクロアルカンを扱う．

2・2A 4個以下の炭素をもつアルカン

最も簡単な二つのアルカンの構造については，すでに1章で述べた．

メタン methane, CH_4

エタン ethane, CH_3CH_3

- **メタン** CH_4 は4個の水素に囲まれたただ一つの炭素からなり，四つの結合をもっている．
- **エタン** CH_3CH_3 は単結合によって結びついた2個の炭素からなる．それぞれの炭素は，さらに3個の水素と結合しており，全部で四つの結合をもっている．

アルカンの構造式を書くには，炭素原子を単結合で結び，さらにそれぞれの炭素原子が四つの結合をもつために十分な数の水素原子を書き加えればよい．

アルカンの炭素原子はそれぞれ4個の原子によって囲まれているので，それぞれの炭素は正四面体形をとり，すべての結合角は109.5°である

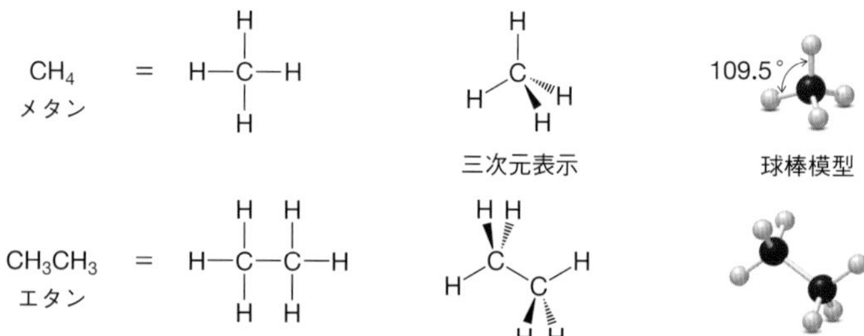

プロパン propane, $CH_3CH_2CH_3$

3個の炭素原子からなるアルカンを書くためには，単結合で結びついた3個の炭素を書き，それぞれの炭素が四つの結合をもつように，十分な数の水素を付け加えればよい．これが**プロパン** $CH_3CH_2CH_3$ である．

$CH_3CH_2CH_3$ = H—C—C—C—H
プロパン

三次元表示　球棒模型　骨格構造式

プロパンや他のアルカンの炭素骨格は，さまざまな方法で書くことができるが，それらはやはり同じ分子を表している．たとえば，プロパンの3個の炭素鎖は水平な列として書いてもよく，曲げて書いてもよい．これらの表記は全く等価である．炭素鎖を一方の端から他の端までたどっていくと，どちらの表記でも，同じ3個の炭素原子を経ることになる．

一列に並んだ3個の炭素　曲がった3個の炭素

同様に，骨格構造式が連続した3個の炭素原子をもつならば，それらはいずれもプロパンを表す．

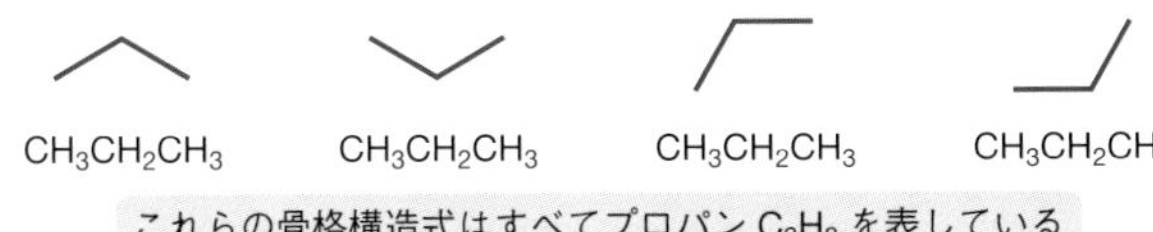

これらの骨格構造式はすべてプロパン C_3H_8 を表している

- 表記の異なる化合物が同一であるかどうかを判定するときには，炭素鎖の折れ曲がりは考慮しなくてよい．

4個の炭素原子を配列させるには，二つの異なる方法がある．これによって，分子式 C_4H_{10} をもつ化合物には，2種類が存在することになる．

- ブタン $CH_3CH_2CH_2CH_3$ は連続した4個の炭素原子をもつ．ブタンは**直鎖アルカン**，すなわちすべての炭素が一つの連続した鎖の中にあるアルカンである．
- イソブタン $(CH_3)_3CH$ は連続した3個の炭素原子と，中央の炭素に結合した1個の炭素をもつ．イソブタンは**分枝アルカン**，すなわち炭素鎖に結合した一つあるいは複数の側鎖をもつアルカンである．

ブタン butane, $CH_3CH_2CH_2CH_3$
直鎖アルカン straight-chain alkane
イソブタン isobutane, $(CH_3)_3CH$
分枝アルカン branched-chain alkane

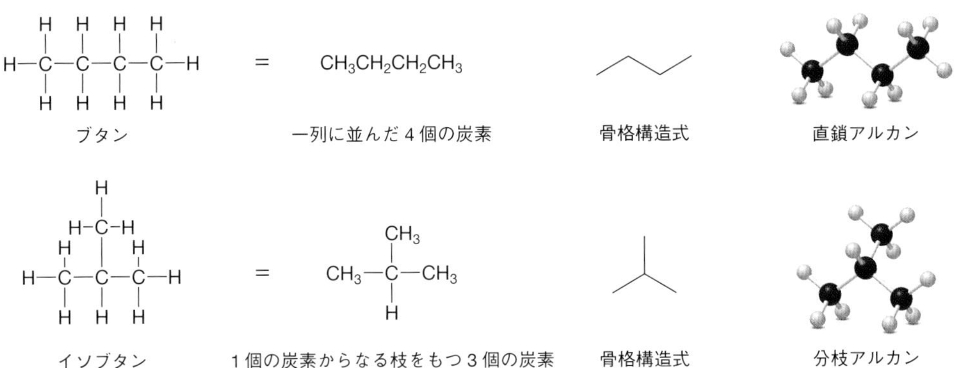

ブタンとイソブタンは同じ分子式をもつが，異なる化合物である．このような関係にある化合物を**異性体**という．ブタンとイソブタンは異性体の主要な二つの分類のうちの一つである**構造異性体**に属する．

異性体 isomer
構造異性体 constitutional isomer

- 原子の結合様式が互いに異なる異性体を**構造異性体**という．

構造異性体に対応する英語は constitutional isomer のほか，structural isomer も用いられる．

ブタンとイソブタンのような構造異性体は，同じ種類に分類される化合物である．すなわち，それらはともに**アルカン**である．しかし，これはいつも正しいとは限らない．たとえば，分子式 C_2H_6O をもつ化合物には，二つの異なる原子の配列がある．

CH_3CH_2OH = H—C—C—O—H

エタノール

CH_3OCH_3 = H—C—O—C—H

ジメチルエーテル

アルコール alcohol
エーテル ether

エタノール CH_3CH_2OH とジメチルエーテル CH_3OCH_3 は構造異性体であるが，異なる官能基をもっている．すなわち，CH_3CH_2OH は**アルコール**であり，CH_3OCH_3 は**エーテル**である．

例題 2・1　構造異性体を判別する

次の一組の化合物は，互いに構造異性体か，それとも異性体ではないか．

(a) $CH_3CH_2CH_3$ と $H_2C{=}CHCH_3$（H, H / C=C / H, CH_3）

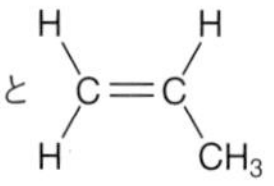

(b) $CH_3CH_2CH_2NH_2$ と $CH_3{-}N(CH_3){-}CH_3$

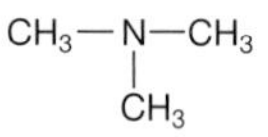

解答

(a) $CH_3CH_2CH_3$ と $H_2C{=}CHCH_3$

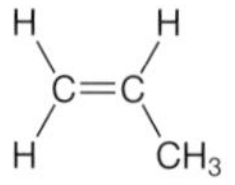

分子式 C_3H_8　　分子式 C_3H_6

二つの化合物は炭素の数は同じであるが，水素の数が異なるため，これらは異なる分子式をもつ．したがって，これらは互いに異性体ではない．

(b) $CH_3CH_2CH_2NH_2$ と $CH_3{-}N(CH_3){-}CH_3$

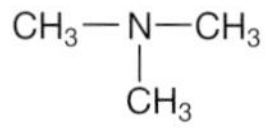

二つの化合物はいずれも分子式 C_3H_9N をもつ．一方の化合物は C−C 結合をもつが，他方はもたないので，原子の結合様式が互いに異なっている．したがって，これらの化合物は構造異性体である．

練習問題 2・1　次の一組の化合物は，互いに構造異性体か，それとも異性体ではないか．

(a) $CH_3CH_2CH_2OH$ と $CH_3OCH_2CH_3$　　(b)  （骨格構造式）と □

2・2B　5 個以上の炭素をもつアルカン

ペンタン pentane
イソペンタン isopentane
ネオペンタン neopentane

アルカンの炭素数が増大するにつれて，異性体の数も増大する．5 個の炭素をもつアルカンは分子式 C_5H_{12} をもつが，これには三つの構造異性体がある．すなわち，**ペンタン**，**イソペンタン**（あるいは 2-メチルブタン），および**ネオペンタン**（あるいは 2,2-ジメチルプロパン）である．

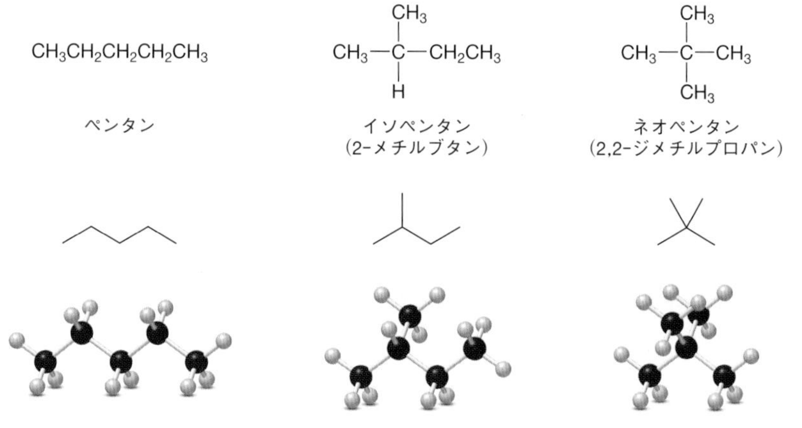

$CH_3CH_2CH_2CH_2CH_3$　ペンタン

$CH_3{-}CH(CH_3){-}CH_2CH_3$　イソペンタン（2-メチルブタン）

$CH_3{-}C(CH_3)_2{-}CH_3$　ネオペンタン（2,2-ジメチルプロパン）

5 個以上の炭素原子をもつアルカンでは，直鎖構造をもつ異性体の名称は，ギリシャ語の数字に由来している．たとえば，5 個の炭素に対してはペンタン (pentane)（ギリシャ語の penta に由来），6 個の炭素に対してはヘキサン (hexane)（ギリシャ語の hexa に由来）などである．表 2・1 には 10 個までの炭素をもつ直鎖アルカンの名称と構造を示した．語尾 -ane によって，その分子がアルカンであることを識別することができる．名称の残りの部分 meth-，eth-，prop- などは，そのアルカンの長い炭素鎖における炭素数を表している．

語尾の -ane は分子がアルカン (alk<u>ane</u>) であることを表している．

表 2・1 直鎖アルカン

炭素原子数	分子式	構造	名称
1	CH_4	CH_4	メタン methane
2	C_2H_6	CH_3CH_3	エタン ethane
3	C_3H_8	$CH_3CH_2CH_3$	プロパン propane
4	C_4H_{10}	$CH_3CH_2CH_2CH_3$	ブタン butane
5	C_5H_{12}	$CH_3CH_2CH_2CH_2CH_3$	ペンタン pentane
6	C_6H_{14}	$CH_3CH_2CH_2CH_2CH_2CH_3$	ヘキサン hexane
7	C_7H_{16}	$CH_3CH_2CH_2CH_2CH_2CH_2CH_3$	ヘプタン heptane
8	C_8H_{18}	$CH_3CH_2CH_2CH_2CH_2CH_2CH_2CH_3$	オクタン octane
9	C_9H_{20}	$CH_3CH_2CH_2CH_2CH_2CH_2CH_2CH_2CH_3$	ノナン nonane
10	$C_{10}H_{22}$	$CH_3CH_2CH_2CH_2CH_2CH_2CH_2CH_2CH_2CH_3$	デカン decane

例題 2・2 異性体を書く

最長の炭素鎖が 5 個の炭素原子からなり，炭素鎖から分岐した 1 個の炭素からなる側鎖をもった分子式 C_6H_{14} をもつ二つの異性体の構造式を書け．

解答

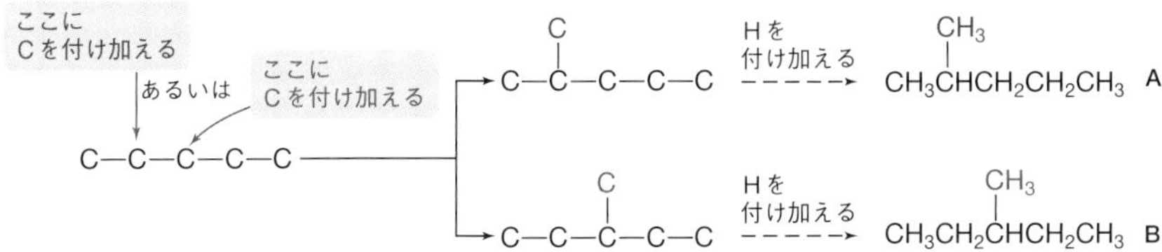

化合物 **A** と **B** は，それぞれ 5 個の炭素原子からなる炭素鎖の異なる位置に CH_3 基が結合しているので，互いに異性体である．また，1 個の炭素からなる側鎖を，末端の炭素に付け加えることができないことにも注意してほしい．なぜなら，そうすると連続した 6 個の炭素からなる炭素鎖ができてしまうからである．炭素鎖には折れ曲がりがあっても問題ないことを思い出そう．

末端のCにCを付け加えると，6 個の炭素からなる炭素鎖ができる

C—C—C—C—C ----→ C—C—C—C—C(—C) = C—C—C—C—C—C

等価な構造

練習問題 2・2 最長の炭素鎖が 4 個の炭素原子からなり，炭素鎖から分岐した 1 個の炭素からなる二つの側鎖をもった分子式 C_6H_{14} をもつ二つの異性体の構造式を書け．

2・2C 炭素原子の分類

アルカンや他の有機化合物における炭素原子は，それに直接結合している炭素原子の数によって分類される．

- 1 個の炭素原子と結合している炭素を**第一級炭素**という．
- 2 個の炭素原子と結合している炭素を**第二級炭素**という．
- 3 個の炭素原子と結合している炭素を**第三級炭素**という．
- 4 個の炭素原子と結合している炭素を**第四級炭素**という．

第一級炭素 primary carbon，1° 炭素と略記する．

第二級炭素 secondary carbon，2° 炭素と略記する．

第三級炭素 tertiary carbon，3° 炭素と略記する．

第四級炭素 quaternary carbon，4° 炭素と略記する．

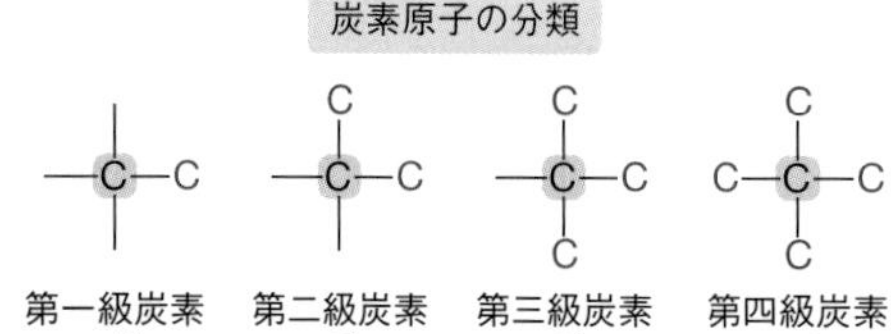

例

CH_3—CH_2—$CH(CH_3)$—CH_2—$C(CH_3)_2$—CH_3 =（骨格構造式，1°, 2°, 3°, 4° を表示）

炭素原子のそれぞれの分類について，一つの例が示されている

例題 2・3　炭素原子を分類する

次の分子に含まれるそれぞれの炭素原子を，第一級炭素，第二級炭素，第三級炭素，第四級炭素のいずれかに分類せよ．

$$CH_3-C(CH_3)_2-CH_2CH_2CH_3$$

解答　炭素原子を分類するには，それに結合している炭素原子の数を数えればよい．必要ならば，すべての結合と原子を示した完全な構造式を書き，構造を明確にする．

$$CH_3-C(CH_3)_2-CH_2CH_2CH_3 = CH_3-C(CH_3)_2-CH_2-CH_2-CH_3$$

第四級炭素

第二級炭素

赤色で標識した炭素はすべて第一級炭素である

練習問題 2・3　次の分子に含まれるそれぞれの炭素原子を，第一級炭素，第二級炭素，第三級炭素，第四級炭素のいずれかに分類せよ．

(a) $CH_3CH_2CH_2CH_3$　　(b) $CH_3-CH(CH_3)-CH_2CH_3$

問題 2・2　次のそれぞれの骨格構造式で示されるアルカンについて，すべての炭素原子を分類せよ．

(a)（骨格構造式）　(b)（骨格構造式）

2・2D　アルカンにおける結合の回転と骨格構造式

2 個の水素原子が標識されたエタンの球棒模型から，エタン分子に関する重要な特徴が明らかになる．それは，炭素－炭素単結合のまわりに回転が起こることである．回転によって，一つの CH_3 基の水素原子はもう一方の CH_3 基の水素原子に対して，異なる配置をとることができる．これはすべての炭素－炭素単結合にみられる特徴である．

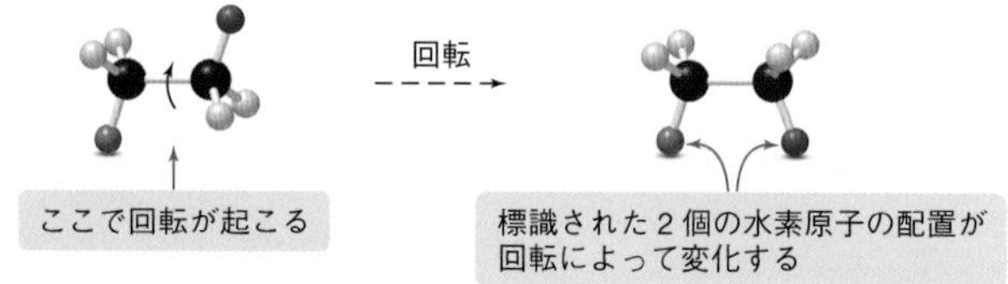

同様に，ブタン $CH_3CH_2CH_2CH_3$ におけるそれぞれの炭素－炭素単結合も回転する．一般に，この過程は室温では速やかに進行する．炭素－炭素単結合が回転できることにより，ブタンの炭素骨格はさまざまな様式で配列できることになる．最も安定な配列は，近接する炭素原子の間の混雑を避けて，炭素骨格がジグザグ形に伸びた構造となる．

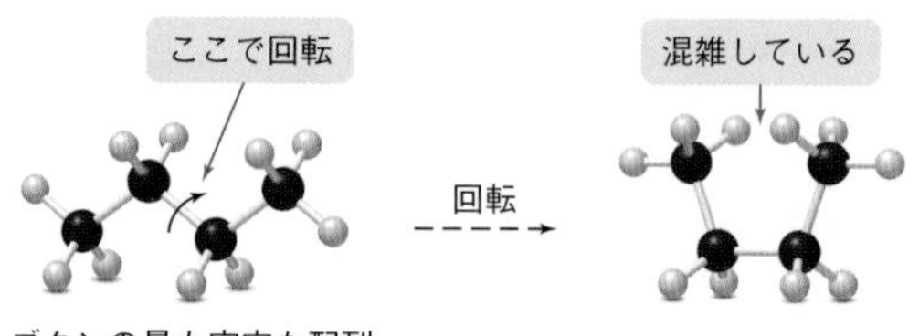

骨格構造式を解釈する際に，次の点に注意してほしい．たとえばペンタンは，一般

にジグザグ形に書かれるが，炭素骨格はさまざまな様式で書くことができ，それらはやはり同一の化合物を表しているのである．次のそれぞれの骨格構造式は連続した5個の炭素原子をもつので，いずれもペンタンを表しており，ペンタンの異性体ではない．

ペンタン C_5H_{12} ＝ 連続した5個の炭素 ＝ 連続した5個の炭素 ＝ 連続した5個の炭素

問題 2・3　以下に示す骨格構造式 **A〜C** について，次の問いに答えよ．
(a) 同一の分子を表している二つの構造式はどれか．
(b) 他の二つの構造式が示す分子の異性体を表している構造式はどれか．

A　B　C

2・3　命名法入門

IUPAC 命名法

有機化合物はどのように命名されるのだろうか．かつては，有機化合物はしばしば，それが単離された植物や動物に基づいて命名された．たとえば，ニンニクのにおいの主成分であるアリシン（allicin）は，ニンニクの学名である *Allium sativum* に由来している．もっと個人的な理由から，それらの発見者によって命名された化合物もある．ドイツの化学者バイヤー（Adolf von Baeyer）は，バルビツール酸（barbituric acid）をバーバラ（Barbara）という名の女性にちなんで命名したといわれている．しかし，バーバラは彼の愛人か，ミュンヘンのウエートレスか，あるいは聖バルバラなのか，その正体は誰も知らない．

ニンニクは中国では4000年以上も前から生薬として用いられている．ニンニクのにおいは，アリシンという分子に由来している．アリシンはニンニクの球根に蓄えられているのではなく，球根をつぶしたり砕いたりしたときに酵素の作用によって生成する．

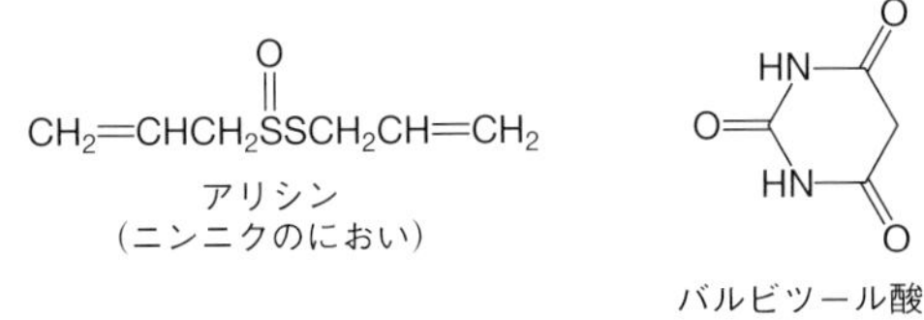

アリシン（ニンニクのにおい）　　バルビツール酸

何千という新たな有機化合物が単離され，合成されるとともに，それぞれの有機化合物は曖昧さのない名称をもたねばならないことが明らかになった．化合物を命名する体系的な方法，すなわち**命名法**の体系が **IUPAC**（国際純正・応用化学連合）によって開発され，IUPAC 命名法とよばれている．それを用いたアルカンの命名について，§2・4で説明する．

命名法 nomenclature

IUPAC 国際純正・応用化学連合（International Union of Pure and Applied Chemistry）の略．

2・4　アルカンの命名法

炭素原子が10個までの直鎖アルカンの名称はすでに表2・1に示したが，さらに，長い炭素鎖に結合した側鎖をもつアルカンの命名法を学ばなければならない．このような側鎖を**置換基**という．一般に，有機分子の名称は三つの部分から構成される．

置換基 substituent

母体名 parent name
接尾語 suffix
接頭語 prefix

- **母体名**は，その分子における最長の連続した炭素鎖がもつ炭素原子の数を示す．
- 官能基が存在する場合には，**接尾語**が官能基の種類を表す．
- **接頭語**から炭素鎖に付け加わった置換基の種類，位置，数がわかる．

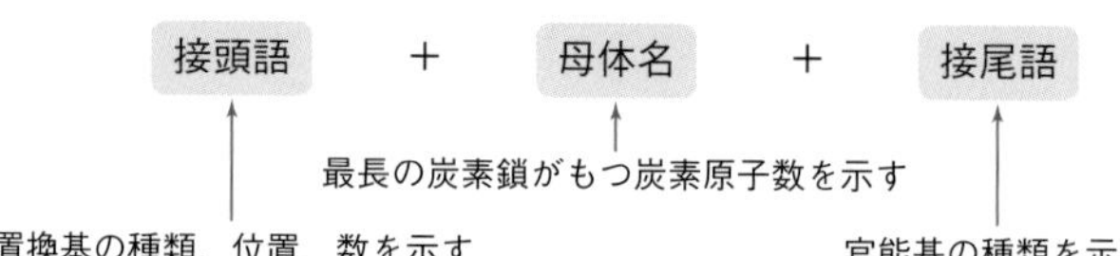

表2・1に示した直鎖アルカンの名称は，二つの部分からなっている．接尾語“アン（-ane）”はこの化合物がアルカンであることを表す．残りの部分が母体名であり，それは最長の炭素鎖がもつ炭素原子の数を示している．炭素1個に対する母体名は“メタ（meth-）”，炭素2個に対しては“エタ（eth-）”などとなる．このように，すでに有機化合物の名称の二つの部分についてはなじみがあるだろう．

名称の第三の部分を決めるためには，まず最長の炭素鎖に結合した置換基を命名する方法を学ばなければならない

2・4A　置換基の命名法

アルキル基 alkyl group

長い炭素鎖に結合した炭素置換基を**アルキル基**という．

- アルキル基はアルカンから水素原子を1個除去することによって生成する．

メチル methyl　CH_3-
エチル ethyl　CH_3CH_2-

アルキル基は分子の一部であり，他の原子や官能基と結合することができる．アルキル基を命名するには，母体となるアルカンの語尾“アン（-ane）”を“イル（-yl）”に変えればよい．たとえば，メタン（methane）CH_4 は**メチル**（methyl）CH_3-，エタン（ethane）CH_3CH_3 は**エチル**（ethyl）CH_3CH_2-となる．

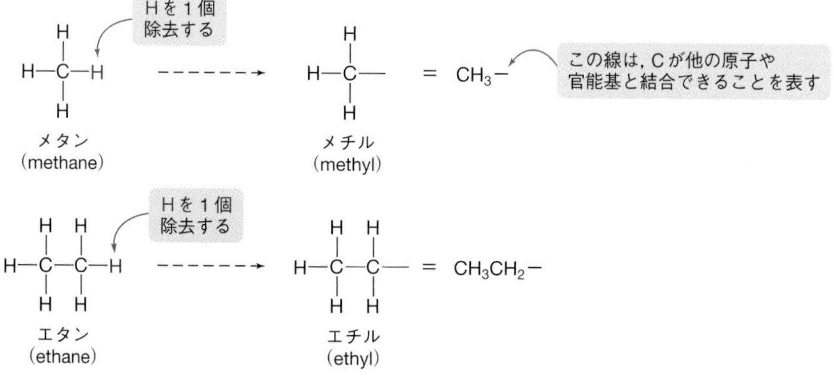

メチル基
CH_3 基

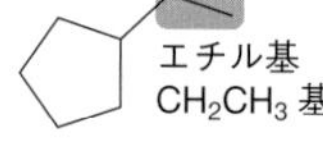

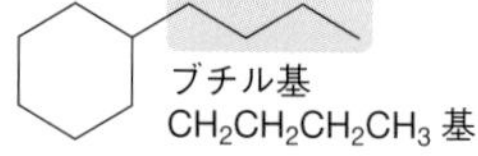

図 2・1　**骨格構造式で書いたアルキル基**

表 2・2　**一般的なアルキル基**

炭素原子数	構　造	名　称	
1	CH_3-	メチル	methyl
2	CH_3CH_2-	エチル	ethyl
3	$CH_3CH_2CH_2-$	プロピル	propyl
4	$CH_3CH_2CH_2CH_2-$	ブチル	butyl
5	$CH_3CH_2CH_2CH_2CH_2-$	ペンチル	pentyl
6	$CH_3CH_2CH_2CH_2CH_2CH_2-$	ヘキシル	hexyl

すべての直鎖アルカンの末端炭素から水素原子を1個除去することによって生成するアルキル基は，同様の方法で命名される．

たとえば，プロパン（propane）$CH_3CH_2CH_3$ は**プロピル**（propyl）$CH_3CH_2CH_2-$ となり，ブタン（butane）$CH_3CH_2CH_2CH_3$ は**ブチル**（butyl）$CH_3CH_2CH_2CH_2-$ となる．表2・2に6個までの炭素原子をもつアルキル基の名称をまとめた．また，図2・1には骨格構造式で表記したいくつかのアルキル基を示した．

プロピル propyl　$CH_3CH_2CH_2-$
ブチル butyl　$CH_3CH_2CH_2CH_2-$

2・4B アルカンの命名法

アルカンは次の四つの段階を経て命名される．

How To IUPAC 命名法によりアルカンを命名する方法

段階 1　母体となる炭素鎖を見つけ，接尾語をつける．

- まず，最長の連続した炭素鎖を見つけ，表2・1に示したその炭素の数に相当する母体名を用いてその分子を命名する．アルカンでは，母体名に対して接尾語“アン（-ane）”をつける．官能基はそれぞれに特有の接尾語をもっている．

$CH_3-CH(CH_3)-CH_2-CH_2-CH_2-CH_3$

最長の炭素鎖に6個のC

6個のC ---→ ヘキサン hexane

- 最長の炭素鎖は，紙面に対して横方向に書かれているとは限らない．分子の表記において炭素鎖が直線的であるか，折れ曲がっているかは問題でないことを思い出そう．たとえば，次の表記はすべて同じ分子を表している．

$CH_3-CH(CH_3)-CH_2-CH_2-CH_2-CH_3$ = $CH_3-CH(CH_3)-CH_2-CH_2-CH_2-CH_3$ = $CH_3-CH_2-CH_2-CH_2-C(CH_3)_2-H$

それぞれの構造式の最長の炭素鎖に6個のC

段階 2　炭素鎖を構成する原子に番号をつける．このさい，最初の置換基が結合した原子に，最も小さい番号がつくようにする．

正しい　ここから番号づけを始める

$CH_3-CH(CH_3)-CH_2-CH_2-CH_2-CH_3$
1 2 3 4 5 6

最初の置換基がC2

誤り

$CH_3-CH(CH_3)-CH_2-CH_2-CH_2-CH_3$
6 5 4 3 2 1

最初の置換基がC5

段階 3　置換基を命名し，番号をつける．

- 置換基をアルキル基として命名し，段階2で得られた番号を用いてその位置を明示する．

C2にメチル基（methyl）

$CH_3-CH(CH_3)-CH_2-CH_2-CH_2-CH_3$ ← 最長の炭素鎖（6個のC）ヘキサン（hexane）
1 2

- すべての炭素原子は最長の炭素鎖か，あるいは置換基のいずれかに属することになる．その両方に属することはない．
- すべての置換基には，その位置を示す特定の番号が必要となる．

（つづく）

• 複数の同一の置換基が最長の炭素鎖に結合している場合には，その数を示すために接頭語を用いる．たとえば，置換基が 2 個であれば“ジ（di-)”, 3 個であれば“トリ（tri-)”, 4 個であれば“テトラ (tetra-)”などとなる．次の化合物は 2 個のメチル基をもつので，その名称は，メチル (methyl) の前に接頭語“ジ（di-)”をつけてジメチル（dimethyl）となる．

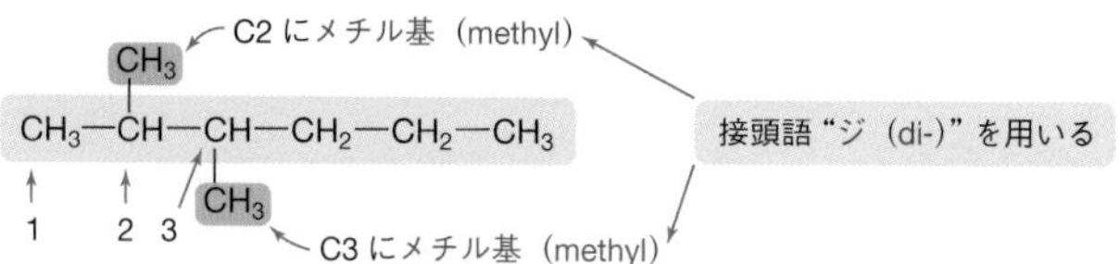

段階 4　置換基の名称と数，母体名，接尾語を組合わせる．

• 母体名の前に置換基の名称をつける．置換基は，英字の名称がアルファベット順になるように並べる．ただし，“di-”のような接頭語はいずれも無視してよい．たとえば，トリエチル（triethyl）はジメチル（dimethyl）よりも前にくる．なぜならアルファベットにおいて，ethyl の e は methyl の m よりも前にあるからである．
• それぞれの置換基の名称の前に，その置換基の位置を示す番号をつける．それぞれの置換基に対して一つの番号がなければならない．
• 位置番号はコンマ（,）によって区切る．番号と文字はハイフン（-）によって区切る．

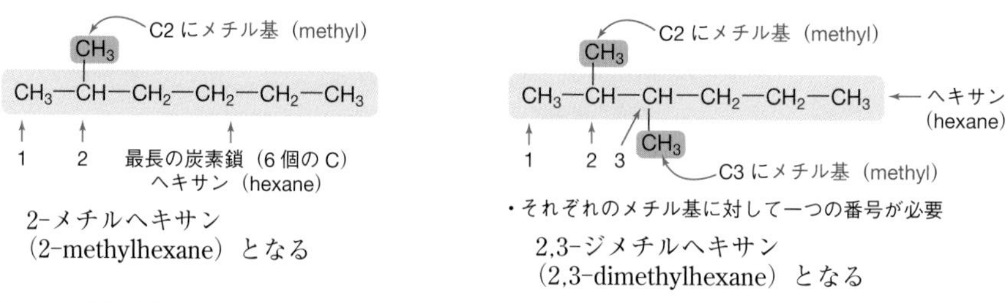

例題 2・4 にすべての炭素原子と水素原子が表記されたアルカンを命名する問題を示した．また，問題 2・4 では，骨格構造式で示したアルカンを命名する問題をやってみよう．

例題 2・4　アルカンを命名する

次の化合物の IUPAC 名（IUPAC 命名法による名称）を示せ．

$$CH_3-\underset{H}{\overset{CH_3}{C}}-CH_2CH_2-\underset{H}{\overset{CH_3CH_2}{C}}-\underset{CH_3}{\overset{H}{C}}-CH_2CH_3$$

解答

[1]　母体となる炭素鎖を命名する．分子はアルカンであるから，接尾語“アン（-ane)”を用いる．

$$CH_3-\underset{H}{\overset{CH_3}{C}}-CH_2CH_2-\underset{H}{\overset{CH_3CH_2}{C}}-\underset{CH_3}{\overset{H}{C}}-CH_2CH_3$$

最長の炭素鎖に 8 個の C　---→　オクタン（octane）

• どの炭素が最長の炭素鎖の部分であり，どの炭素が置換基であるかがはっきりわかるように，最長の炭素鎖を構成する原子を枠で囲むとよい．

[2]　最初の置換基が最も小さい番号となるように，炭素鎖に番号をつける．

$$CH_3-\underset{H}{\overset{CH_3}{C}}-CH_2CH_2-\underset{H}{\overset{CH_3CH_2}{C}}-\underset{CH_3}{\overset{H}{C}}-CH_2CH_3$$

1　2　5　6

• 左から右へと炭素鎖に番号をつけると，最初の置換基が C2 の位置になる．

[3]　置換基を命名し，番号をつける．

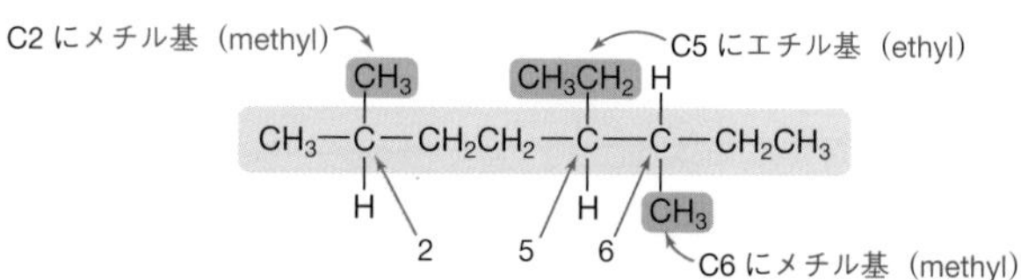

• この化合物は 3 個の置換基をもつ．すなわち，C2 と C6 の 2 個のメチル基と C5 のエチル基である．

（つづく）

[4] それぞれの部分を組合わせる.
- 名称は一つの単語として表記する. 2個のメチル基があるので, メチル (methyl) の前に接頭語 "ジ (di-)" を用いる.
- アルファベットでは, メチル (methyl) の m の前にエチル (ethyl) の e があるので, 置換基の順序はエチル (ethyl) が先になる. アルファベット順にするときには, 接頭語 "di-" は無視することに注意しよう.

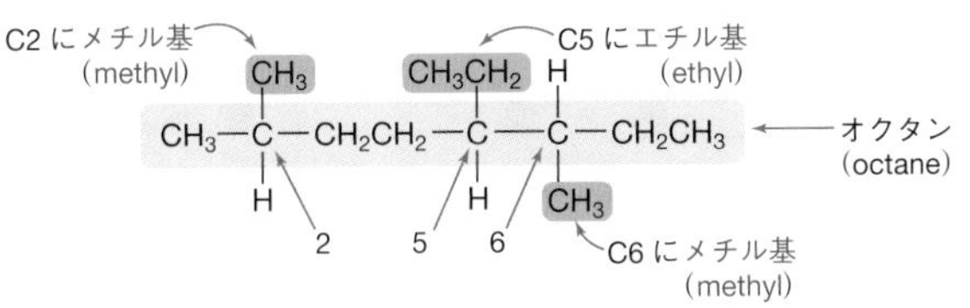

答 5-エチル-2,6-ジメチルオクタン
(5-ethyl-2,6-dimethyloctane)

練習問題 2・4 次の化合物の IUPAC 名を示せ.

(a) $CH_3CH_2CHCH_2CH_3$ (C3 に CH_3)

(b) $CH_3CH_2CH_2CHCH_2C-H$ (上に $CH_2CH_2CH_2CH_3$, 下に CH_3CH_2, H)

(c) $CH_3CH_2CH_2CH_2-C-C-CH_2CH_3$ (上に CH_3, H; 下に CH_2 (CH_3), CH_3)

問題 2・4 次の化合物の IUPAC 名を示せ.

(a)　(b)

また, 与えられた名称から構造式を導く方法も知らなければならない. 例題2・5で段階的な方法を示すことにしよう.

例題 2・5 名称から構造式を誘導する

IUPAC 名が2,3,3-トリメチルペンタン (2,3,3-trimethylpentane) の化合物の構造式を示せ.

解答 名称から構造式を導くには, まず名称の末尾に注目し, 母体名と接尾語を見いだす. 母体名は最長の炭素鎖がもつ炭素原子の数を示し, 接尾語から官能基がわかる. 接尾語 "アン (-ane)" はアルカンであることを示している. ついで, 炭素鎖のいずれかの末端から炭素原子に番号をつけ, 置換基を付け加える. 最後に, それぞれの炭素原子が四つの結合をもつように, 十分な数の水素原子を書き加える.

2,3,3-トリメチルペンタンは, 最長の炭素鎖としてペンタン (pentane), すなわち5個の炭素をもち, C2, C3, C3 に3個のメチル基をもつ.

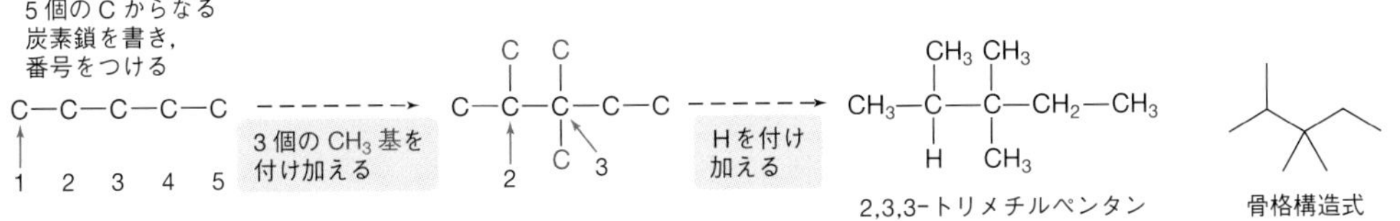

練習問題 2・5 次の IUPAC 名に対応する構造式を書け.

(a) 2,2-ジメチルブタン (2,2-dimethylbutane)

(b) 6-ブチル-3-メチルデカン (6-butyl-3-methyldecane)

(c) 3-エチル-4-メチルヘキサン (3-ethyl-4-methylhexane)

2・5 シクロアルカン

環状に配列した炭素原子をもつアルカンを**シクロアルカン**, あるいは**環状アルカン**という. シクロアルカンは, 非環状アルカンの炭素鎖の末端炭素からそれぞれ1個の水素原子を除去し, 二つの炭素を結びつけた化合物とみることができる.

2・5A　簡単なシクロアルカン

簡単なシクロアルカンは，同じ炭素数をもつ非環状アルカンの名称に，接頭語“シクロ（cyclo-）”をつけることによって命名される．以下の図に3から6個の炭素原子をもつシクロアルカンを示す．シクロアルカンの骨格構造式は多角形を用いて表記される（§1・4）．多角形のそれぞれの頂点には炭素原子があり，それが四つの結合をもつように2個の水素原子が結合している．

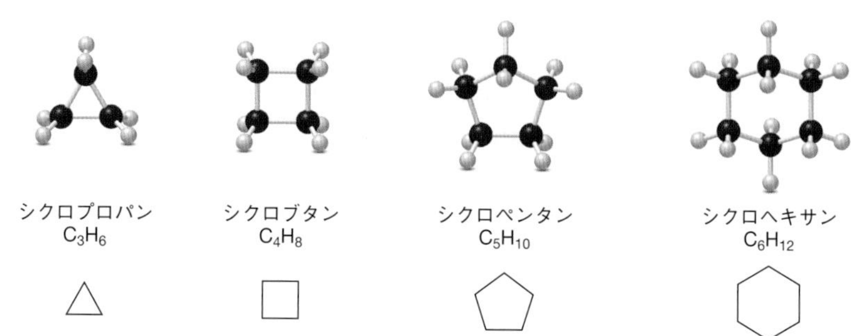

環状化合物は天然に広く存在し，その多くは，興味深くまた重要な生物学的性質をもっている．例として，キク科植物から得られるピレトリンⅠは天然の殺虫剤であり，三員環と五員環の両方をもつ化合物である．また，ビタミン D_3 は五員環と六員環をもち，カルシウムやリンの代謝を制御する脂溶性ビタミンとして作用する．牛乳など多くの食物にはビタミン D_3 が添加されており，私たちはこの生命に必須の栄養素を，日々の食事から十分に摂取することができる．

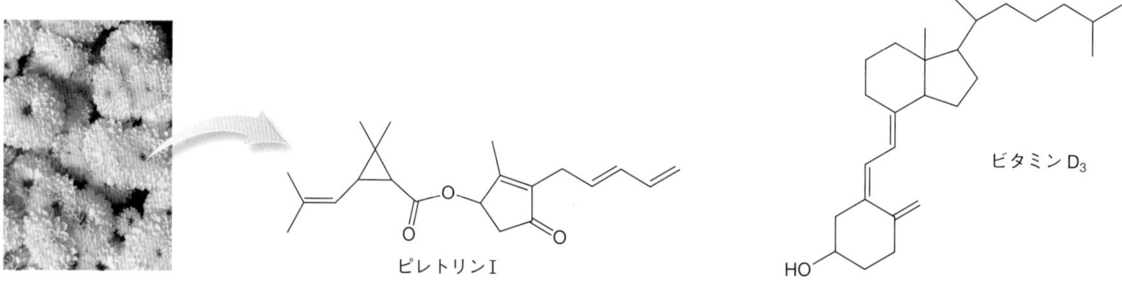

いす形 chair form

シクロアルカンは平面の多角形として描かれるが，実際には，4個以上の炭素原子をもつシクロアルカンは平面分子ではない．たとえば，シクロヘキサンの炭素骨格は，**いす形**とよばれる折れ曲がった配列をとり，すべての結合角は109.5°になっている．

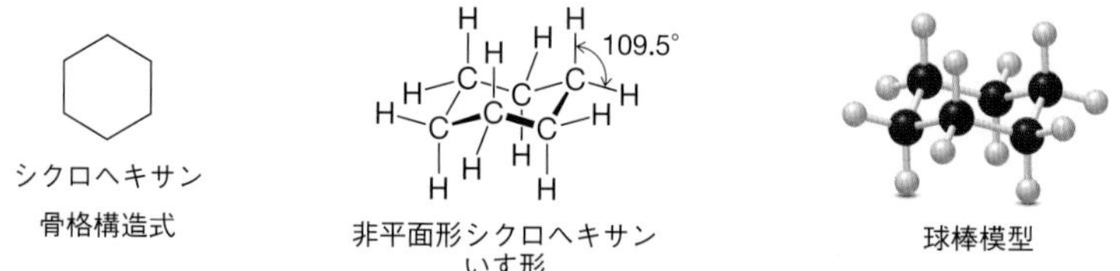

問題 2・5　ビタミン D_3 に関する次の問いに答えよ．
(a) ビタミン D_3 の分子式を示せ．
(b) 1章で学んだことに基づいて，ビタミン D_3 が脂溶性ビタミンである理由を説明せよ．

2・5B　シクロアルカンの命名法

シクロアルカンも§2・4で述べた規則を用いて命名されるが，接頭語“シクロ（cyclo-）”を母体名の直前に置く．

環の存在を示す

接頭語 ＋ シクロ ＋ **母体名** ＋ **接尾語**

- 接頭語：置換基の種類，位置，数を示す
- シクロ：環の存在を示す
- 母体名：環を構成する炭素原子数を示す
- 接尾語：官能基の種類を示す

How To IUPAC 命名法によりシクロアルカンを命名する方法

段階 1 母体となるシクロアルカンを見つける．

- 環を構成する炭素原子の数を数え，その炭素数に対応する母体名を用いる．母体名に対して接頭語“シクロ（cyclo-）”を付け加え，接尾語“アン（-ane）”を付け加える．

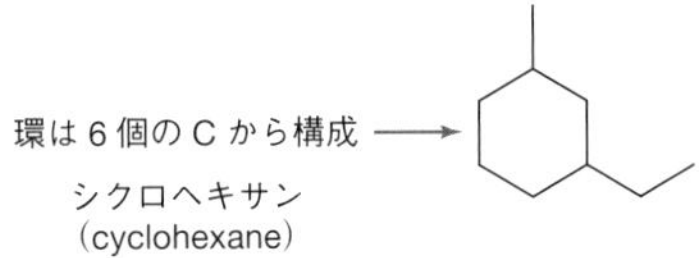

シクロヘキサン
（cyclohexane）

段階 2 置換基を命名し，番号をつける．

- 置換基がただ一つの場合には，その位置を示すための番号は必要ない．

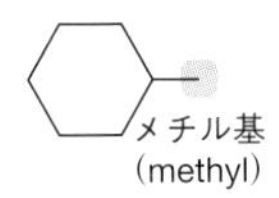

メチルシクロヘキサン
（methylcyclohexane）

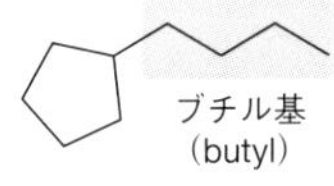

ブチルシクロペンタン
（butylcyclopentane）

- 複数の置換基をもつ環では，一方の置換基の位置から番号づけを開始し，第二の置換基により小さい番号がつくように環の炭素に番号をつける．二つの置換基が異なるときには，アルファベット順で先行する置換基に小さい番号がつくようにする．

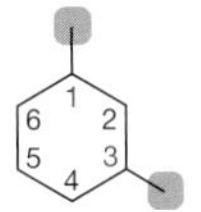

・C1 と C3 に CH_3 基を置く

1,3-ジメチルシクロヘキサン
（1,3-dimethylcyclohexane）
〔1,5-ジメチルシクロヘキサン
（1,5-dimethylcyclohexane）ではない〕

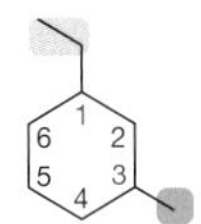

アルファベット順で先行する置換基に小さい番号

・C1 にエチル基（ethyl）
・C3 にメチル基（methyl）

1-エチル-3-メチルシクロヘキサン
（1-ethyl-3-methylcyclohexane）
〔3-エチル-1-メチルシクロヘキサン
（3-ethyl-1-methylcyclohexane）ではない〕

問題 2・6 次の化合物の IUPAC 名を示せ．

(a) 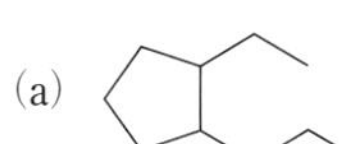

(b) 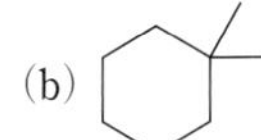

(c) 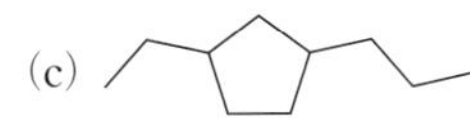

問題 2・7 次の IUPAC 名に対応する化合物の構造式を書け．

(a) 1,2-ジメチルシクロブタン（1,2-dimethylcyclobutane）
(b) 1,1,2-トリメチルシクロプロパン（1,1,2-trimethylcyclopropane）
(c) 4-エチル-1,2-ジメチルシクロヘキサン（4-ethyl-1,2-dimethylcyclohexane）

新たな医薬品の命名

製薬会社にとって，有機化合物の命名は重要な仕事の一つである．有機化合物の IUPAC 名は長く，複雑になることが多い．この結果，ほとんどの医薬品は次のような三つの名称をもつことになる．

- 体系名（systematic name）．IUPAC によって定められた命名法の規則に従った名称．IUPAC 名にほかならない．
- 一般名（generic name）．医薬品に対して公式に，国際的に認められた名称．
- 商品名（trade name）．医薬品を製造した会社によって割り当てられた名称．商品名は“キャッチー（人の興味をひきやすい）”であり，覚えやすいものが多い．

たとえば，化学者が 2-[4-(2-メチルプロピル)フェニル]プロパン酸という IUPAC 名でよぶ化合物は，イブプロフェンという一般名をもつ．この化合物は抗炎症薬としてさまざまな商品名で売買されている．

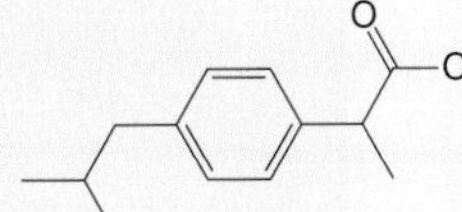

体系名：2-[4-(2-メチルプロピル)フェニル]プロパン酸
一般名：イブプロフェン
商品名：イブなど

2・6 化石燃料

多くのアルカンが天然に存在する．その主要な供給源は天然ガスと石油である．これらの化石燃料は，いずれも遠い昔に有機物質の分解によって生成したものであり，現在ではおもにエネルギー源として利用されている．

天然ガス natural gas

天然ガスは無臭である．ガス漏れの際に感知されるにおいは，メタンチオール CH_3SH のような硫黄を含む微量の添加物によるものである．天然ガスには，安全性のため，容易に検知できるようににおいがつけられている．

石油 petroleum

精製 refining

天然ガスは主としてメタンからなり（生産地に依存して 60〜80%），少量のエタン，プロパン，ブタンを含んでいる．これらの有機化合物が酸素の存在下で燃焼するとエネルギーが放出され，それは調理や暖房に利用される（§2・8）．

石油は多数の化合物の複雑な混合物であり，そのほとんどは 1〜40 個の炭素原子をもつ炭化水素である．原油は蒸留によって，それぞれ沸点の異なる有用な成分に分離される．この過程を**精製**という（図 2・2）．石油精製の生成物から，家庭用暖房，自動車，ディーゼルエンジン，航空機などに用いる燃料が製造される．それぞれの燃料の種類は，炭化水素の組成が異なっている．たとえば，ガソリンはおもに C_5H_{12} から $C_{12}H_{26}$，ケロシン（灯油）は $C_{12}H_{26}$ から $C_{16}H_{34}$，ディーゼル燃料は $C_{15}H_{32}$ から $C_{18}H_{38}$ のアルカンからなる．

石油が供給する製品は燃料だけではない．原油の約 3% が，プラスチック，医薬品，繊維，染料，農薬など他の合成化合物を製造するために用いられている．これらの化合物によって，工業国では当然のものとされる日常の生活を快適にする多くの製品がつくりだされている．もし，空調設備や冷凍装置，あるいは麻酔薬や鎮痛薬など，石油工業に由来するすべての製品がなくなったら，私たちの生活はどのようになるか想像してみよう．

原油 1 バレル
化学合成品の出発物質（4.9 L）
アスファルト，道路舗装剤（4.9 L）
ボイラー油（11.0 L）
潤滑剤，ワックス，溶剤（15.9 L）
ジェット燃料（15.9 L）
ディーゼル燃料，家庭暖房油（31.8 L）
ガソリン（74.6 L）
1 バレル = 159 L

(a)

(b)

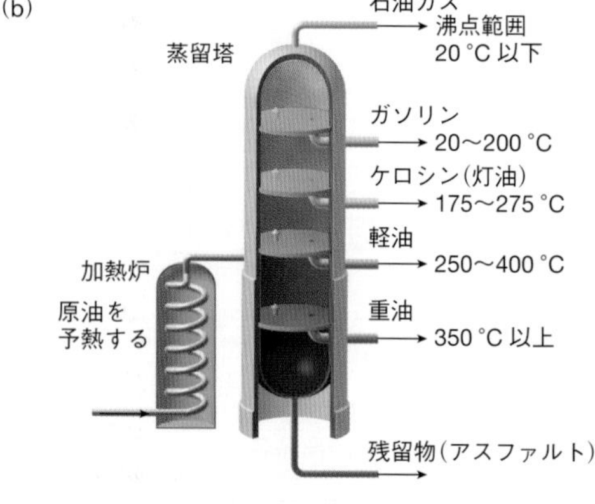

図 2・2 **原油の精製による有用な燃料と他の石油製品の製造．** (a) 製油所では，原油は化合物の沸点によっていくつかの成分に分離される．(b) 原油が加熱されるとともに，低沸点の成分は蒸留塔の頂上から取出され，より高い沸点をもつ成分が続く．

バイオガス

石油に由来するエネルギーは再生が不可能であり，石油の埋蔵量にも限りがある．また，私たちは燃料だけでなく，現代社会において必要な多くの製品を石油に依存している．このような状況を考えると，現有する石油を浪費しないとともに，代替となるエネルギー源を見つけなければならないことは明らかである．

エネルギーが高価であることと限られた石油埋蔵量のために，エネルギーを生産する多くの独創的な手法の開発が急速に進んでいる．たとえば，米国のいくつかの大きな牧場では，糞尿分解槽を用いて家畜の排せつ物をメタン CH_4 に変換している．このメタンは“バイオガス”とよばれ，さらに発電に利用される（右図）．糞尿は巨大な無酸素の貯蔵槽に送り込まれ，そこで嫌気性微生物によって糞尿に含まれる有機物質が分解され，メタンが生成する．集めたメタンを燃焼することによって電気を発生させ，残留物は圧縮して肥料に用いられる．この方法では，多量の家畜の排せつ物が二つの有用な製品，すなわち電気と肥料に変換されている．

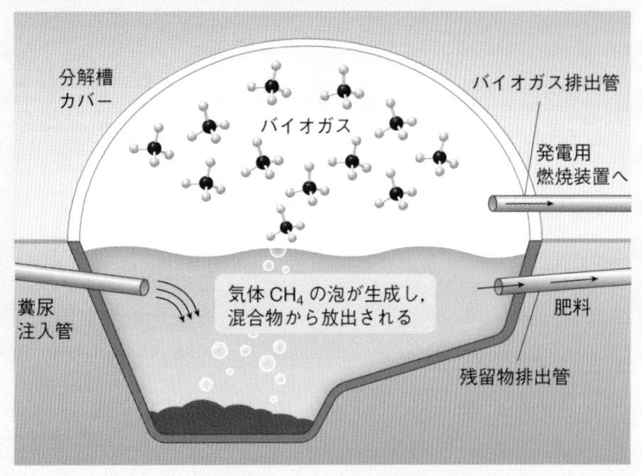

糞尿からメタンの製造

2・7 物理的性質

アルカンは無極性の C−C 結合と C−H 結合だけからなるので，アルカンの分子間には弱い分子間力だけが働く．その結果，アルカンは融点と沸点が低い．低分子量のアルカンは室温で気体であり，ガソリンに用いられるアルカンはすべて液体である．

アルカンの融点と沸点は，炭素数が増大するとともに上昇する．これは炭素数の増大に伴ってアルカン分子の表面積が増大し，それによって分子間に働く引力が増大するためである．この効果は次のように，3 種類の直鎖アルカンの沸点を比較するとわかる．

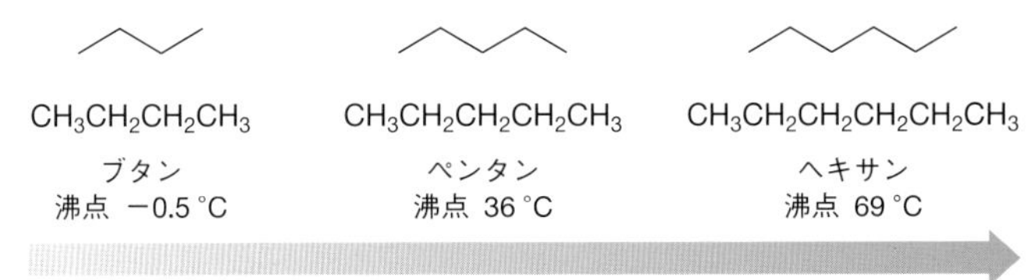

無極性のアルカンは水に不溶であり，また水よりも密度が小さい．このため，破損したタンカーから海に流出した原油は，海面に不溶性の油膜をつくる．不溶性の炭化水素油は，海鳥に特別な脅威をひき起こす．海鳥の羽は断熱のために，天然の無極性油によって被覆されている．これらの油が原油に溶けてしまうため，海鳥は天然の保護膜の層を失い，多くは死に至る．

海に流出した原油は，海面に不溶性の層を形成する．

“油と水は混じらない”という表現は，無極性の油と極性の高い水の不溶性に由来している．

問題 2・8 ペンタン C_5H_{12}，ヘプタン C_7H_{16}，デカン $C_{10}H_{22}$ のうち，最も沸点が高いと推定されるものはどれか．判断した理由も説明せよ．

問題 2・9 ワセリンは炭化水素の複雑な混合物であり，皮膚の潤滑剤や軟膏として用いられる．ワセリンが水に溶解せず，ジクロロメタン CH_2Cl_2 に溶ける理由を説明せよ．

皮膚の潤滑剤として荒れた唇やおむつかぶれによく用いられるワセリン（問題2・9）は，高分子量のアルカンの混合物である．

2・8 燃　焼

燃焼 combustion

アルカンは有機分子において，官能基をもたない唯一の化合物群である．このためアルカンはきわめて反応性が低い．本節では，アルカンの一つの反応である**燃焼**を取上げる．燃焼は酸化還元反応の例である．§2・9では，アルカンとハロゲンとの反応について述べる．

有機化合物が酸化還元反応を行ったかどうかは，出発物質と生成物の炭素原子に注目し，C−H 結合と C−O 結合の相対的な数を比較することによって判定することができる．

- 有機化合物が酸化されると，C−O 結合数の増加，あるいは C−H 結合数の減少が起こる．
- 有機化合物が還元されると，C−O 結合数の減少，あるいは C−H 結合数の増加が起こる．

アルカンは燃焼する．すなわち，アルカンは酸素の存在下で燃え，二酸化炭素 CO_2 と水 H_2O が生成する．燃焼は酸化の実際的な例である．燃焼によって，出発物質におけるすべての C−H 結合と C−C 結合は，生成物の C−O 結合に変換される．以下に二つのアルカンについて，燃焼の反応式を示す．

$$\underset{\text{メタン（天然ガス）}}{CH_4} + 2\,O_2 \xrightarrow[\text{あるいは炎}]{\text{火花}} CO_2 + 2\,H_2O + \text{エネルギー}$$

$$\underset{\text{イソオクタン（ガソリンの高オクタン価成分）}}{2(CH_3)_3CCH_2CH(CH_3)_2} + 25\,O_2 \xrightarrow[\text{あるいは炎}]{\text{火花}} 16\,CO_2 + 18\,H_2O + \text{エネルギー}$$

出発物質の種類にかかわらず，生成物の CO_2 と H_2O は同じであることに注意してほしい．天然ガスやガソリン，あるいは灯油の形態におけるアルカンの燃焼によって放出されるエネルギーは，家庭を暖房し，自動車に動力を与え，食物を調理するために利用されている．

燃焼を開始させるには，火花あるいは炎が必要である．ガソリンはほとんどアルカンから構成されるが，安全に扱うことができ，空気中に保存することができる．しかし，火花や裸火が存在すると，速やかな激しい燃焼が起こる．

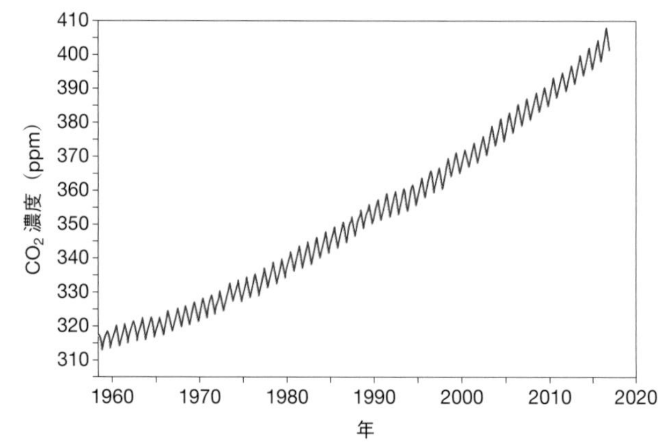

図 2・3　**大気中の CO_2 濃度の変化．** グラフは1958年から2016年の間に，大気中の CO_2 濃度が上昇していることを明確に示している．なお，各年において二つのデータ点が記録されている．グラフののこぎり歯状の形状は，光合成の季節的変動に伴う CO_2 濃度の季節的な変化によるものである．

化石燃料に由来するアルカンや他の炭化水素の燃焼によって，毎年，膨大な量の CO_2 が大気に放出されている．定量的なデータによると，1958 年に 315 ppm であった大気の CO_2 濃度は 2016 年には 402 ppm であり，最近 58 年間に 25% 以上も増加していることが示されている（図 2・3）．大気の組成は地球の歴史とともに変化しているが，この CO_2 濃度の増大は，人間の活動がその組成を顕著に，また急速に変化させたおそらく最初の事例であろう．

大気中の CO_2 濃度の増大は長期にわたる，また広範囲に及ぶ影響をひき起こす可能性がある．CO_2 は**温室効果ガス**の一種である．なぜなら CO_2 は，地表からふつうに放出される熱エネルギーを吸収し，それを地表へ再び放出する効果をもつからである．このため CO_2 濃度の増大は，地球大気の平均温度の上昇に寄与する可能性がある．これらの効果によってひき起こされる世界的な気候変動が，極地の氷冠の融解や海面の上昇，さらに多くの予期しない結果を導くことが懸念されている．

温室効果ガス greenhouse gas

2007 年には，人間の活動によってひき起こされる急速な気候変動の潜在的な破滅的影響について注意を喚起した功績により，当時の前米国副大統領のゴア（Al Gore）と“気候変動に関する政府間パネル（IPCC）”にノーベル平和賞が授与された．

問題 2・10　次の燃焼反応について，釣合のとれた反応式を書け．

(a) $CH_3CH_2CH_3 + O_2 \xrightarrow[\text{あるいは炎}]{\text{火花}}$ （$CH_3CH_2CH_3$: プロパン）

(b) $CH_3CH_2CH_2CH_3 + O_2 \xrightarrow[\text{あるいは炎}]{\text{火花}}$ （$CH_3CH_2CH_2CH_3$: ブタン）

炭化水素を完全に燃焼させるだけの十分な酸素がないときには，**不完全燃焼**が起こり，二酸化炭素 CO_2 の代わりに**一酸化炭素**が生成する．

不完全燃焼 incomplete combustion

一酸化炭素 carbon monoxide, CO

不完全燃焼

$$\underset{\text{メタン}}{2\,CH_4} + 3\,O_2 \xrightarrow[\text{あるいは炎}]{\text{火花}} \underset{\text{一酸化炭素}}{2\,CO} + 4\,H_2O + \text{エネルギー}$$

一酸化炭素 CO は血液中のヘモグロビンと結合し，そのために血流によって細胞へ運ばれる酸素の量を減少させる有毒な気体である．炭化水素が燃焼するときにはいつでも，CO が生成する可能性がある．自動車のエンジンでガソリンが燃焼するときにも，望まない CO が生成しうる．車両点検では排気ガス中の CO や他の汚染物質の濃度測定が行われ，自動車が潜在的に有害な物質を周囲の大気へ放出しないように計画されている．

2・9 アルカンのハロゲン化

アルカンとハロゲンとの反応は**ハロゲン化**とよばれる．ハロゲンとして一般に，塩素 Cl_2 あるいは臭素 Br_2 が用いられる．アルカンのハロゲン化によって**ハロゲン化アルキル**（RCl あるいは RBr）とハロゲン化水素（HCl あるいは HBr）が生成する．この反応は，反応物がともに加熱されたとき，あるいはそれらに光が照射されたときだけ進行する．このことを示すために一般に，反応矢印の上か下に“光あるいは熱”と表記する．

ハロゲン化 halogenation

ハロゲン化アルキル alkyl halide

ハロゲン化

$$\underset{\text{アルカン}}{-\overset{|}{\underset{|}{C}}-H} + X-X \xrightarrow{\text{光あるいは熱}} \underset{\text{ハロゲン化アルキル}}{-\overset{|}{\underset{|}{C}}-X} + H-X$$

たとえば，メタンを光の存在下で Cl_2 と反応させると，クロロメタン CH_3Cl と HCl が生成する．また，エタンを Br_2 とともに加熱すると，ブロモエタン CH_3CH_2Br

と HBr が生成する．

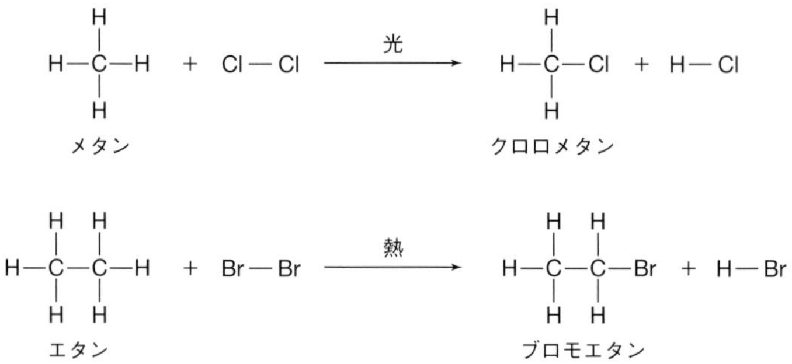

$$\mathrm{CH_4} + \mathrm{Cl{-}Cl} \xrightarrow{\text{光}} \mathrm{CH_3Cl} + \mathrm{H{-}Cl}$$

メタン　　　　クロロメタン

$$\mathrm{CH_3CH_3} + \mathrm{Br{-}Br} \xrightarrow{\text{熱}} \mathrm{CH_3CH_2Br} + \mathrm{H{-}Br}$$

エタン　　　　ブロモエタン

置換反応 substitution reaction

ハロゲン化は**置換反応**の一つの例である．

• ある原子が，他の原子あるいは原子団によって置き換わる反応を**置換反応**という．

ハロゲン化では，アルカンの水素原子がハロゲン原子によって置き換わる．非環状アルカンおよびシクロアルカンのいずれにおいても，置換反応が進行する．

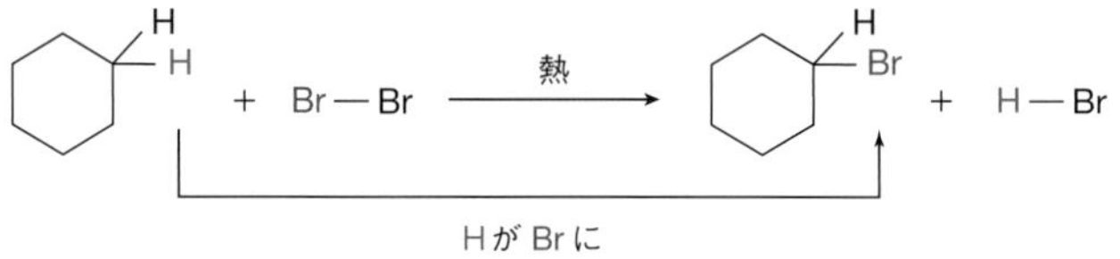

$$\mathrm{C_6H_{12}} + \mathrm{Br{-}Br} \xrightarrow{\text{熱}} \mathrm{C_6H_{11}Br} + \mathrm{H{-}Br}$$

H が Br に

この反応で生成するハロゲン化アルキルについては，4 章でさらに詳しく説明する．

問題 2・11　光の存在下でブタン $CH_3CH_2CH_2CH_3$ と塩素 Cl_2 を反応させると，分子式 C_4H_9Cl をもつ 2 種類の異なる塩化アルキルが生成する．それぞれの塩化アルキルの構造式を書け．

問題 2・12　次のハロゲン化アルキルをハロゲン化によって合成するために，出発物質として必要なアルカンの構造式を書け．

(a) 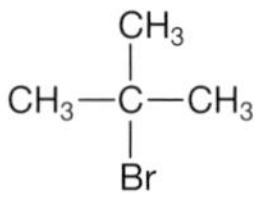 $(CH_3)_3C{-}Br$　(b) 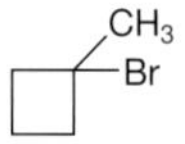 1-ブロモ-1-メチルシクロブタン（構造式）

3

不飽和炭化水素

熟したバナナは未熟のトマトが熟す速さを高める．これは，バナナが植物の成長ホルモンであるエチレンを放出するためである．

3章では，炭素－炭素多重結合を含む3種類の炭化水素に注目する．二重結合をもつ炭化水素を**アルケン**，三重結合をもつ炭化水素を**アルキン**という．三つの二重結合をもつ六員環をベンゼン環といい，それをもつ炭化水素を**芳香族炭化水素**という．炭素－炭素多重結合は官能基であるから，これらの化合物はアルカンとは異なり，反応性に富んでいる．これらの官能基を含む多くの生理活性物質が存在し，またその反応から多数の有用な物質が合成されている．

3・1　アルケンとアルキン

アルケンとアルキンは多重結合をもつ有機化合物に属する二つの化合物群である．

- 炭素－炭素二重結合を含む化合物を**アルケン**という．

アルケン alkene

アルケン

C=C

二重結合

H　H
C=C
H　H

$CH_2{=}CH_2$
エチレン

=

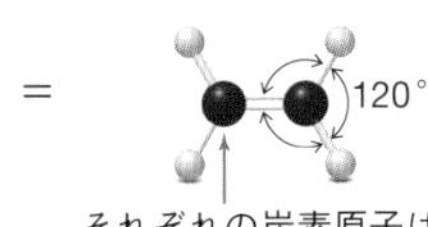

それぞれの炭素原子は平面三角形である

アルケンの一般的な分子式は C_nH_{2n} であり，一般的な分子式 C_nH_{2n+2} をもつ鎖状アルカンより水素原子が二つ少ない．エチレン C_2H_4 は最も簡単なアルケンである．エチレンの二つの炭素原子はそれぞれ三つの原子によって取囲まれているので，いずれも**平面三角形**である．エチレンの6個の原子はすべて同一平面にあり，結合角はいずれも120°である．

平面三角形 trigonal planar

エチレンは植物の成長や果実の成熟を調整するホルモンであることが知られている．このことは，遠く離れた国で栽培されたバナナ，イチゴ，トマトを生産地に行かなくとも楽しむことを可能にしている．これらの果物は未熟の状態で収穫して輸送され，目的地に到着して成熟させたいときにエチレンが吹きかけられる．

- 炭素－炭素三重結合を含む化合物を**アルキン**という．

アルキン alkyne

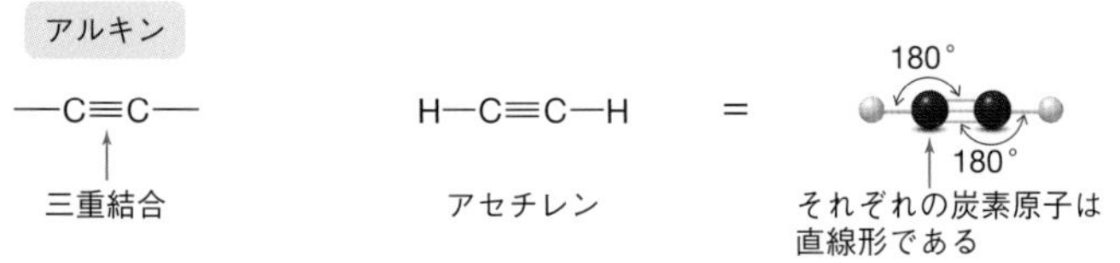

アルキンの一般的な分子式は C_nH_{2n-2} であり，鎖状アルカンより水素原子が四つ少ない．アセチレン C_2H_2 は最も簡単なアルキンである．アセチレンの二つの炭素原子はそれぞれ二つの原子によって取囲まれているので，いずれも 180°の結合角をもつ**直線形**である．

直線形 linear

アルケンとアルキンは無極性の炭素－炭素，および炭素－水素結合から構成されているので，それらの物理的性質は他の炭化水素と類似している．すなわち，アルカンと同様に，次のような性質をもつ．

• アルケンとアルキンは低い融点と沸点をもち，水に溶けにくい．

2 章で述べたように，アルカンは炭素原子当たり最大数の水素原子をもつので，飽和炭化水素とよばれることを思い出してほしい．対照的に，アルケンとアルキンは**不飽和炭化水素**とよばれる．

不飽和炭化水素 unsaturated hydrocarbon

• 不飽和炭化水素は，炭素原子当たり最大数よりも少ない水素原子をもつ化合物である．

アルケンやアルキンの簡略構造式では，必ず多重結合が書かれる．例題 3・1 に示すように，簡略構造式をすべての結合線が書かれた完全な構造式に変換する際には，二重結合を形成するそれぞれの炭素原子はそのまわりに 3 個の原子をもち，三重結合を形成するそれぞれの炭素原子はそのまわりに 2 個の原子をもつことを確認しなければならない．いかなる構造においても，炭素原子は常に 4 個の結合をもつことを忘れてはならない．

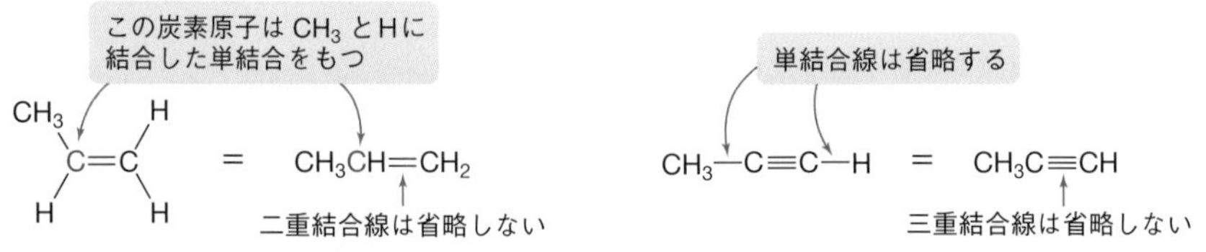

例題 3・1　アルケンとアルキンの簡略構造式を理解する

次のアルケンあるいはアルキンに対する完全な構造式を書け．

(a) $CH_2{=}CHCH_2CH_3$　　(b) $CH_3C{\equiv}CCH_2CH_3$

解答　(a) 赤色で標識した炭素原子は，二つの水素原子と結合した単結合をもつ．青色で標識した炭素原子は，一つの水素原子と CH_2CH_3 基に結合した単結合をもつ．

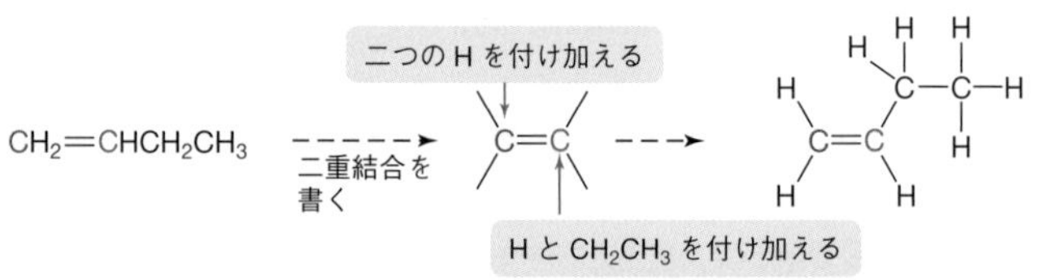

(b) 赤色で標識した炭素原子は，CH_3 と結合した単結合をもつ．青色で標識された炭素原子は，CH_2CH_3 基と結合した単結合をもつ．

(つづく)

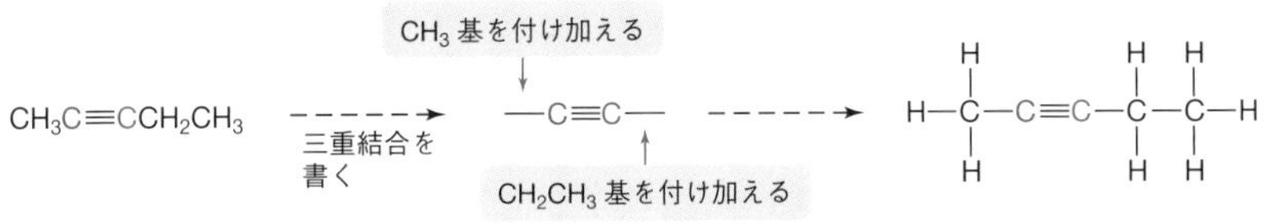

CH$_3$基を付け加える

$CH_3C{\equiv}CCH_2CH_3$ - - - - - → —C≡C— - - - - - → H—C(H)(H)—C≡C—C(H)(H)—C(H)(H)—H

三重結合を書く

CH_2CH_3基を付け加える

練習問題 3・1 次の簡略構造式を，すべての原子，結合線，非共有電子対が書かれた完全な構造式に変換せよ．

(a) $CH_2{=}CHCH_2OH$ (b) $(CH_3)_2CHC{\equiv}CCH_2C(CH_3)_3$

問題 3・1 右の図はショウガの根の成分であるジンギベレンの炭素骨格を示したものである．すべての水素原子を書き加えることによって，ジンギベレンの構造式を完成させよ．また，ジンギベレンの骨格構造式を書け．

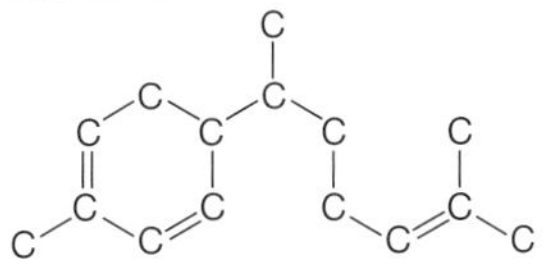

ジンギベレン（zingiberene）はショウガの根から得られる．ショウガは，インド料理や中華料理で香辛料として用いられる．ショウガ飴はしばしば，船酔いによる吐き気を抑えるために用いられる．

3・2 アルケンとアルキンの命名法

新しい官能基に出会うたびに，IUPAC 命名法を用いてそれを命名する方法を学ばなければならない．新たに理解すべきことは次の二つである．一つは官能基を識別する接尾語の命名法であり，もう一つは炭素骨格を番号づける方法である．IUPAC 命名法では，アルケンとアルキンは次のように識別される．

- **アルケンは接尾語“エン（-ene）”で識別される．**
- **アルキンは接尾語“イン（-yne）”で識別される．**

How To アルケンとアルキンを命名する方法

例 次のアルケンとアルキンに対する IUPAC 名を記せ．

(a) $CH_2{=}CHCH(CH_3)CH_3$ (b) $CH_3CH_2CH(CH_2CH_3)C{\equiv}CCH_3$

段階 1 二重結合あるいは三重結合を形成する両方の炭素原子を含む最長の炭素鎖を見つける．

(a) 化合物はアルケンであるから，母体アルカンの語尾“アン（-ane）”を“エン（-ene）”に変える．

$CH_2{=}CHCH(CH_3)CH_3$

最長の炭素鎖に四つの炭素原子

ブタン butane - - → ブテン butene

(b) 化合物はアルキンであるから，母体アルカンの語尾“アン（-ane）”を“イン（-yne）”に変える．

$CH_3CH_2CH(CH_2CH_3)C{\equiv}CCH_3$

最長の炭素鎖に六つの炭素原子

ヘキサン hexane - - → ヘキシン hexyne

段階 2 多重結合を形成している炭素原子に最も小さい番号がつくように，炭素鎖の末端から炭素原子に番号をつける．

それぞれの化合物について，炭素鎖に番号をつけ，多重結合につけられた最初の番号を用いて多重結合の位置を示す．

(a) 左から右へ炭素鎖に番号をつけると，二重結合の位置は C1 となる（C3 ではない）．二重結合につけられた最初の番号を用いて二重結合の位置を示すので，このアルケンは 1-ブテン（1-butene）となる．

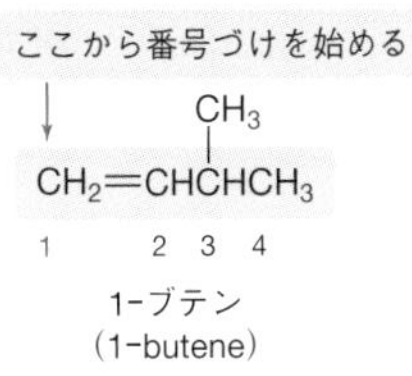

(b) 右から左へ炭素鎖に番号をつけると，三重結合の位置は C2 となる（C4 ではない）．三重結合につけられた最初の番号を用いて三重結合の位置を示すので，このアルキンは 2-ヘキシン（2-hexyne）となる．

（つづく）

ここから番号づけを始める

$$\begin{array}{l} \quad\quad\quad CH_2CH_3 \\ \quad\quad\quad | \\ CH_3CH_2CHC{\equiv}CCH_3 \end{array}$$

6 5 4 3 2 1

2-ヘキシン
(2-hexyne)

段階 3 置換基を命名してその位置を番号で示し，完全な名称を書く．

(a) 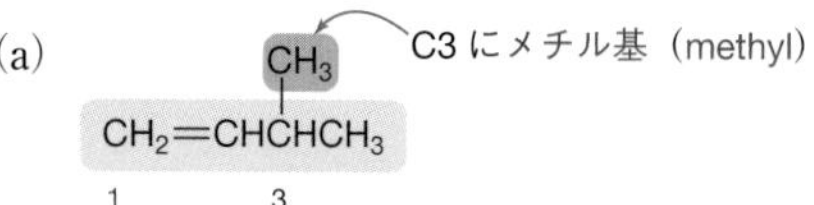

IUPAC 名は 3-メチル-1-ブテン (3-methyl-1-butene) となる．

(b) $CH_3CH_2CH(CH_2CH_3)C{\equiv}CCH_3$ （C4 にエチル基（ethyl））

4　2

IUPAC 名は 4-エチル-2-ヘキシン（4-ethyl-2-hexyne）となる．

ジエン diene

二つの二重結合をもつ化合物を**ジエン**という．それらは母体となるアルカンの語尾“アン（-ane）”を，接尾語“アジエン（-adiene）”に変えることによって命名される．二つの二重結合の位置は，それぞれの番号をつけて表す．

$CH_2{=}CHCH{=}CH_2$
番号づけ：1　2 3　4
名称：1,3-ブタジエン
(1,3-butadiene)

$CH_3C(CH_3){=}CHCH_2CH{=}CH_2$
番号づけ：6　5　4 3　2　1
名称：5-メチル-1,4-ヘキサジエン
(5-methyl-1,4-hexadiene)

シクロアルケンを命名するときは，二重結合は C1 と C2 の間に置かれ，命名において番号“1”はふつう省略される．最初の置換基に最も小さい番号がつくように，環を構成する炭素原子に番号をつける．

1-メチルシクロペンテン
(1-methylcyclopentene)

3-メチルシクロヘプテン
(3-methylcycloheptene)

［C=C の位置から時計まわりに番号をつけ，CH_3 基を C3 に置く］

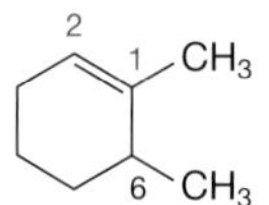

1,6-ジメチルシクロヘキセン
(1,6-dimethylcyclohexene)

［C=C の位置から反時計まわりに番号をつけ，最初の CH_3 基を C1 に置く］

エテン ethene
エチレン ethylene
エチン ethyne
アセチレン acetylene

いくつかの簡単なアルケンとアルキンは IUPAC 命名法に従わない名称をもつ．最も簡単なアルケン $CH_2{=}CH_2$ の IUPAC 名は**エテン**であるが，それはふつう**エチレン**とよばれる．また，最も簡単なアルキン $HC{\equiv}CH$ の IUPAC 名は**エチン**であるが，それはふつう**アセチレン**とよばれる．これらの名称は，体系的な IUPAC 名よりももっと広く用いられているので，本書ではこれらの慣用名を用いる．

問題 3・2　次のアルケンとアルキンに対する IUPAC 名を記せ．

(a) $CH_2{=}CHCH(CH_3)CH_2CH_3$　(b) $CH_3CH_2CH{=}CHCH{=}CHCH_3$

(c)　(d) $CH_3CH_2CH_2CH_2CH_2C{\equiv}CCH(CH_3)_2$

問題 3・3　次のアルケンに対する IUPAC 名を記せ．

(a)　(b)

例題 3・2　アルケンあるいはアルキンの名称から構造式を書く

次の IUPAC 名に対応する化合物の構造式を書け.

(a) 5,5-ジメチル-3-ヘプチン（5,5-dimethyl-3-heptyne）

(b) 1,3-ジメチルシクロヘキセン（1,3-dimethylcyclohexene）

解答　まず，母体名を識別し，それから最長の炭素鎖あるいは母体となる環を決める．つづいて，接尾語から官能基を決める．接尾語“エン（-ene）”はアルケンを表し，“イン（-yne）”はアルキンを表す．さらに，炭素鎖あるいは環に番号をつけ，指示された炭素原子に官能基を置く．最後に置換基を書き加え，それぞれの炭素原子が四つの結合をもつために十分な数の水素原子を付け加える．

(a) 5,5-ジメチル-3-ヘプチンは，“ヘプト”から最長の炭素鎖が 7 個の炭素からなることが決まり，“3-ヘプチン”から C3 で始まる三重結合をもつことがわかる．また，二つのメチル基が C5 に結合している．

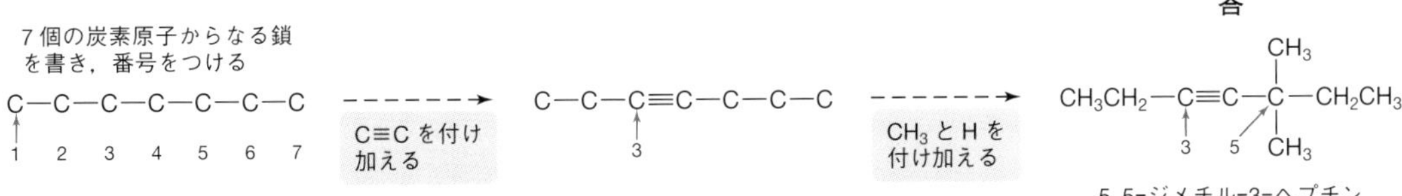

(b) 1,3-ジメチルシクロヘキセンは，“シクロヘキセン”から二重結合を含む六員環をもつことがわかる．環に番号をつけ，二重結合を C1 と C2 の間に置く．そして，C1 と C3 に二つのメチル基を付け加える．

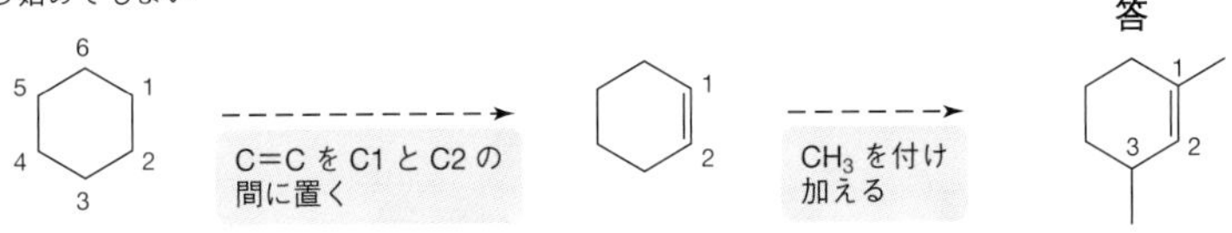

練習問題 3・2　次の名称に対応する化合物の構造式を書け.

(a) 5-エチル-2-メチル-2-ヘプテン（5-ethyl-2-methyl-2-heptene）

(b) 2,5-ジメチル-3-ヘキシン（2,5-dimethyl-3-hexyne）

(c) 1-プロピルシクロブテン（1-propylcyclobutene）

(d) 1,3-シクロヘキサジエン（1,3-cyclohexadiene）

3・3 シス-トランス異性体

アルカンについて §2・2 で学んだように，アルケンについても与えられた分子式に対して，いくつかの構造異性体が可能な場合がある．たとえば，分子式 C_4H_8 のアルケンには，1-ブテン，2-ブテン，2-メチルプロペンの三つの構造異性体が存在する．

$CH_2{=}CHCH_2CH_3$　1-ブテン

$CH_3CH{=}CHCH_3$　2-ブテン

$CH_2{=}C(CH_3)CH_3$　2-メチルプロペン

これらの化合物は，原子が結合している様式が互いに異なるので，構造異性体である．1-ブテンと 2-ブテンはともに 4 個の炭素原子からなる炭素鎖をもつが，二重結合の位置が異なっている．また，2-メチルプロペンは 3 個だけの炭素原子からなる最長の炭素鎖をもつ．

3・3A　立体異性体：新たな種類の異性体

束縛回転 restricted rotation

2-ブテンには，アルケンに関する別の重要な性質がある．炭素－炭素単結合のまわりには自由回転が観測された（§2・2D）．これとは対照的に，炭素－炭素二重結合のまわりの回転は束縛されている（**束縛回転**）．このため，二重結合の一つの側にある置換基は，もう一方の側へ回転することができない．

異性体 isomer

2-ブテンでは，二重結合に対して原子を配列する二つの方法がある．すなわち，二つの CH_3 基を二重結合の同一側に置く方法と，それらを二重結合の反対側に置く方法である．これらの分子は同じ分子式をもつ異なる化合物であるから，**異性体**である．

シス異性体　　トランス異性体

$CH_3CH{=}CHCH_3$
2-ブテン

骨格構造式

二つの CH_3 基が，二重結合を形成している炭素原子を結ぶ線の同一側にある

二つの CH_3 基が，二重結合を形成している炭素原子を結ぶ線の反対側にある

骨格構造式

シス異性体 cis isomer
トランス異性体 trans isomer

- 二つの CH_3 基が二重結合の同一側にあるとき，その化合物を**シス異性体**という．
- 二つの CH_3 基が二重結合の反対側にあるとき，その化合物を**トランス異性体**という．

シス-トランス異性体は**幾何異性体**（geometric isomer）とよばれることもある．

これらの化合物に異なる IUPAC 名を与えるために，名称の残りの部分の前に接頭語 *cis* と *trans* をつけることによって，二重結合に対する二つのアルキル基の相対的な位置を表す．すなわち，一つの異性体は *cis*-2-ブテンと命名され，もう一つの異性体は *trans*-2-ブテンと命名される．

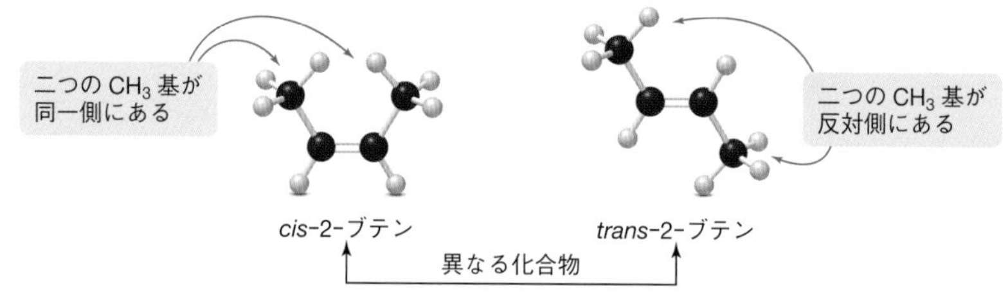

2-ブテンのシス-トランス異性体は，炭素－炭素二重結合で起こる一般的な種類の異性体の代表的な例である．C=C のそれぞれの炭素原子に結合した二つの基が互いに異なるときは，いつでもこの種類の二つの異性体が可能である．

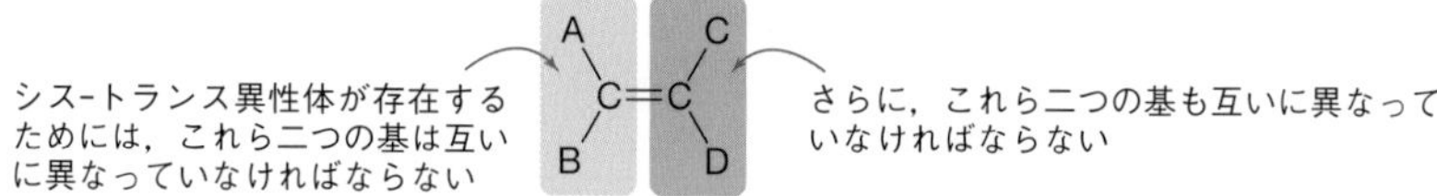

二重結合の一つの炭素原子に結合した二つの基が同じときには，依然として二重結合の回転は束縛されているものの，シス-トランス異性体は存在しない．たとえば，二重結合の一端に 2 個の水素が結合した 1-ブテン $CH_2{=}CHCH_2CH_3$ では，分子をどのように書いてもエチル基 CH_2CH_3 は常に水素原子に対してシスの位置にある．

二つの同一の基

1-ブテン

同一化合物

シス-トランス異性体は存在しない

例題 3・3 シス-トランス異性体を書く

cis-3-ヘキセンと *trans*-3-ヘキセンの構造式を書け.

解答 まず，母体名を用いて炭素骨格を書き，正しい位置に二重結合を置く．3-ヘキセンは最長の炭素鎖が 6 個の炭素原子からなり，C3 から始まる二重結合をもつ．つづいて，シスとトランスの定義を用いて，それぞれの異性体を書く．

二重結合のそれぞれの炭素原子は，エチル基 CH_3CH_2 と水素原子に結合している．シス異性体では，二つの CH_3CH_2 基が二重結合の同一側に結合している．トランス異性体では，二つの CH_3CH_2 基が二重結合の反対側に結合している．

$CH_3CH_2CH{=}CHCH_2CH_3$
1 2 3 4 5 6
3-ヘキセン

cis-3-ヘキセン: (CH_3CH_2)(H)C=C(H)(CH_2CH_3)

trans-3-ヘキセン: (CH_3CH_2)(H)C=C(CH_2CH_3)(H)

cis-3-ヘキセン　*trans*-3-ヘキセン

練習問題 3・3 次の化合物に対する簡略構造式を書け.

(a) *cis*-2-オクテン　(b) *trans*-4-メチル-2-ペンテン

問題 3・4 以下に雌のカイコガ（*Bombyx mori*）の性フェロモンであるボンビコールの構造式を示す．ボンビコールの二つの二重結合をそれぞれシス，あるいはトランスに分類せよ．

$HOCH_2(CH_2)_7CH_2$–CH=CH–CH=CH–$CH_2CH_2CH_3$　ボンビコール

雌のカイコガは雄を誘引するためにボンビコールを分泌する．生物学的に活性であるためには，それぞれの二重結合はその周りの基が特定の三次元的配列をもっていなければならない．ボンビコールのようなフェロモンは，昆虫の個体数を制御するために利用される．一つの方法として，フェロモンを毒や粘着物質を仕掛けたわなに置くと，雄はフェロモンによって誘引されてわなにかかる．別の方法では，被害のある領域にフェロモンを散布すると，雄は混乱して，雌を見つけることができなくなる．

シス構造の化合物とトランス構造の化合物は異性体である．しかし，それらは構造異性体ではない．*cis*-2-ブテンと *trans*-2-ブテンでは，それぞれの炭素原子は同じ原子に結合しており，同一の結合様式をもつ．これらの唯一の違いは，二重結合のまわりの基の三次元的な配列である．この種類の異性体を**立体異性体**という．

立体異性体 stereoisomer

- **立体異性体は原子の三次元的な配列だけが異なる異性体である．**

立体異性体については，5 章で詳しく学ぶ．

すなわち，*cis*-2-ブテンと *trans*-2-ブテンは立体異性体であり，図 3・1 に示すように，これらの化合物のそれぞれは 1-ブテンの構造異性体である．ここで，異性体に関する二つの主要な分類を学んだことになる．

- **構造異性体は，原子が互いに結合している様式が異なる異性体である．**
- **立体異性体は，原子の三次元的な配列だけが異なる異性体である．**

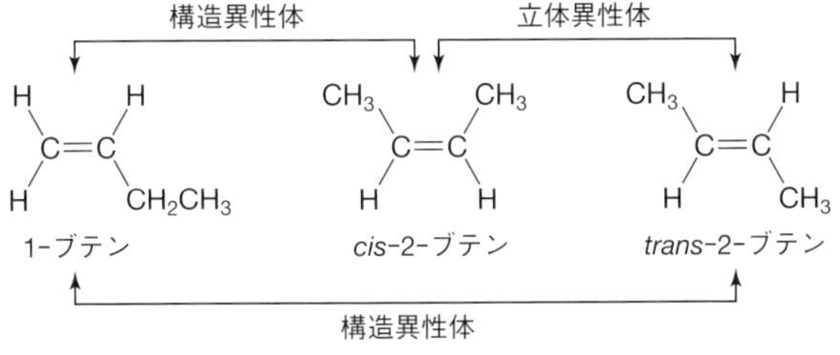

図 3・1 三つの異性体の比較

例題 3・4 立体異性体と構造異性体を識別する

以下に構造式を示す分子 **A**〜**C** について，次のそれぞれの組は立体異性体，構造異性体のどちらの関係にあるか．

(a) **A** と **B**　(b) **A** と **C**

A: (CH_3CH_2)(H)C=C(H)(CH_2OH)

B: (CH_3)(H)C=C(H)(CH_2CH_2OH)

C: (CH_3CH_2)(H)C=C(CH_2OH)(H)

（つづく）

解答　(a) 化合物**A**と**B**は，それぞれの二重結合は炭素鎖の異なる原子の間に位置しているので構造異性体である．**A**はC=Cにエチル基 CH_3CH_2 が結合しているが，一方，**B**はC=Cにメチル基 CH_3 が結合している．

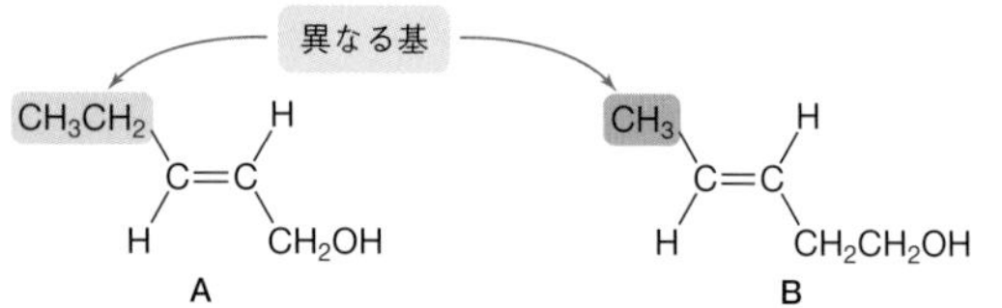

(b) 化合物**A**と**C**は，すべての原子は同じ原子に結合しているが，炭素－炭素二重結合における置換基の配列が異なっているので立体異性体である．**A**では CH_3CH_2 基と CH_2OH 基が二重結合の反対側にあるので，**A**はトランス異性体である．一方，**C**では CH_3CH_2 基と CH_2OH 基が二重結合の同一側にあるので，**C**はシス異性体である．

A　二つの基が反対側にある トランス異性体

C　二つの基が同一側にある シス異性体

練習問題 3・4　次のアルケンの組を，構造異性体，立体異性体のどちらかに分類せよ．

(a) 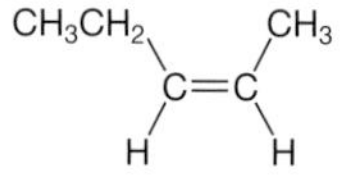　と

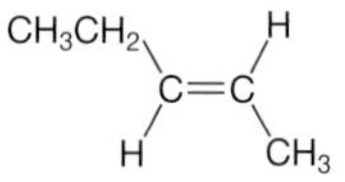

(b) 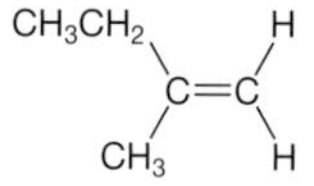　と

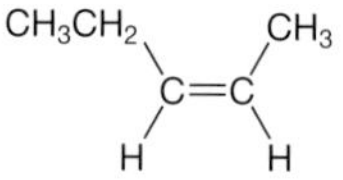

問題 3・5　環内の二重結合もまた，シスあるいはトランスに分類することができる．次の化合物のそれぞれの二重結合を，シスあるいはトランスに分類せよ．

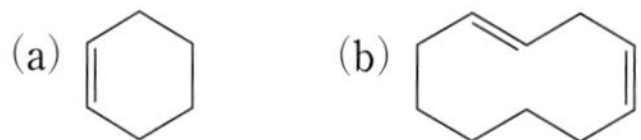

3・3B　飽和脂肪酸と不飽和脂肪酸

脂肪酸 fatty acid

天然に存在する動物脂肪と植物油は，**脂肪酸**から形成されている．脂肪酸は12〜20個の炭素原子からなる長い炭素鎖をもつカルボン酸RCOOHである．脂肪酸は多数の無極性の炭素－炭素結合および炭素－水素結合をもち，極性結合はほとんどもたないので，脂肪酸は水には不溶である．脂肪酸には二つの種類がある．

リノール酸とリノレン酸は**必須脂肪酸** (essential fatty acid) である．必須脂肪酸は，人体では合成できないため，食物から摂取しなければならない脂肪酸である．これらの必須脂肪酸の一般的な供給源は，全乳（脱脂していない天然の牛乳）である．生後の数ヶ月を脱脂乳で育てられた赤ちゃんは，これらの必須脂肪酸が十分に得られないため，丈夫に育たない．

表 3・1　一般的な飽和脂肪酸と不飽和脂肪酸

名称	構 造 式	融点(℃)
ステアリン酸 (0 C=C)	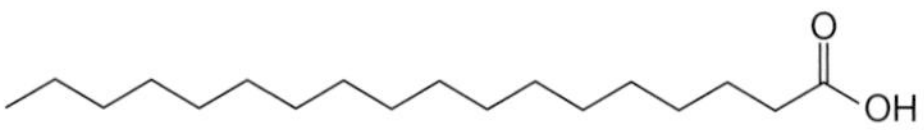	71
オレイン酸 (1 C=C)	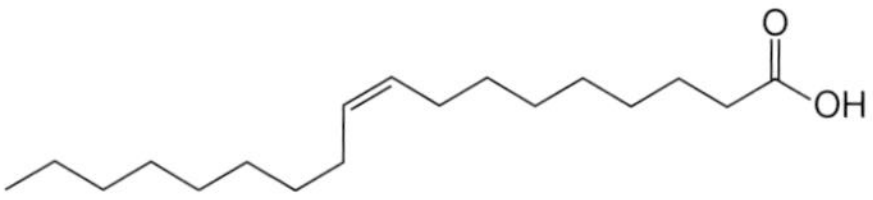	16
リノール酸 (2 C=C)	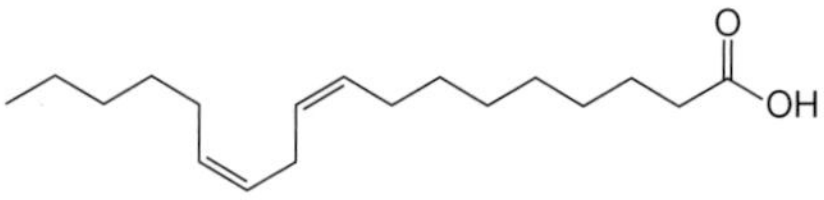	−5
リノレン酸 (3 C=C)	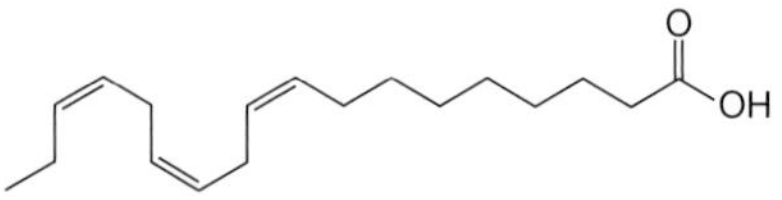	−11

- 長い炭化水素鎖に二重結合をもたない脂肪酸を**飽和脂肪酸**という.
- 長い炭化水素鎖に一つあるいは複数の二重結合をもつ脂肪酸を**不飽和脂肪酸**という.

飽和脂肪酸 saturated fatty acid

不飽和脂肪酸 unsaturated fatty acid

表3・1には18個の炭素原子を含む4種類の脂肪酸の構造と融点を示した. ステアリン酸は最もふつうにみられる二つの飽和脂肪酸のうちの一つであり, オレイン酸とリノール酸は最もふつうにみられる不飽和脂肪酸である.

不飽和脂肪酸には, 次のような特に注目に値する構造的な特徴がある.

- 一般に, 天然に存在する脂肪酸の二重結合はシス形である.

シス形の二重結合の存在は, これらの脂肪酸の融点に大きな影響を与える.

- 脂肪酸の二重結合の数が増加するにつれて, 脂肪酸の融点は低下する.

図3・2に示すように, シス形の二重結合が存在すると長い炭化水素鎖にねじれが生じる. これによって, 固体において分子が, 互いに密接に配列することがむずかしくなる. シス形の二重結合の数が多くなるほど, 炭化水素鎖におけるねじれも多くなり, これによって融点が低下する.

脂肪と油は, 脂肪酸から動物および植物の細胞内で合成される. 脂肪と油は異なる物理的性質をもっている.

- 脂肪は室温で固体である. 脂肪は一般に, 二重結合をほとんどもたない脂肪酸から形成される.
- 油は室温で液体である. 油は一般に, 比較的多数の二重結合をもつ脂肪酸から形成される.

飽和脂肪酸

飽和脂肪酸の多い脂肪は一般に動物を起源としており, 一方, 不飽和脂肪酸の多い油はふつう植物にみられる. たとえば, バターやラードは飽和脂肪酸から形成されており, オリーブオイルやベニバナ油は不飽和脂肪酸から形成されている. なお, この一般性に対する例外がヤシ油であり, 油であるにもかかわらずほとんど飽和脂肪酸からなる.

多くの証拠によって, コレステロール値の上昇が心臓疾患の危険性の増大と関係することが示唆されている. 飽和脂肪酸は肝臓におけるコレステロールの合成を活性化し, 血液中のコレステロール濃度の増大をひき起こすことが知られている. 脂肪と油については53ページのコラムでさらに詳しく学ぶ.

問題 3・6 アラキドン酸の骨格構造式を書け. 四つの二重結合のまわりの置換基の配列がわかるように書くこと.

$$CH_3(CH_2)_4CH{=}CHCH_2CH{=}CHCH_2CH{=}CHCH_2CH{=}CHCH_2(CH_2)_2CO_2H$$

アラキドン酸

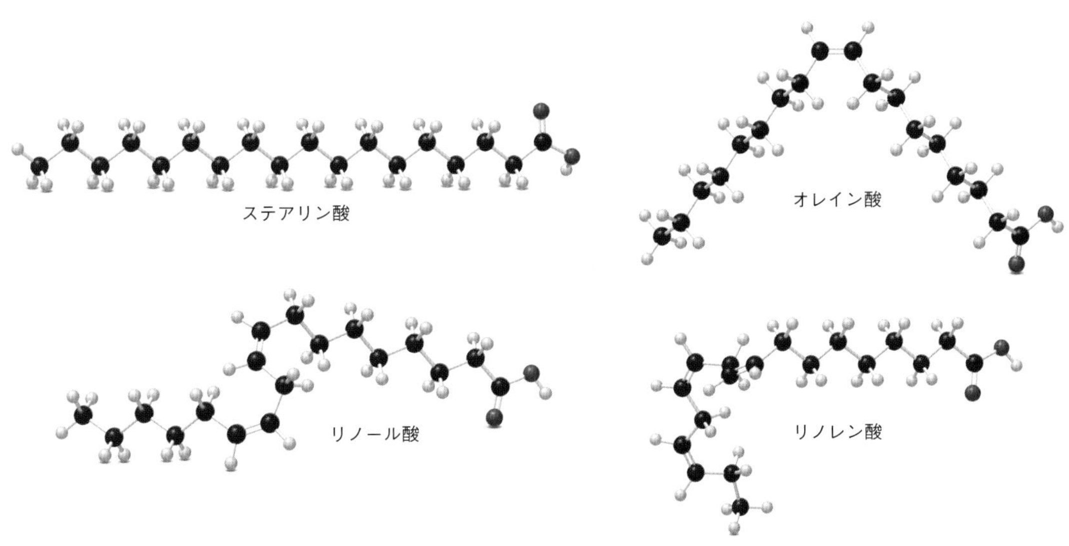

図3・2 四つの脂肪酸の三次元的構造

問題 3・7　18 個の炭素原子をもち，一つの単結合で隔てられた二つの炭素－炭素二重結合を含む一群の不飽和脂肪酸を共役（きょうやく）リノール酸という．以下の問いに答えよ．

(a) 共役リノール酸 **A** における二重結合をシスあるいはトランスに分類せよ．

(b) **A** の立体異性体の構造式を書け．

(c) この立体異性体の融点は **A** よりも高いと予想されるか，それとも低いと予想されるか．

(d) **A** はリノール酸の立体異性体か，それとも構造異性体か．

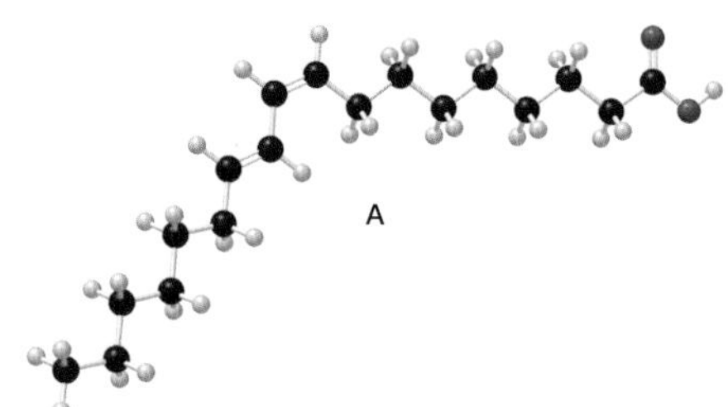

共役リノール酸（conjugated linoleic acid：CLA）は，牧草で飼育したヒツジやウシから得られる肉や乳製品にみられる．体脂肪を減少させると称するいくつかの栄養補助食品には CLA が含まれている．

3・4　食物と医療における興味深いアルケン

植物ホルモンであるエチレン $CH_2{=}CH_2$（§3・1）に加えて，多くの有用な化合物が一つ，あるいは複数の炭素－炭素二重結合をもっている．

リコペン lycopene

抗酸化物質 antioxidant

65 ページのコラムにはさらにいくつかの抗酸化物質の例がある．

加工トマト製品には，抗酸化物質であるリコペンが含まれている．

トマトやスイカにおける赤色色素である**リコペン**は，13 個の二重結合をもつ化合物である．リコペンは**抗酸化物質**，すなわち望まない酸化反応を防ぐ化合物として働く．食事によってリコペンのような抗酸化物質を多く摂取することは，心臓病やある種のがんの危険性を減少させることが示されている．新鮮な果物や野菜に含まれる抗酸化物質は調理されるときに破壊されてしまうが，リコペンはトマトペースト，トマトジュース，ケチャップのような食物でさえも高い含有量を示す．

リコペン

リコペンの赤色は，それぞれ一つの単結合によって隔てられた 11 個の二重結合によるものである（赤色で標識されている）．これらの二重結合は可視光の波長領域の一部（しかしすべてではない）を吸収する．化合物が可視光を吸収すると，その化合物にはそれが吸収しない光の波長の色がつく．リコペンが赤色に見えるのは，リコペンが青緑色の光を吸収し，可視光スペクトルのうち赤色の光を吸収しないからである．

リコペンは可視光スペクトルのこの部分を吸収する

可視光スペクトル

スペクトルのこの部分は吸収されない

リコペンは赤色に見える

タモキシフェン tamoxifen

タモキシフェンはがんを抑制する可能性をもつ薬剤であり，他の官能基に加えて炭素－炭素二重結合をもつ有機化合物である．タモキシフェンは，増殖に女性ホルモンのエストロゲンを必要とするある種の乳がんの治療に広く用いられている．タモキシ

経口避妊薬

1960年代の合成経口避妊薬の発展は，出産の制御に革命的な変化をもたらした．合成された経口避妊薬ピルは，女性ホルモンであるエストラジオール（estadiol）やプロゲステロン（progesterone）と構造が類似しているが，炭素－炭素三重結合をもつ2種類の化合物である．ほとんどの経口避妊薬はこれら二つの合成ホルモンを含んでおり，天然ホルモンよりも強力なため比較的少量で投与される．

経口避妊薬ピルの二つの一般的な成分は，エチニルエストラジオール（ethynylestradiol）とノルエチステロン（norethisterone）である．エチニルエストラジオールは，構造と生理活性の点でエストラジオールとよく似ており，一方，ノルエチステロンは天然ホルモンのプロゲステロンに類似している．これらの化合物は，女性においてホルモン濃度を人工的に上昇させることによって機能し，下図に示すしくみで妊娠を抑制する．

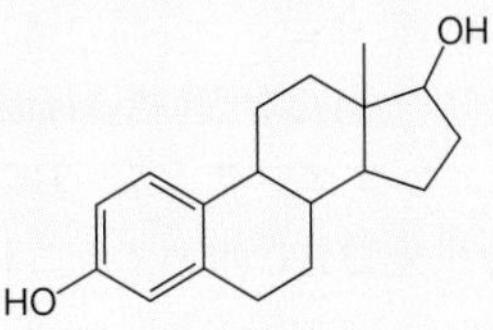

エストラジオール 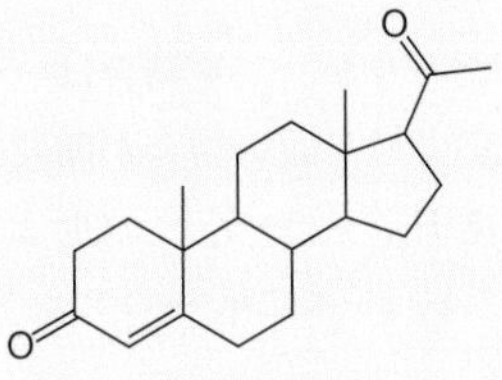　プロゲステロン

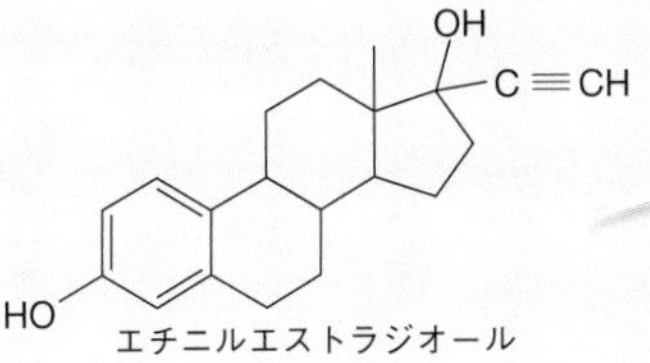

エチニルエストラジオール

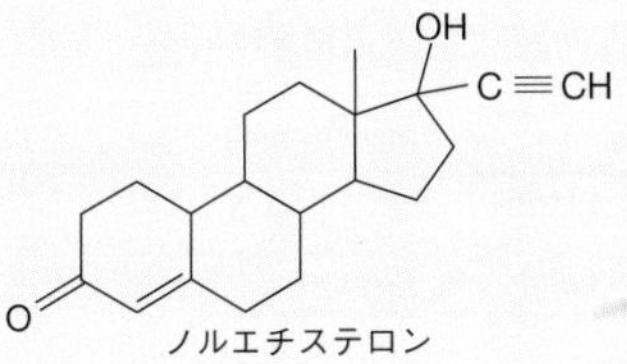

ノルエチステロン

（炭素－炭素三重結合は赤色で示してある）

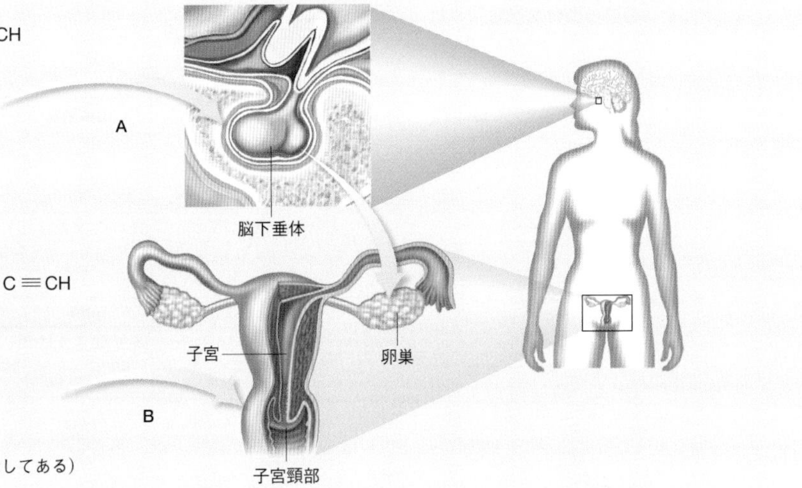

経口避妊薬の機能のしくみ．脳下垂体から分泌されるホルモンによって，1カ月周期で排卵，すなわち卵巣から卵子の放出が起こる．多くの経口避妊薬に含まれる2種類の合成ホルモンは，女性の生殖器系にそれぞれ異なる効果をもたらす．**A**：エチニルエストラジオールの濃度が上昇すると，脳下垂体は女性が妊娠したと“だまされて”しまい，排卵が起こらなくなる．**B**：ノルエチステロンの濃度が上昇すると，子宮頸部における濃厚な粘液層の形成が促進されるため，精子が子宮に到達することが抑制される．

フェンはエストロゲン受容体に結合し，それによってエストロゲン依存性の乳がんの増殖を抑制する．

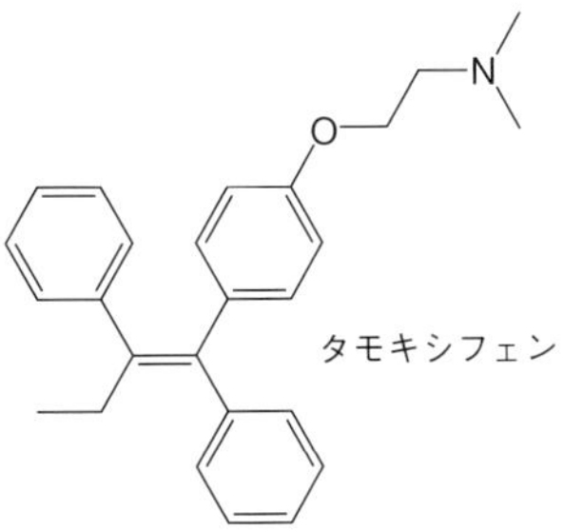

タモキシフェン

3・5 アルケンの反応

有機化合物のほとんどの族は，その族に特徴的な種類の反応をする．アルケンに特徴的な反応は，**付加反応**である．付加反応では，反応物に新たな基XとYが付け加

付加反応 addition reaction

わる．二重結合の一つの結合が開裂し，二つの新たな単結合が形成される．

- **付加反応は，ある成分が化合物に付け加わる反応である．**

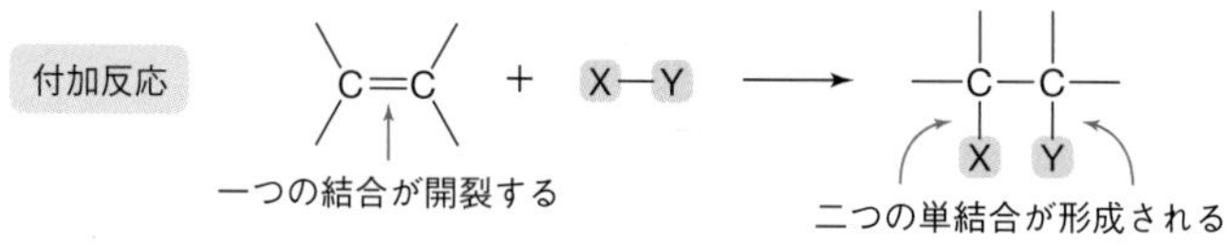

付加反応　C=C ＋ X—Y ⟶ —C—C—（X，Y）
一つの結合が開裂する　二つの単結合が形成される

なぜ付加反応が起こるのだろうか．二重結合は一つの強い結合と一つの弱い結合から形成されている．付加反応では，弱い結合が開裂し，二つの新たな強い単結合が形成される．アルケンは水素 H_2，ハロゲン（Cl_2 と Br_2），ハロゲン化水素（HCl と HBr），水 H_2O と反応する．図3・3に単一のアルケンを出発物質に用いて，これらの反応を示した．

図 3・3　アルケンの四つの付加反応

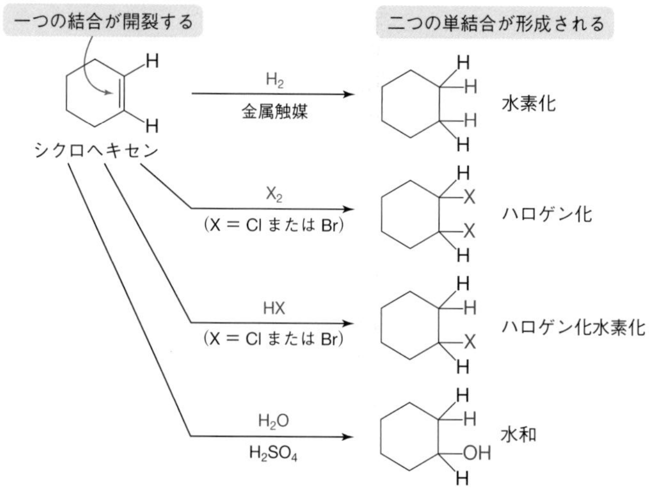

一つの結合が開裂する　二つの単結合が形成される
シクロヘキセン
H_2／金属触媒 → 水素化
X_2／(X = Cl または Br) → ハロゲン化
HX／(X = Cl または Br) → ハロゲン化水素化
H_2O／H_2SO_4 → 水和（—OH）

3・5A　水素の付加：水素化

水素化 hydrogenation

アルケンと水素 H_2 との反応を**水素化**という．水素化は二つの結合，すなわち炭素－炭素二重結合のうちの一つの結合と水素－水素結合が開裂し，二つの新たな炭素－水素結合が形成される付加反応である．

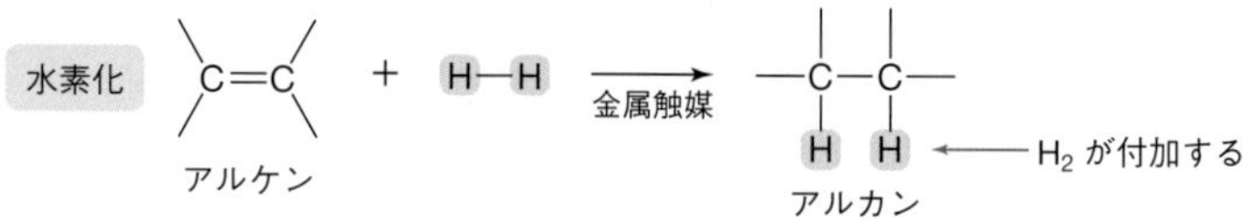

水素化　C=C ＋ H—H ⟶（金属触媒）—C—C—（H，H）
アルケン　アルカン　← H_2 が付加する

金属触媒 metal catalyst

アルケンに対する H_2 の付加は，パラジウム Pd のような**金属触媒**が存在しないと起こらない．金属はアルケンと H_2 の両方を結合させる表面を提供し，反応の速度を加速させる．アルケンが水素化されると，生成物は炭素－炭素単結合だけをもつ化合物になるから，アルカンが生成する．

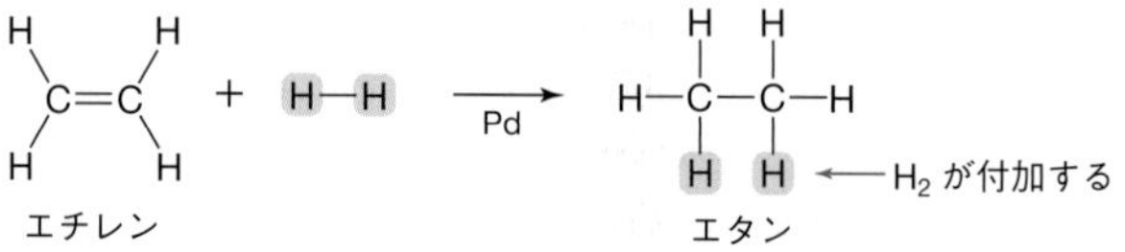

$H_2C{=}CH_2$ ＋ H—H ⟶（Pd）H—CH₂—CH₂—H
エチレン　エタン　← H_2 が付加する

マーガリンか，バターか

アルケンの付加反応の一つである水素化は，食品工業において特に重要である．この反応は，バターとマーガリンのどちらが消費者にとってよい製品であるか，に関する議論の核心にある．

§3・3で学んだように，バターはステアリン酸$CH_3(CH_2)_{16}COOH$のような飽和脂肪酸，すなわち炭素－炭素単結合だけを含む長い炭素鎖をもつ化合物に由来する．この結果，バターは室温で固体である．

一方，マーガリンはバターの風味と食感を模倣した合成製品であり，リノール酸$CH_3(CH_2)_4CH=CHCH_2CH=CH(CH_2)_7COOH$のような不飽和脂肪酸に由来する植物油から製造される．マーガリンはおもに，部分的に水素化された植物油からなっており，それは不飽和脂肪酸の炭素鎖に含まれる二重結合に対する水素H_2の付加によって合成される．

下図に示すように，不飽和脂肪酸からなる液体の植物油をH_2と反応させるといくらか（あるいはすべての）二重結合にH_2が付加する．これによって油の融点が上昇し，バターによく似た半固体状の粘性が与えられる．この過程を**硬化**（hardening）という．

炭素－炭素二重結合をもつ不飽和の油は，二重結合をもたない飽和の脂肪よりも健康によい．それではなぜ，食品工業では，油を部分的に水素化し，二重結合の数を減少させるのだろうか．その理由は食感と貯蔵寿命に関連している．トーストやパンケーキに植物油をかけることを想像するとわかるように，消費者は液体の油よりも，半固体状の粘性をもつマーガリンを好む．さらに，不飽和の油は飽和の脂肪よりも，二重結合炭素に隣接した炭素上での酸化を受けやすい．酸化されると油は不快なにおいを放つようになり，食用に適さなくなる．二重結合を水素化すると，二重結合に結合した炭素の数が減少するため酸化されやすさが減少し，食料品の貯蔵寿命が増大する．

注目すべきことがもう一つある．それは，水素化の間に，植物油のシス形の二重結合のいくつかがトランス形に変換されることである．このようにして生成したものが，いわゆる“トランス脂肪”である．生成したトランス脂肪の炭素鎖の形状は，水素化する前と著しく異なり，むしろ飽和脂肪酸の炭素鎖の形状とよく似ている．この結果，トランス脂肪は，飽和の脂肪と同様に，血液中のコレステロール濃度に好ましくない効果をもつものと推定されている．

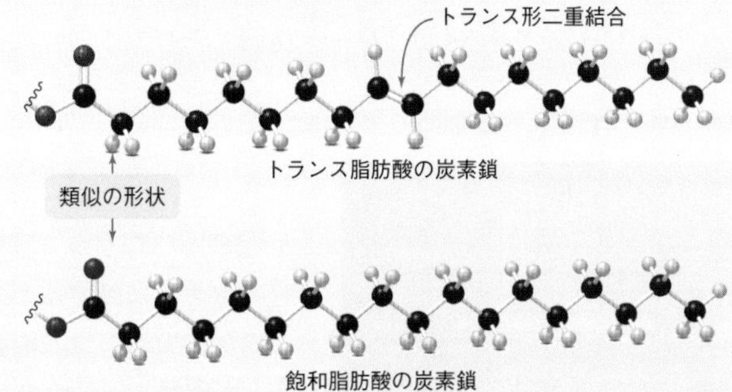

バターとマーガリンのどちらを選択すべきだろうか．最良なことは，バター（飽和脂肪酸が多い）とマーガリン（トランス脂肪酸が多い）のいずれも，摂取を制限することである．

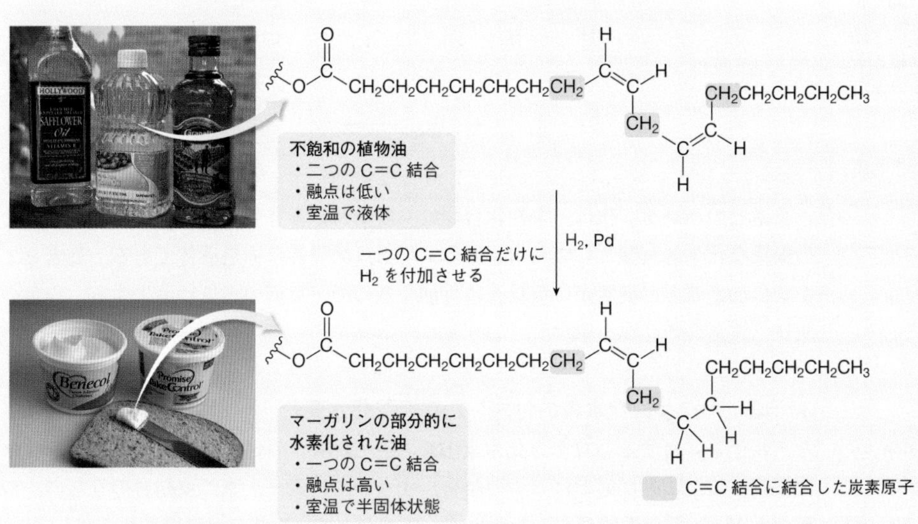

植物油における二重結合の部分的な水素化． 油が部分的に水素化されると，いくつかの二重結合はH_2と反応するが，いくつかの二重結合は生成物に残る．反応により二重結合の数が減少するので，生成物の融点は上昇する．この結果，液体の油は半固体状に変化する．部分的な水素化によって，二重結合に結合している炭素の数が減少する．このため分子は容易には酸化されなくなり，それによって食料品の貯蔵寿命が増大する．

例題 3・5　水素化の生成物を推定する

次の反応で生成する化合物の構造式を書け．

$$CH_3CH_2CH_2CH{=}CH_2 \;+\; H_2 \xrightarrow{Pd}$$

解答

一つの結合を開裂させる

$$CH_3CH_2CH_2CH{=}CH_2 \xrightarrow{Pd} CH_3CH_2CH_2CH(H){-}CH_2(H) \;=\; CH_3CH_2CH_2CH_2CH_3$$

H—H

単結合を開裂させる

ペンタン

練習問題 3・5　次のそれぞれのアルケンを Pd 触媒の存在下で H_2 と反応させたとき，生成する化合物の構造式を書け．

(a) $CH_3CH_2CH{=}CHCH_2CH_3$　　(b) $(CH_3)_2C{=}CHCH_2CH(CH_3)_2$

(c) 1-メチルシクロヘキセン（CH_3）

ハロゲン化 halogenation

アルカンのハロゲン化は §2・9 で説明した．

1,2-ジハロゲン化物 1,2-dihalide

1-ヘキセンのようなアルケンを赤色液体の臭素 Br_2 と反応させると，Br_2 が炭素-炭素二重結合に付加し，右側の試験管のように無色の生成物が得られる．アルカンであるヘキサンでは，熱や光が加えられない限り反応は起こらず，左側の試験管のように Br_2 の赤色が残る．

3・5B　ハロゲンの付加：ハロゲン化

アルケンに対するハロゲン X_2（X = Cl,Br）の付加により，**ハロゲン化**が起こる．この反応では二つの結合，すなわち炭素－炭素二重結合のうちの一つの結合と X−X 結合が開裂し，二つの新しい C−X 結合が形成される．

ハロゲン化

$$>C{=}C< \;+\; X{-}X \longrightarrow -C(X){-}C(X)-$$

アルケン　　1,2-ジハロゲン化物

X = Cl または Br

X_2 が付加する

Cl_2 と Br_2 によるハロゲン化は容易に起こる．生成物は **1,2-ジハロゲン化物**である．

$$H_2C{=}CH_2 \;+\; Cl_2 \longrightarrow H{-}CH(Cl){-}CH(Cl){-}H$$

$$\text{シクロヘキセン} \;+\; Br_2 \longrightarrow \text{1,2-ジブロモシクロヘキサン}$$

臭素とのハロゲン化は，未知化合物に二重結合が存在するかどうかを判定するための簡単な化学的試験として利用される．臭素は発煙性の赤色液体である．臭素をアルケンに加えると，臭素が二重結合に付加するので，臭素の赤色は消失する．赤色の消失は二重結合の存在を示す．

問題 3・8　次の反応によって生成する化合物の構造式を書け．

(a) $CH_3CH_2CH{=}CH_2 + Cl_2 \rightarrow$

(b) 1,2-ジメチルシクロヘキセン $+ Br_2 \rightarrow$

3・5C　ハロゲン化水素の付加：ハロゲン化水素化

ハロゲン化水素化 hydrohalogenation

アルケンに対するハロゲン化水素 HX（X=Cl, Br）の付加により，**ハロゲン化水素化**が起こる．この反応では二つの結合，すなわち炭素－炭素二重結合のうちの一つの結合と H−X 結合が開裂し，新たに C−H 結合と C−X 結合が形成される．

ハロゲン化水素化

アルケン → ハロゲン化アルキル　X = Cl または Br　HX が付加する

HCl と HBr によるハロゲン化水素化は容易に起こる．ハロゲン化水素化の生成物は**ハロゲン化アルキル**である．

ハロゲン化アルキル alkyl halide

クロロエタン

ブロモシクロヘキサン

H_2 や X_2 の付加反応と比べて，HX の付加反応には一つの重要な違いがある．この場合，付加反応によって，二重結合の二つの炭素に異なる原子 H と X が付け加わる．その結果，非対称のアルケンを出発物質に用いたとき，二重結合に HX が付加することによって，二つの構造異性体が生成する可能性が生じる．

プロペン　2-クロロプロパン　あるいは　1-クロロプロパン

実際に生成する化合物

たとえば，プロペンに対する HCl の付加反応では，理論的に二つの生成物が可能である．すなわち，H が末端の炭素（C1 と標識する）に付加し，Cl が中央の炭素（C2 と標識する）に付加すると，2-クロロプロパンが生成する．一方，Cl が末端の炭素（C1）に付加し，H が中央の炭素（C2）に付加すると，1-クロロプロパンが生成する．実際に付加反応を行うと，2-クロロプロパンだけが生成する．これは，アルケンに対する HX の付加反応の選択性を最初に決定したロシアの化学者マルコフニコフの名前をつけた**マルコフニコフ則**とよばれる一般的な傾向の一つの例である．マルコフニコフ則は次のように表される，

マルコフニコフ Vladimir Markovnikov
マルコフニコフ則 Markovnikov's rule

- 非対称のアルケンに対する HX の付加反応では，水素原子はより置換されていない炭素原子，すなわち最初により多くの水素原子をもつ炭素に結合する．

プロペンの末端の炭素（C1）は二つの水素をもつが，中央の炭素（C2）は一つの水素しかない．C1 と C2 が最初にもつ水素の数は 2：1 で C1 の方が多いので，HCl の付加反応では H が C1 に結合する．

この炭素には一つの水素しかないので，Cl がここに結合する

この炭素は二つの水素をもつので，H がここに結合する

例題 3・6　ハロゲン化水素化の生成物を推定する

2-メチルプロペン $(CH_3)_2C{=}CH_2$ と HBr との反応により，生成する化合物の構造式を書け．

解答　アルケンは付加反応を起こすので，H と Br が二重結合に付加するはずである．アルケンは非対称なので，マルコフニコフ則により，HBr の H が最初により多くの H をもつ炭素原子に結合する．

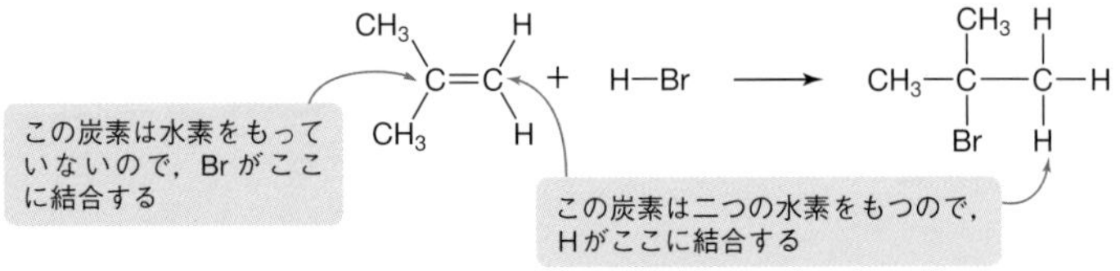

$$(CH_3)_2C{=}CH_2 + H{-}Br \longrightarrow CH_3{-}C(CH_3)(Br){-}CH_2{-}H$$

この炭素は水素をもっていないので，Br がここに結合する

この炭素は二つの水素をもつので，H がここに結合する

練習問題 3・6　次の反応において，生成する化合物の構造式を書け．

(a) $CH_3CH{=}CHCH_3 + HBr \longrightarrow$　(b) 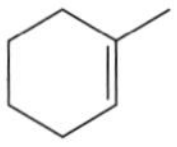 1-メチルシクロヘキセン + HBr ⟶

(c) $(CH_3)_2C{=}CHCH_3 + HCl \longrightarrow$　(d)  シクロペンテン + HCl ⟶

3・5D　水の付加：水和

水和 hydration

アルケンに対する水 H_2O の付加により，**水和**が起こる．この反応では二つの結合，すなわち炭素－炭素二重結合のうちの一つの結合と H－OH 結合が開裂し，新たに C－H 結合と C－OH 結合が形成される．

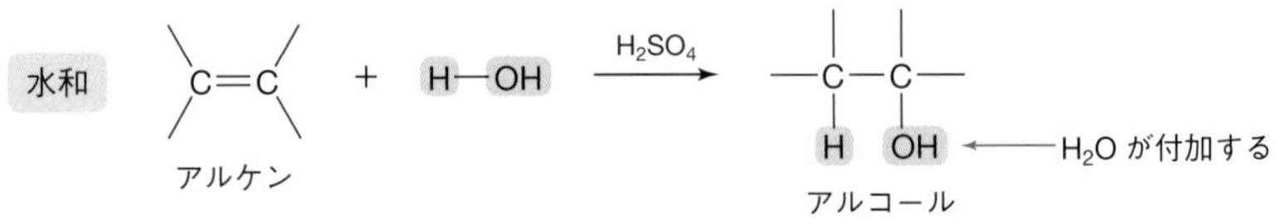

水和

$$\text{C=C (アルケン)} + H{-}OH \xrightarrow{H_2SO_4} {-}C(H){-}C(OH){-}\ \text{(アルコール)}$$

H_2O が付加する

アルコール alcohol

水和は H_2SO_4 のような強酸を反応混合物に加えたときだけ進行する．アルケンの水和の生成物は**アルコール**である．たとえば，エチレンの水和によりエタノールが生成する．

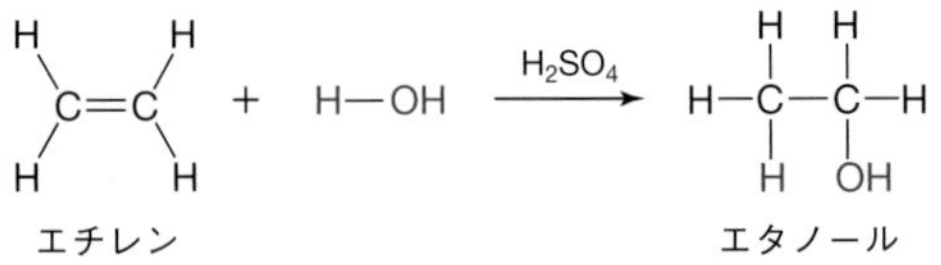

$$H_2C{=}CH_2\ \text{(エチレン)} + H{-}OH \xrightarrow{H_2SO_4} H{-}CH_2{-}CH_2{-}OH\ \text{(エタノール)}$$

エタノール ethanol

エタノールは実験室において多くの反応の溶媒として利用される．またエタノールは，アルカンと同様に，酸素の存在下で燃焼し，CO_2 と H_2O を生成するとともに多量のエネルギーを放出するので，ガソリン添加物としても用いられる．エタノールは穀物やジャガイモに由来する炭水化物の発酵によっても生成するが，現在ガソリンや溶媒に用いられるエタノールの多くは，エチレンの水和に由来している．

非対称のアルケンの水和は，マルコフニコフ則に従う．

- 非対称のアルケンに対する H_2O の付加反応では，水素原子はより置換されていない炭素原子，すなわち最初により多くの水素原子をもつ炭素に結合する．

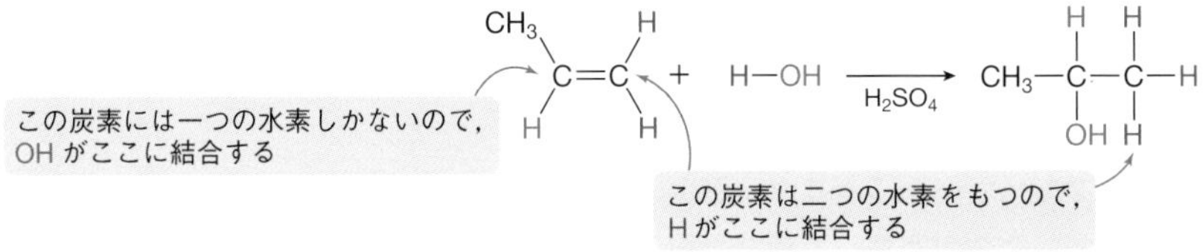

$$CH_3CH{=}CH_2 + H{-}OH \xrightarrow{H_2SO_4} CH_3{-}CH(OH){-}CH_2{-}H$$

この炭素には一つの水素しかないので，OH がここに結合する

この炭素は二つの水素をもつので，H がここに結合する

プロペン $CH_3CH{=}CH_2$ に H_2O を付加させると，消毒用アルコールの主成分である 2-プロパノール $(CH_3)_2CHOH$ が生成する．

例題 3・7 水和の生成物を推定する

1-メチルシクロヘキセンと H_2O との反応により，生成する化合物の構造式を書け．

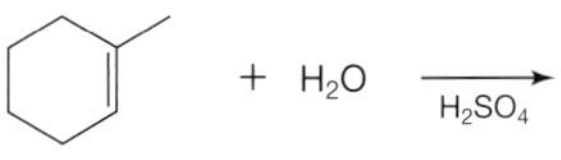

1-メチルシクロヘキセン ＋ H_2O $\xrightarrow{H_2SO_4}$

解答

この炭素は水素をもっていないので，OH がここに結合する

1-メチルシクロヘキセン ＋ H−OH $\xrightarrow{H_2SO_4}$ 1-メチルシクロヘキサノール（OH，H が付加）

この炭素は一つの水素をもつので，H がここに結合する

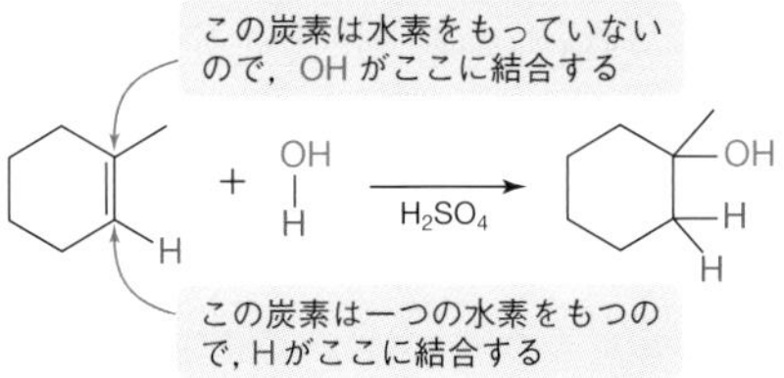

練習問題 3・7 次のアルケンを H_2SO_4 の存在下で H_2O と反応させたとき，生成するアルコールの構造式を書け．

(a) $CH_3CH{=}CHCH_3$　(b) $CH_3CH_2CH{=}CH_2$

(c) 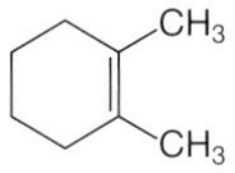 1,2-ジメチルシクロヘキセン（環の二重結合炭素に CH_3 が二つ）

問題 3・9 1-ペンテン $CH_3CH_2CH_2CH{=}CH_2$ を次に示す反応剤と反応させたとき，生成する化合物の構造式を書け．

(a) H_2, Pd　(b) Cl_2　(c) Br_2

(d) HBr　(e) HCl　(f) H_2O, H_2SO_4

3・6 ポリマー：現代社会の基盤

ポリマーは繰返し単位となる小さい分子が，共有結合によって結びついた巨大な分子である．繰返し単位となる分子を**モノマー**という．毛髪，筋肉と骨をつなぐ腱，指の爪などを形成する天然にあるタンパク質もポリマーである．一方で，ポリエチレン，ポリ塩化ビニル（PVC），ポリスチレンなどの工業的に重要なプラスチックもポリマーである．1976 年以来，米国における合成ポリマーの生産量は，鉄鋼の生産量を超えている．

ポリマー polymer，**重合体**，**高分子**ともいう

モノマー monomer，**単量体**ともいう

ポリ塩化ビニル poly(vinyl chloride)，略称 **PVC**

合成ポリマー

多くの合成ポリマー，すなわち実験室で合成されたポリマーは，現代社会において最も広く用いられている有機化合物の一つである．ペットボトル，プラスチックの

$\sim CH_2{-}CH(Cl){-}CH_2{-}CH(Cl){-}CH_2{-}CH(Cl) \sim$
ポリ塩化ビニル
PVC

$\sim CH_2{-}C(CH_3)_2{-}CH_2{-}C(CH_3)_2{-}CH_2{-}C(CH_3)_2 \sim$
ポリイソブチレン

$\sim CH_2{-}CH(CN){-}CH_2{-}CH(CN){-}CH_2{-}CH(CN) \sim$
ポリアクリロニトリル

$\sim CH_2{-}CH(C_6H_5){-}CH_2{-}CH(C_6H_5){-}CH_2{-}CH(C_6H_5) \sim$
ポリスチレン

図 3・4 いくつかの身近な製品におけるポリマー

袋，食品ラップ，コンパクトディスク（CD），テフロン，発泡スチロールはすべて合成ポリマーからできている．図3・4にはいくつかの日用品とそれらを構成する合成ポリマーの構造式を示した．

高密度ポリエチレン（high-density polyethylene，略称 **HDPE**）と**低密度ポリエチレン**（low-density polyethylene，略称 **LDPE**）は一般的な種類のポリエチレンであり，異なった反応条件下で製造され，物理的性質も異なっている．HDPE は不透明で硬く，ポリ容器などに用いられる．一方，LDPE はやや透明性がよく柔軟性があり，プラスチックの袋や電気的な絶縁体として利用される．

アルケンモノマーからポリマーが生成する際には，二重結合の二つの炭素を結びつけていた弱い結合が開裂し，新たな強い炭素－炭素単結合が形成されてモノマーを結びつける．たとえば，エチレンモノマーを互いに結びつけると，ポリマーであるポリエチレンが生成する．ポリエチレンは，ごみ袋やポリ容器などに利用されるプラスチックである．

エチレンモノマー　$CH_2{=}CH_2$ + $CH_2{=}CH_2$ + $CH_2{=}CH_2$

↓ 重合

ポリエチレンポリマー　$\sim CH_2CH_2-CH_2CH_2-CH_2CH_2 \sim$ ＝

三つのモノマー単位が結びつけられる
（新しい結合は赤色で示してある）

重合 polymerization

• モノマーが互いに結びついてポリマーが生成する反応を**重合**という．

一般式 $CH_2{=}CHZ$ をもつ多くのエチレン誘導体も，重合におけるモノマーとして用いられる．置換基Zの種類は，生成するポリマーの物理的性質に影響する．これによって，ポリ容器やカーペットのような製品からプラスチックの袋や食品ラップに至るまで，さまざまな用途に適したポリマーの生成が可能になる．一般に $CH_2{=}CHZ$ の重合によって，ポリマー鎖の一つおきの炭素原子に置換基Zをもつポリマーが生成する．

表3・2　医学や歯科医療に利用される一般的なモノマーとポリマー

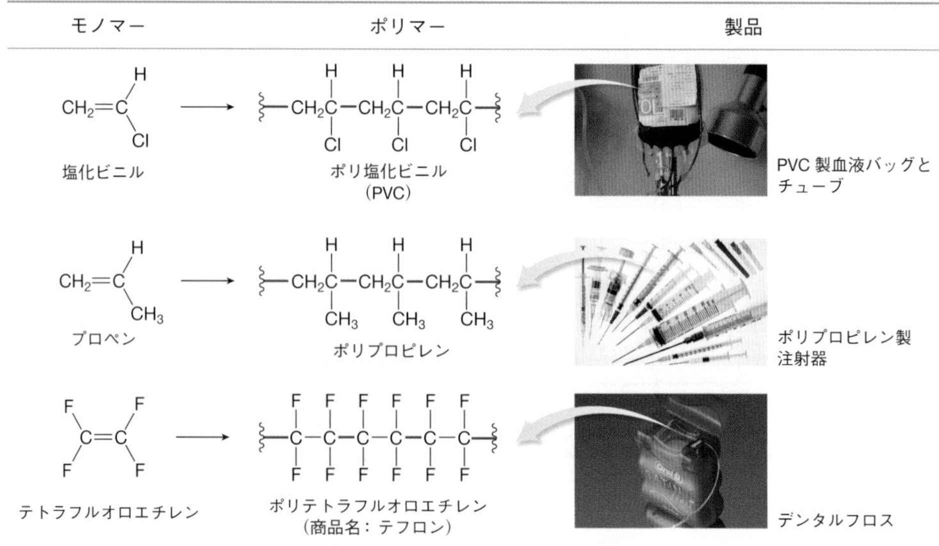

$$CH_2{=}CHZ \;+\; CH_2{=}CHZ \;+\; CH_2{=}CHZ \longrightarrow \sim CH_2\underset{Z}{\overset{H}{C}}-CH_2\underset{Z}{\overset{H}{C}}-CH_2\underset{Z}{\overset{H}{C}}\sim$$

繰返し単位　$\left[CH_2\underset{Z}{CH} \right]_n$　← 多数のモノマーが結びつけられていることを示す

簡略化した構造式

上記のように，ポリマーの構造式はしばしば，括弧の中に繰返し単位の構造を記すことによって簡略化される．表3・2に，医学や歯科医療に利用されるいくつかの一般的なモノマーとポリマーを示した．

ポリマーのリサイクル

ポリマーが日用品に利用される一般的な物質となるには，耐久性，強度，反応性の乏しさといった性質をもつことが望まれる．これらの性質はまた，環境問題にも関連している．ポリマーは容易には分解しない．その結果，毎年，多量のポリマーが最終的にごみ埋立地に集積する．存在する種類のポリマーをリサイクルして新たな物質をつくり出すことは，ポリマーに起因する廃棄物問題に対する一つの解答である．

現在では何千種類という合成ポリマーが製造されているが，6種類の化合物が，生産される合成ポリマーの大部分を占めている．表には，これらの6種類の最も一般的なポリマーを，それぞれのリサイクルされたポリマーからつくられた製品の種類とともに示した．

リサイクルは種類別にプラスチックを分類することから始まり，小片に裁断し，つづいて接着剤やラベルを除去するために洗浄する．さらに乾燥させ，すべての金属キャップやリングを取除いたのち，ポリマーは溶解され，再利用のために成型される．

6種類のポリマーのうち，ペットボトルのポリエチレンテレフタラート〔poly(ethylene terephthalate)，略称PET〕と，ポリ容器の高密度ポリエチレンだけが，かなりの程度でリサイクルされている．リサイクルされたポリマーには，まだ少量の接着剤や他の物質が混入していることがあるので，これらのリサイクルされたポリマーは一般に，食料や飲料品の保存には用いられない．リサイクルされたHDPEは新しい家屋建設に用いられる断熱材，屋外家具などに変換される．また，リサイクルされたPETは，フリース衣料や敷物のための繊維の製造に用いられる．

リサイクルできるポリマー

ポリマーの名称	簡略化した構造式	リサイクルされた製品
PET ポリエチレンテレフタラート	$\left[CH_2CH_2-O-\underset{O}{\overset{}{C}}-C_6H_4-\overset{O}{C}-O \right]_n$	フリース衣料 敷物 プラスチック瓶
HDPE 高密度ポリエチレン	$\left[CH_2CH_2 \right]_n$	遮熱材 戸外用家具 スポーツ用衣料
PVC ポリ塩化ビニル	$\left[CH_2\underset{Cl}{CH} \right]_n$	フロアマット
LDPE 低密度ポリエチレン	$\left[CH_2CH_2 \right]_n$	ごみ袋
PP ポリプロピレン	$\left[CH_2\underset{CH_3}{CH} \right]_n$	家具
PS ポリスチレン	$\left[CH_2\underset{C_6H_5}{CH} \right]_n$	成型トレー ごみ入れ

例題 3・8　重合の生成物を推定する

使い捨ておむつには，ポリアクリル酸が含まれている．このポリマーは，その重量の30倍の水を吸収することができる．

$CH_2{=}CHCO_2CH_3$（アクリル酸メチル）が重合したときに，生成するポリマーの構造式を書け．

解答　三つあるいはそれ以上のアルケン分子を書き，二重結合の炭素を互いに隣接するように配置する．それぞれの二重結合のうちの一つの結合を開裂させ，単結合によってアルケンを互いに結びつける．非対称のアルケンでは，置換基が一つおきの炭素原子に結合したポリマーが生成する．

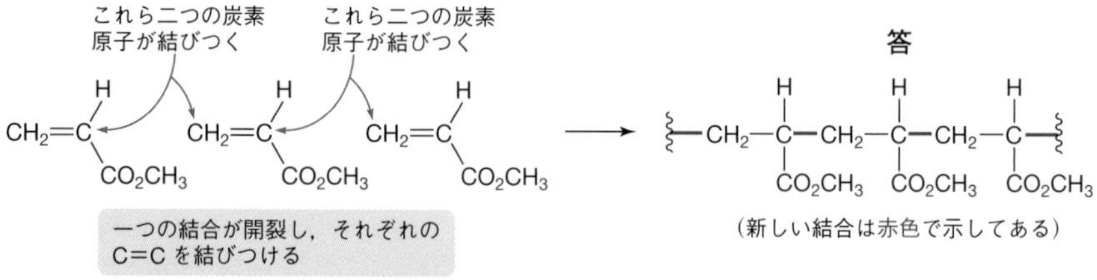

これら二つの炭素原子が結びつく　これら二つの炭素原子が結びつく

$CH_2{=}C(H)CO_2CH_3$　$CH_2{=}C(H)CO_2CH_3$　$CH_2{=}C(H)CO_2CH_3$ ⟶ 答 $\sim CH_2{-}CH(CO_2CH_3){-}CH_2{-}CH(CO_2CH_3){-}CH_2{-}CH(CO_2CH_3)\sim$

一つの結合が開裂し，それぞれのC=Cを結びつける

（新しい結合は赤色で示してある）

練習問題 3・8　次の化合物が重合したときに生成するポリマーの構造式を書け．

(a) $CH_2{=}C(CH_3)CH_2CH_3$　(b) $CH_2{=}CH$–（3-クロロフェニル，Cl）

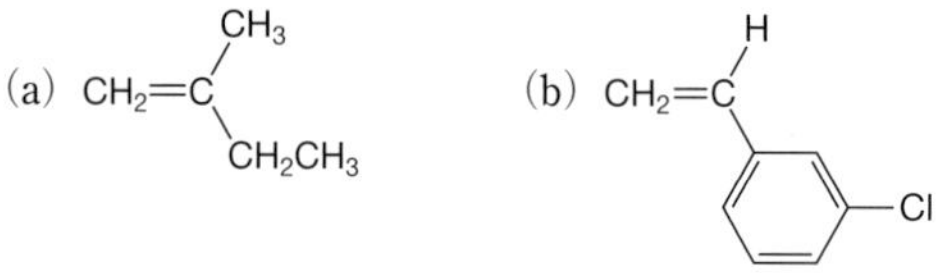

問題 3・10　以下にポリ酢酸ビニルの構造式を示す．ポリ酢酸ビニルは塗料や接着剤に利用されるポリマーである．このポリマーを合成するためのモノマーの構造式を示せ．

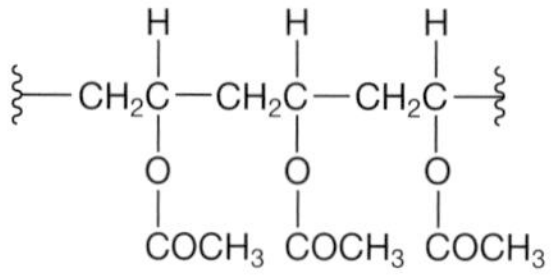

$\sim CH_2CH(OCOCH_3){-}CH_2CH(OCOCH_3){-}CH_2CH(OCOCH_3)\sim$

3・7　芳香族化合物

芳香族化合物 aromatic compound

ベンゼン benzene

芳香族化合物は不飽和炭化水素のもう一つの化合物群である．芳香族化合物という名称は，最初に見いだされたこの族の多くの簡単な化合物が，特徴的なにおいをもつことに由来している．今日では**芳香族化合物**という用語は，ベンゼン環あるいはベンゼンと類似の様式で反応する環をもつ有機化合物をさす．

最も簡単で，最も広く知られている芳香族化合物は**ベンゼン**であり，六員環に三つの二重結合をもつ化合物である．環を構成する炭素原子はそれぞれ水素原子に結合しており，そのためベンゼンの分子式はC_6H_6である．それぞれの炭素原子は三つの基によって囲まれているので，平面三角形をとる．これらのことから，ベンゼンは平面分子であり，すべての結合角は120°である．

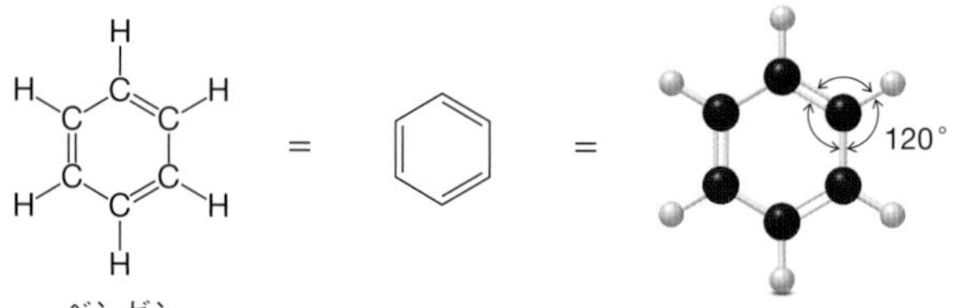

ベンゼン C_6H_6　＝　＝　120°　平面分子

ベンゼンは六員環と三つの二重結合をもつ構造式で書かれるが，三つの二重結合を環のまわりに単結合と交互になるように配置させるには，二つの異なる方法がある．

これら二つの表記は原子の配列は同一であり，電子の位置だけが異なっている．これらの構造は**共鳴構造**とよばれる．

共鳴構造 resonance structure

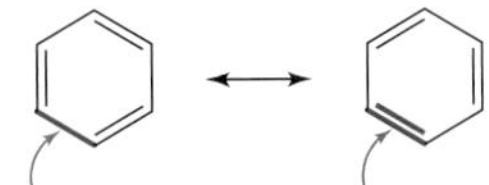

この結合は一つの構造式では単結合であり，もう一つの構造式では二重結合である

- **原子の配列は同一であるが，電子の配列が異なるルイス構造を共鳴構造という．**

二つの構造が共鳴構造であることを示すために，**両頭の矢印**が用いられる．実際には，どちらの構造もベンゼンの真の構造を表してはいない．ベンゼンの真の構造は，両方の共鳴構造の重ね合わせであると考える．この考え方を**共鳴混成体**という．ベンゼン環に示された二重結合の電子対は，実際は特定の二つの炭素原子の間に束縛されているわけではない．このため，二重結合の三つの電子対は六員環に“**非局在化**している”と表現される．これによってベンゼンは，他の不飽和炭化水素と比べて，さらなる安定性を獲得する．

両頭の矢印 double-headed arrow

共鳴混成体 resonance hybrid

非局在化 delocalization

しばしばベンゼン環は，正六角形の中に三つの二重結合の代わりに円を書くことによって表記されることもある．

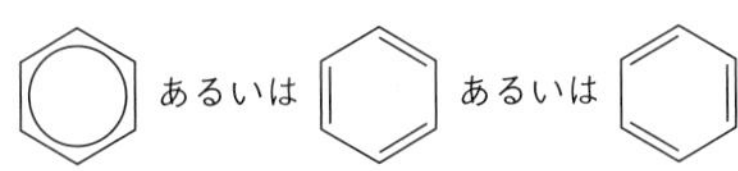

ベンゼンの三つの等価な表記法

六角形の中に書かれた円は，三つの二重結合に由来する 6 個の電子が，環に沿って自由に運動していることを示している．しかし，ベンゼン環は，どちらかの共鳴構造を用いて，あるいは内部に円を書いた六角形を用いて表記できることをしっかりと理解してほしい．これら三つの表記はいずれも等価である．

芳香族炭化水素の物理的性質は，他の炭化水素と類似している．すなわち，芳香族炭化水素は低い融点と沸点をもち，水に溶けにくい．しかし，それらの化学的性質は非常に異なっている．アルケンの特徴的な反応は付加反応であったが，芳香族炭化水素は付加反応を起こさない．たとえば，臭素 Br_2 はエチレンに付加して新たな二つの C−Br 結合をもつ付加生成物を与えたが，ベンゼンは同条件では臭素と反応しない．

$$H_2C=CH_2 + Br_2 \longrightarrow H-\underset{Br}{\overset{H}{C}}-\underset{Br}{\overset{H}{C}}-H$$

エチレン　　付加生成物

ベンゼン + Br_2 ⟶ 反応しない

ベンゼン

- **一般に，芳香族化合物の性質はベンゼンに類似している．芳香族化合物は不飽和化合物であるが，アルケンに特徴的な付加反応を起こさない．**

3・8　ベンゼン誘導体の命名法

一つ，あるいは複数の置換基をもつベンゼン環を含む有機化合物は多いので，それらを命名する方法を学ばなければならない．多くの慣用名がIUPAC命名法によって認められているが，これがベンゼン誘導体の命名法をいくぶん複雑にしている．

3・8A　一置換ベンゼン

一つの置換基をもつベンゼンを命名するには，まず置換基を命名し，“ベンゼン(benzene)”の語を付け加えればよい．炭素置換基はアルキル基として命名する．置換基がハロゲンのときには，ハロゲンの名称の語尾“-ine”を接尾語“-o”に変換する．たとえば，塩素Clのchlorineはchloroとなる．日本語名では，F, Cl, Br, Iはそれぞれ，フルオロ，クロロ，ブロモ，ヨードとなる．

$-CH_2CH_3$ エチル基 (ethyl)　エチルベンゼン (ethylbenzene)

$-CH_2CH_2CH_2CH_3$ ブチル基 (butyl)　ブチルベンゼン (butylbenzene)

$-Cl$ クロロ基 (chloro)　クロロベンゼン (chlorobenzene)

多くの一置換ベンゼン，たとえばメチル基 $-CH_3$，ヒドロキシ基 $-OH$，アミノ基 $-NH_2$ などをもつベンゼンは慣用名をもっており，それらも記憶しておかねばならない．

$-CH_3$ トルエン (toluene)〔メチルベンゼン (methylbenzene)〕

$-OH$ フェノール (phenol)〔ヒドロキシベンゼン (hydroxybenzene)〕

$-NH_2$ アニリン (aniline)〔アミノベンゼン (aminobenzene)〕

3・8B　二置換ベンゼン

ベンゼン環に二つの置換基が結合するには3種類の異なる様式があり，二つの置換基の相対的な位置を示すために，接頭語オルト (ortho-)，メタ (meta-)，パラ (para-) が用いられる．一般に，オルト，メタ，パラはそれぞれ *o*, *m*, *p* と略記される．

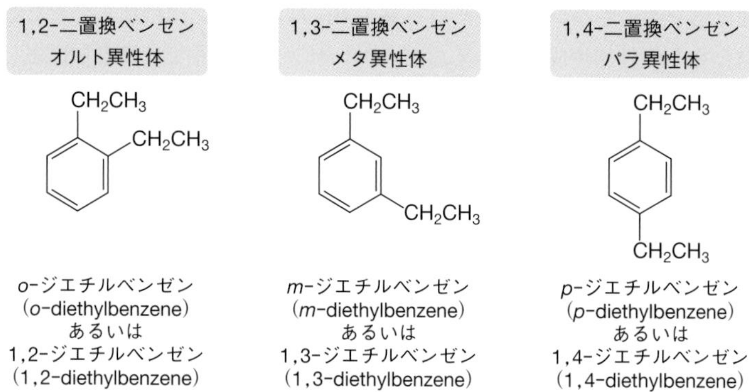

ベンゼン環の二つの置換基が異なるときは，置換基の名称をアルファベット順に並べ，その後に“ベンゼン”の語を付け加える．また，置換基の一つが慣用名をもつ化

合物の部分である場合には，その一置換ベンゼンの誘導体として命名する．

3・8C 多置換ベンゼン

ベンゼン環に三つ以上の置換基をもつ化合物については，次の方法に従って命名する．

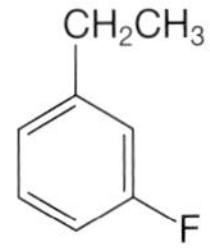

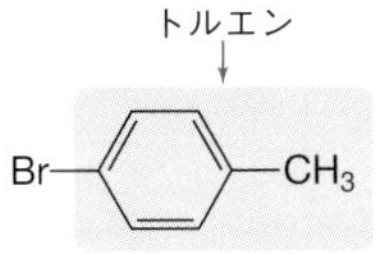

1. 置換基に最も小さい番号が割り当てられるように，環の炭素に番号をつける．
2. 置換基を命名し，その名称をアルファベット順に並べる．
3. 置換基が慣用名をもつ化合物の部分である場合には，その一置換ベンゼンの誘導体として命名する．慣用名をもつ化合物の置換基を C1 に置くが，名称から“1”は省略される．

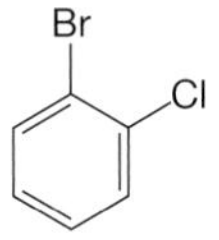

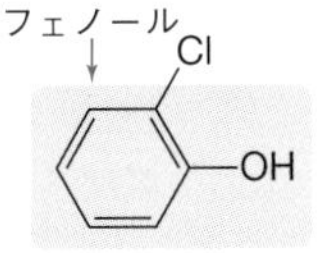

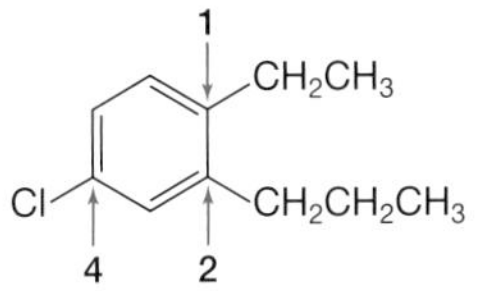

3・8D 複数の環をもつ芳香族化合物

互いに結びついた二つ以上のベンゼン環をもつ芳香族化合物もある．互いに結びついた二つのベンゼン環をもつ芳香族化合物を**ナフタレン**という．また，三つのベンゼン環が結びついた芳香族化合物には 2 種類の異なる化合物があり，それぞれ**アントラセン**，**フェナントレン**とよばれる．

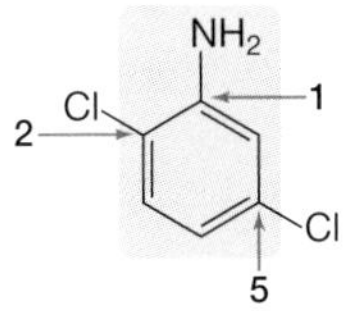

ナフタレン naphthalene
アントラセン anthracene
フェナントレン phenanthrene

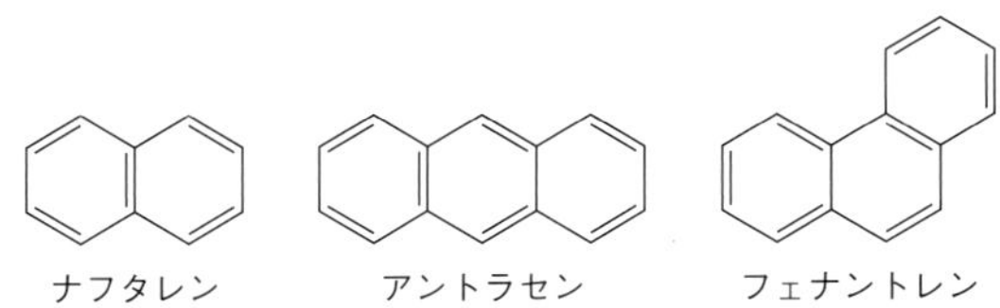

例題 3・9 芳香族化合物を命名する

次の芳香族化合物を命名せよ．

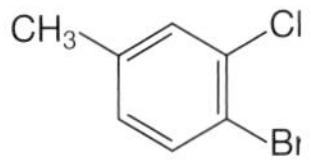

解答

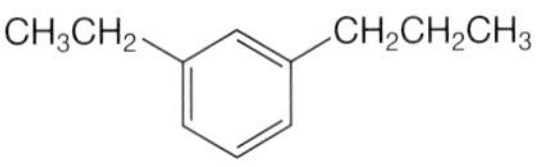

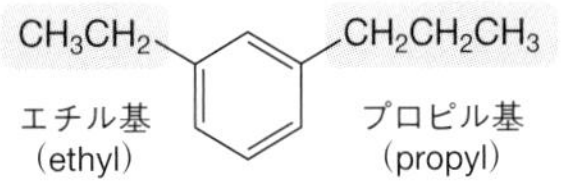

（つづく）

• 二つの置換基は互いに1,3-あるいはメタの位置にある．
• 置換基名をアルファベット順に並べると，propylのpの前に，ethylのeがくる．

答　*m*-エチルプロピルベンゼン（*m*-ethylpropylbenzene）

(b)

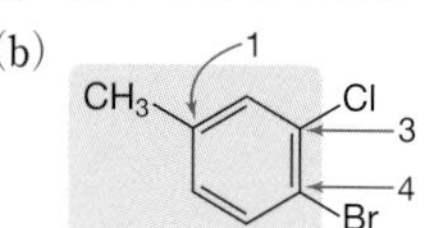

トルエン

• 慣用名をもつ化合物の置換基 CH_3 が環に結合しているので，トルエンの誘導体として命名する．
• CH_3 基の位置を“1”に置き，他の置換基に番号が最小となる組の番号を割り当てる．

答　4-ブロモ-3-クロロトルエン（4-bromo-3-chlorotoluene）

練習問題 3・9　次の化合物のIUPAC名を記せ．

(a)　(b)

問題 3・11　次の名称に対応する化合物の構造式を書け．

(a) ペンチルベンゼン（pentylbenzene）
(b) *m*-ブロモアニリン（*m*-bromoaniline）
(c) 4-クロロ-1,2-ジエチルベンゼン（4-chloro-1,2-diethylbenzene）

3・9　健康と医療における興味深い芳香族化合物

広く用いられている医薬品には芳香環をもつものが多い．注目すべき例として，鎮痛薬のアセトアミノフェン，抗うつ薬のセルトラリン，抗ヒスタミン薬のロラタジンがある（図3・5）．

図 3・5　ベンゼン環を含む三つの医薬品

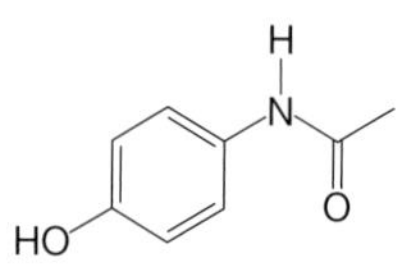

アセトアミノフェン
・熱と痛みを減少させるが，抗炎症性はもたないため，炎症が重要な症状である関節炎のような病気の治療には効果がない

セルトラリン
・広く利用されている抗うつ薬．§8・6でさらに詳しく説明する

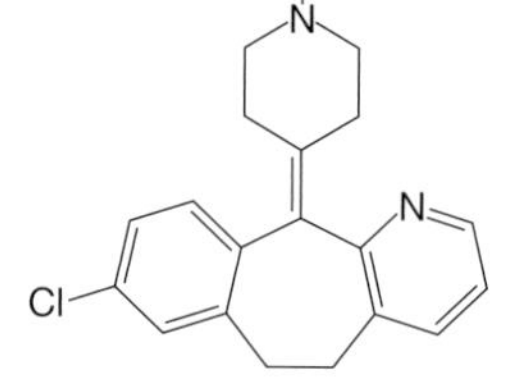

ロラタジン
・店頭で購入できる抗ヒスタミン薬．季節性アレルギーの治療に用いられ，眠気を催さない

p-アミノ安息香酸 *p*-aminobenzoic acid, 略称 PABA

多環状芳香族炭化水素 polycyclic aromatic hydrocarbon，略称 PAH

ベンゾ[*a*]ピレン benzo[*a*]pyrene

ベンゾ[*a*]ピレンは無極性で水に不溶性の炭化水素であり，体内に吸引あるいは摂取されると，肝臓で酸化される．一般に，身体にとって有用な栄養物とならない異質な物質は，体内で酸化を受ける．酸化された物質は極性が高まるため，水溶性が増大し，尿中に排出されやすくなる．ベンゾ[*a*]ピレンの酸化生成物も強力な**発がん物質**（carcinogen）である．発がん物質は細胞内で必要なタンパク質やDNAに結合し，正常な細胞機能を混乱させ，がんや細胞死をひき起こす．

また，市販されている日焼け止めの有効成分は，すべて芳香族化合物である．その成分は紫外線を吸収し，それによってその有害な影響からひとときの間，肌を保護する．この目的のために用いられている2種類の化合物として，**p-アミノ安息香酸**とパディメートOがある．

p-アミノ安息香酸（PABA）　　パディメートO

炭素−炭素結合を共有した複数のベンゼン環をもつ化合物を，**多環状芳香族炭化水素**（PAH）という．**ベンゾ[*a*]ピレン**は互いに結びついた5個の環をもつPAHの一つであり，環境汚染物質として広い範囲に拡散している．ベンゾ[*a*]ピレンはガソリン，燃料油，木材，ごみ，たばこなど，すべての種類の有機物質の燃焼によって生じる．

タバコ畑

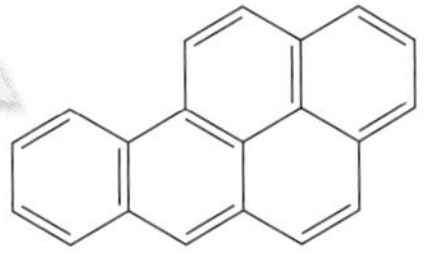
ベンゾ[*a*]ピレン
(多環状芳香族炭化水素)

ベンゼン環に結合したヒドロキシ基をもつ一群の化合物を**フェノール類**という．天然には，きわめて多様なフェノール類が存在する．バニラ豆の成分である**バニリン**やチョウジから得られる**オイゲノール**は，いずれもフェノール類である．

クルクミンは，ショウガ科に属する熱帯性の多年草のウコン（ターメリック）から単離される黄色色素であり，カレー粉の主要な成分である．クルクミンは長い間，伝統的な東洋医学において抗炎症薬として用いられている．

フェノール類 phenols
バニリン vanillin
オイゲノール eugenol
クルクミン curcumin

バニラ豆

チョウジ

ウコン（ターメリック）

バニリン

オイゲノール

クルクミン

抗酸化物質としてのフェノール類

リコペン（§3・4）のように，フェノール類には抗酸化物質としての作用をもつものが多い．天然にある**ビタミンE**（vitamin E）と合成物質の**BHT**（ブチル化ヒドロキシトルエン，butylated hydroxy toluene の略）は，その二つの例である．ベンゼン環に結合したOH基は，望まない酸化反応が起こることを妨げる鍵となる置換基である．

ビタミンE

BHT

ビタミンEは魚油，落花生油，小麦胚芽，葉物野菜などに含まれる天然の抗酸化物質である．その機能に関する分子レベルの詳細な機構はまだ明らかではないが，ビタミンEは細胞膜の不飽和脂肪酸に由来する部分の望まない酸化を抑制すると考えられている．これによってビタミンEは，老化現象を抑制する効果をもつとされる．

BHTのような合成された抗酸化物質は，酸化や腐敗を妨げるために，包装食品や調理済み食品に添加されている．BHTはふつうの添加物として，朝食用シリアル（調製穀物類）にも含まれている．

ナッツ類はビタミンEの優れた供給源である．

フェノール類には殺菌性をもつものや，刺激性をもつものもある．2-ベンジル-4-クロロフェノールは消毒薬の成分として用いられている．ツタウルシに含まれるフェノール類の**ウルシオール**は，接触によってかゆみを伴う発疹をひき起こす．

ウルシオール urushiol

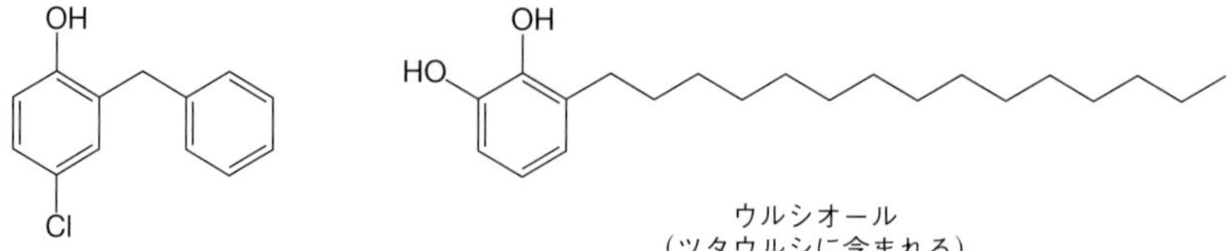

2-ベンジル-4-クロロフェノール
（消毒薬の有効成分）

ウルシオール
（ツタウルシに含まれる）

3・10 芳香族化合物の反応

アルケンと同様に，芳香族化合物も特徴的な反応をする．しかし，アルケンとは対照的に，芳香族化合物に特徴的な反応は付加反応ではなく，**置換反応**である．置換反応では，ベンゼン環の水素原子が，他の原子または原子団によって置き換わる．

置換反応 substitution reaction

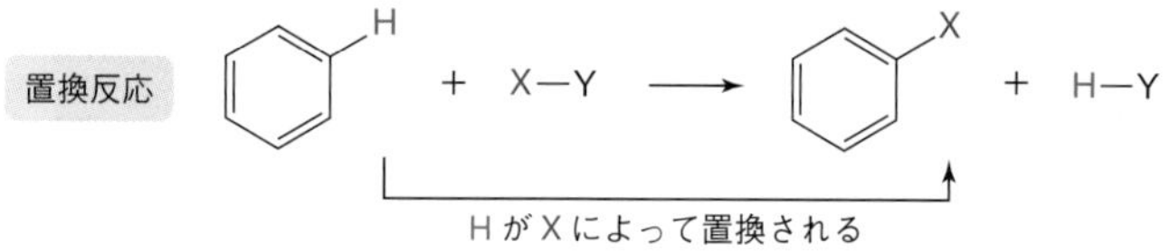

置換反応　+ X—Y ⟶ + H—Y

H が X によって置換される

置換反応が起こるのはなぜだろうか．水素原子 H が他の原子または原子団 X によって置換されても，安定な芳香環はそのまま保持される．ベンゼンが他の不飽和炭化水素のような付加反応を起こさないのは，付加反応が起こると安定なベンゼン環が失われるからである．

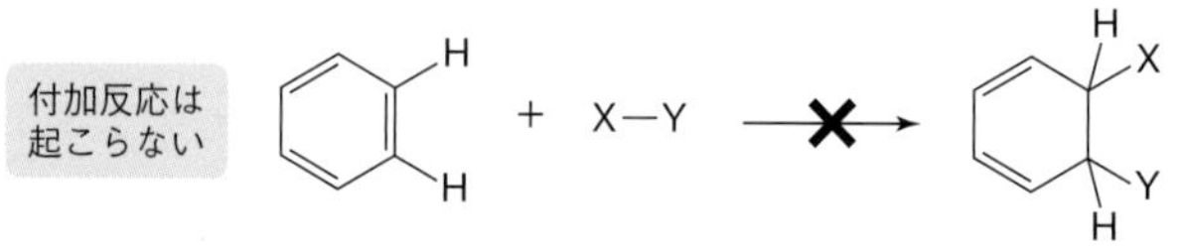

付加反応は起こらない　+ X—Y

生成物は芳香族ではない

ベンゼンの特徴的な反応として，塩素化，ニトロ化，スルホン化の三つの反応を考えよう．それぞれの反応では，ベンゼン環の一つの水素原子が，それぞれ他の原子あるいは原子団，$-Cl$, $-NO_2$, $-SO_3H$ によって置き換わる．

3・10A 塩素化と殺虫剤 DDT の合成

ベンゼンは鉄触媒 $FeCl_3$ の存在下，Cl_2 と反応してクロロベンゼンを生じる．クロロベンゼンは**ハロゲン化アリール**，すなわち芳香環に直接結合したハロゲンをもつ有機ハロゲン化合物である．塩素との反応を**塩素化**という．塩素化では，塩素原子 Cl がベンゼン環の水素原子と置換する．

ハロゲン化アリール aryl halide
塩素化 chlorination

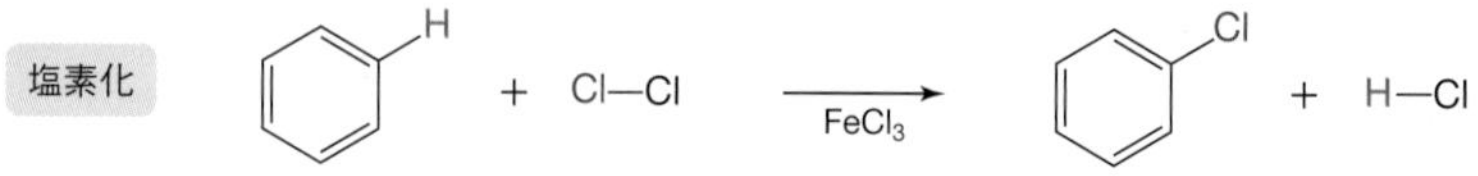

塩素化　+ Cl—Cl —($FeCl_3$)→ + H—Cl

クロロベンゼン

ベンゼンの塩素化は，殺虫剤である **DDT** の 2 段階合成における最初の段階である．

DDT　*p*,*p*′-ジクロロジフェニルトリクロロエタン（*p*,*p*′-dichlorodiphenyltrichloroethane）の略

DDT

DDT（*p,p′*-ジクロロジフェニルトリクロロエタン，*p,p′*-dichlorodiphenyltrichloroethane の略）は短期間の優れた効果をもつ一方で，長期間の深刻な問題をひき起こす有機化合物である．DDT はマラリアやチフスのような病気を拡散する昆虫を殺し，昆虫集団を制御することで，世界中で何百万という命を救った．DDT は低い極性をもち，非常に安定な有機化合物であるため，DDT（およびそれに似た化合物）は何年にもわたって環境に残存する．DDT は有機媒体に溶けるので，それはほとんどの動物の脂肪組織に蓄積する．DDT のヒトに対する長期間の効果はわかっていないが，DDT は鷲や鷹のようなある種の肉食鳥の卵殻形成に直接的な害を及ぼすことが知られている．

チャーチル（Winston Churchill）は 1945 年に，第二次世界大戦で DDT が多くの命を救ったことに対して，DDT を“奇跡の”化学物質とよんだ．それから 20 年もたたないうちに，この特異性のない殺虫剤を長期にわたって大量に使用したことが環境に対して有害な効果をひき起こし，カーソン（Rachel Carson）はその著書『沈黙の春（Silent Spring）』において，DDT を“死の特効薬”とよんだ．1973 年に米国では DDT の使用が禁止されたが，安価であることから，開発途上国では昆虫の個体数を制御するためにまだ広く使用されている．

ベンゼン + Cl_2 —($FeCl_3$)→ クロロベンゼン —(Cl_3CCHO, H_2SO_4)→ DDT

DDT
（生物が分解できない殺虫剤）

3・10B ニトロ化とサルファ剤

ベンゼンを硫酸 H_2SO_4 の存在下で硝酸 HNO_3 と反応させると，ニトロベンゼンが生成する．**ニトロ基** NO_2 による水素原子の置換反応を，**ニトロ化**という．

ニトロ基 nitro group
ニトロ化 nitration

ニトロ化：ベンゼン（H） + HO—NO_2 —(H_2SO_4)→ ニトロベンゼン + H—OH

ニトロ化は非常に有用な反応である．なぜならニトロ基は，水素 H_2 とパラジウム触媒により容易にアミノ基 NH_2 に変換できるからである．

ニトロベンゼン + H_2 —(Pd)→ アニリン

抗菌性をもつサルファ剤の多くは，ベンゼン環に結合した NH_2 基をもっている．例として，1930 年代に合成された最初の抗生物質の一つであるスルファニルアミドや，より新しいサルファ剤であるスルファメトキサゾールやスルフイソキサゾールがある．これらは中耳炎や尿路感染症の治療に用いられる．

スルファニルアミド　スルファメトキサゾール　スルフイソキサゾール

3・10C スルホン化と洗剤の合成

ベンゼンは硫酸 H_2SO_4 の存在下で三酸化硫黄 SO_3 と反応し，ベンゼンスルホン酸

葉　酸

細胞内で，スルファメトキサゾールやスルフイソキサゾールはいずれも代謝されて，生理活性をもつスルファニルアミドになる．スルファニルアミドが抗菌性の薬剤として，どのように機能するかを理解するためには，まず微生物によって *p*-アミノ安息香酸から合成される**葉酸**（folic acid）について学ばなければならない．

スルファニルアミドと *p*-アミノ安息香酸は大きさや形状が類似しており，関連した官能基をもっている．このため，スルファニルアミドが投与されたとき，微生物は *p*-アミノ安息香酸の代わりにそれを用いて葉酸を合成しようとする．このため微生物は葉酸を合成することができず，これは微生物にとって成長も増殖もできないことを意味する．なお，ヒトは葉酸を合成せず食事から得ているので，スルファニルアミドは微生物の細胞だけに影響を与える．

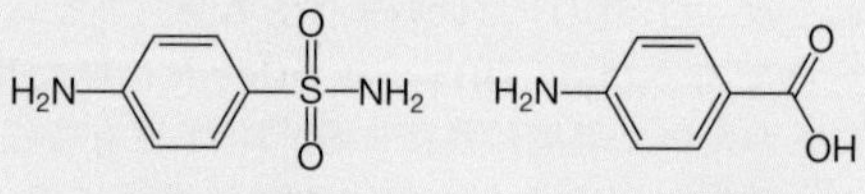

スルファニルアミド　*p*-アミノ安息香酸

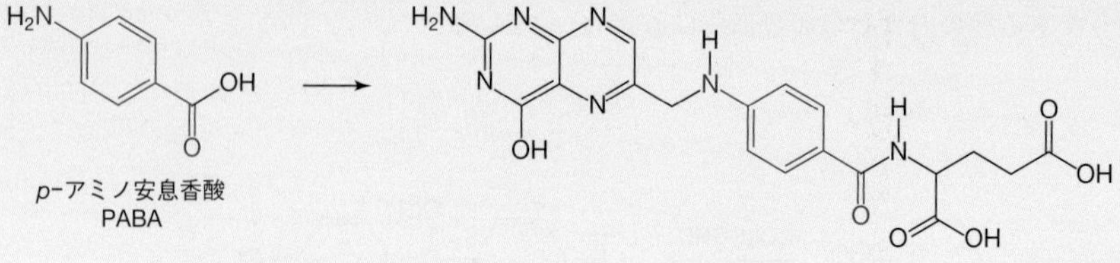

p-アミノ安息香酸 PABA → 葉酸

葉酸の構造式． 微生物では葉酸は *p*-アミノ安息香酸から合成される．

スルホン化 sulfonation

を与える．スルホ基 SO_3H による水素原子の置換反応を，**スルホン化**という．

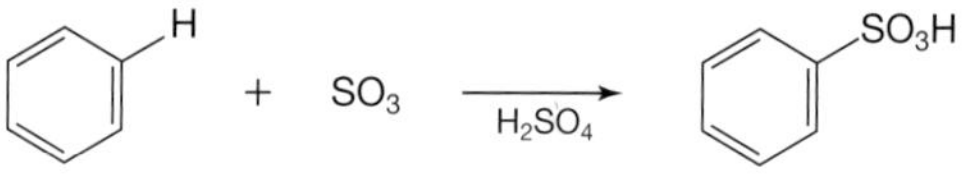

スルホン化　ベンゼン + SO_3 $\xrightarrow{H_2SO_4}$ ベンゼンスルホン酸

塩素化やニトロ化に比べてスルホン化はそれほど広く利用されてはいないが，この反応は洗剤の合成において重要な反応である．合成洗剤の多くはスルホン酸のナトリウム塩であり，図3・6に示すような2段階の過程で製造される．

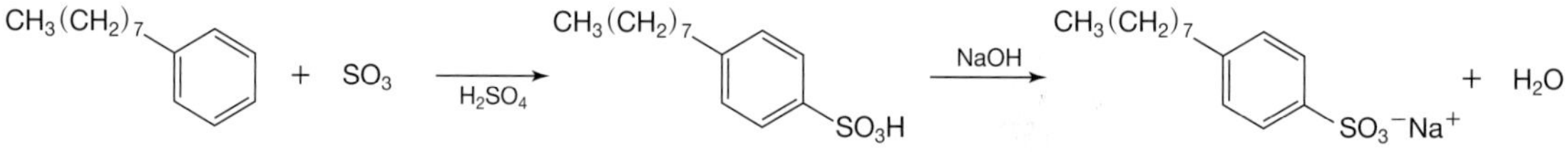

$CH_3(CH_2)_7$-ベンゼン + SO_3 $\xrightarrow{H_2SO_4}$ アルキルベンゼンスルホン酸 (SO_3H) $\xrightarrow{NaOH}$ アルキルベンゼンスルホン酸ナトリウム塩 合成洗剤 ($SO_3^-Na^+$) + H_2O

図 3・6　**スルホン化を用いた洗剤の合成**

問題 3・12　*p*-ジクロロベンゼンを次の反応剤と反応させたとき，生成する化合物の構造式を示せ．
(a) Cl_2, $FeCl_3$　(b) HNO_3, H_2SO_4　(c) SO_3, H_2SO_4

問題 3・13　トルエンを $FeCl_3$ の存在下，Cl_2 と反応させると，全部で3種類の化合物が生成する可能性がある．これら3種類の化合物の構造式を書き，それぞれの IUPAC 名を記せ．

4

酸素，ハロゲン，硫黄を含む有機化合物

アルコールは天然にも広く存在する．アルコールの一種であるリナロールとラバンジュロール（練習問題 4・1）は，ラベンダーの特徴的な芳香を決定する 300 以上の化合物のうちの二つである．

4 章では，単結合でヘテロ原子と結合した炭素を含む四つの化合物群に注目する．極性の炭素−ヘテロ原子結合により，これらの化合物は炭化水素とは異なった性質をもつ．アルコールはエタノールのような簡単な化合物から，デンプンのような複雑な化合物まで天然にも広く存在する．エーテル類は麻酔薬として，またハロゲン化アルキルは溶媒などに広く用いられている．チオールの SH 基は，タンパク質の化学において重要な役割を果たす．

4・1　序　論

アルコール，エーテル，ハロゲン化アルキル，チオールの四つの化合物群はいずれも，ヘテロ原子（酸素，ハロゲン，硫黄）と単結合によって結合した炭素原子をもっている．

アルコールと**エーテル**は水 H_2O の有機物誘導体であり，それぞれ H_2O の一つ，あるいは二つの水素原子をアルキル基で置換することによって生成する．アルコールは正四面体形の炭素原子に結合したヒドロキシ基（OH 基）をもち，一方エーテルは，酸素原子に結合した二つのアルキル基をもつ．どちらの化合物においても，酸素原子は二つの非共有電子対をもつので，それは 8 個の電子によって取囲まれている．

アルコール alcohol

エーテル ether

一般式		例	
R—Ö—H	R—Ö—R	CH_3CH_2—Ö—H	CH_3CH_2—Ö—CH_2CH_3
アルコール	エーテル	エタノール	ジエチルエーテル

ハロゲン化アルキルは正四面体形の炭素原子に結合したハロゲン原子（X ＝ F, Cl, Br, I）をもつ．それぞれのハロゲン原子は炭素と一つの単結合を形成し，三つの非共有電子対をもっている．**チオール**は正四面体形の炭素原子に結合したメルカプト基（SH 基，スルファニル基ともいう）をもつ．チオールはアルコールの硫黄類縁体であり，アルコールの酸素を硫黄で置き換えることによって生成する．酸素原子と同様に硫黄原子も，そのまわりに二つの非共有電子対をもっている．

ハロゲン化アルキル alkyl halide

チオール thiol

一般式

R—X:　ハロゲン化アルキル　X = F, Cl, Br, I

R—S—H　チオール

例

CH_3CH_2—Cl:　クロロエタン

CH_3CH_2—S—H　エタンチオール

これらの官能基を含む化合物として，2-フリルメタンチオール（コーヒーの特徴的な香り），セボフルラン（一般的な麻酔薬），およびパクリタキセル（抗がん薬）がある．

2-フリルメタンチオール（コーヒーの香り）

セボフルラン（一般的な麻酔薬）

パクリタキセル（商品名：タキソール）

（OH 基，SH 基，ハロゲン，エーテル酸素原子は赤字で標識されている）

パクリタキセル（paclitaxel）は最初，タキソール（taxol）と命名されたが，商業的開発の際にタキソールが商品名として登録されたため，一般名はパクリタキセルに変更された．

パクリタキセルは卵巣や乳腺，および肺の腫瘍に対して有効な複合抗がん薬であり，特に興味深い化合物である．パクリタキセルに関する初期の生物学的な研究は，イチイの一種の樹皮から単離された天然物質で行われたため，樹皮をはぎ取ることによってこの壮大な樹木を枯らしていた．現在ではパクリタキセルは，細胞培養法により安価に製造され，患者に対して十分な量が供給されている．

問題 4・1　次の化合物におけるヒドロキシ基，メルカプト基，ハロゲン原子，エーテル酸素を標識せよ．

A　コンドロコール A（紅藻類 *Chondrococcus hornemanni* から単離）

B　3-メチル-3-スルファニル-1-ヘキサノール（玉ねぎに似た，人の汗のにおい）

4・2　アルコールの構造と性質

アルコールは，正四面体形の炭素原子に結合したヒドロキシ基（OH 基）をもつ化合物である．アルコールは OH 基をもつ炭素に結合した炭素原子の数によって，第一級，第二級，第三級に分類される．

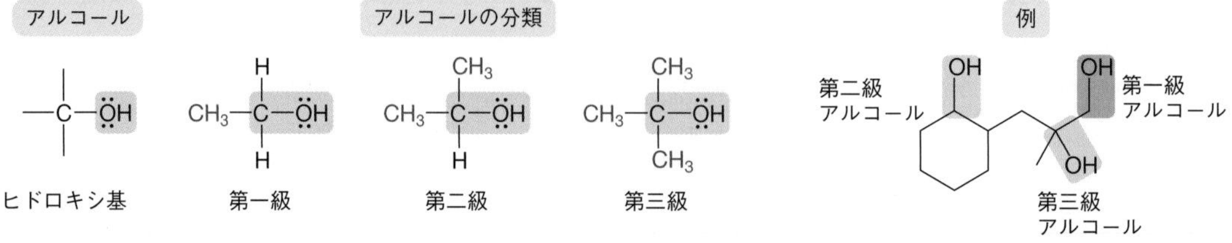

- OH 基をもつ炭素に，1 個の炭素が結合したアルコールを**第一級アルコール**という．
- OH 基をもつ炭素に，2 個の炭素が結合したアルコールを**第二級アルコール**という．
- OH 基をもつ炭素に，3 個の炭素が結合したアルコールを**第三級アルコール**という．

第一級アルコール primary alcohol
第二級アルコール secondary alcohol
第三級アルコール tertiary alcohol

例題 4・1 アルコールを第一級，第二級，第三級に分類する

次のアルコールを，第一級，第二級，第三級のいずれかに分類せよ．

(a) (シクロヘキサン環)—CH_2CH_2OH (b) (シクロヘキサン環)—OH

解答 完全な構造式を書くか，あるいは骨格構造式に水素原子を加えることによって，OH 基をもつ炭素原子にいくつの炭素原子が結合しているかを明らかにする．

(a) (シクロヘキサン環)—CH_2—CH_2—OH このCは1個のCと結合している **第一級アルコール**

(b) (シクロヘキサン環 C(H)(OH)) このCは環内の2個のCと結合している **第二級アルコール**

練習問題 4・1 次のアルコールを，第一級，第二級，第三級のいずれかに分類せよ．

(a) $(CH_3)_2C{=}CHCH_2CH_2{-}C(CH_3)(OH){-}CH{=}CH_2$

リナロール

(b) $(CH_3)_2C{=}CHCH_2{-}CH(CH_2OH){-}C(CH_3){=}CH_2$

ラバンジュロール

アルコールの酸素原子は二つの原子と二つの非共有電子対によって取囲まれているので，H_2O と同様に屈曲形となる．アルコールの C−O−H 結合角は，正四面体角 109.5°に類似した値となる．

第一級，第二級，第三級アルコールはそれぞれ，1°, 2°, 3° アルコールと略記されることもある．

CH_3—$\ddot{O}$—H = (109.5°)

メタノール 屈曲形

酸素原子は炭素や水素よりもずっと電気陰性なので，C−O 結合および O−H 結合は極性である．アルコールは二つの極性結合と屈曲構造をもつので，正味の双極子をもっている．また，アルコールには酸素原子に結合した水素があるので，分子間で水素結合を形成することができる．これらの結果，アルコール分子の間には 2 章，3 章で述べた炭化水素よりも，ずっと強い分子間力が働く．

アルコールは正味の双極子をもっている

CH_3—$\ddot{O}$—H 正味の双極子 二つの極性結合

アルコールは分子間で水素結合を形成する

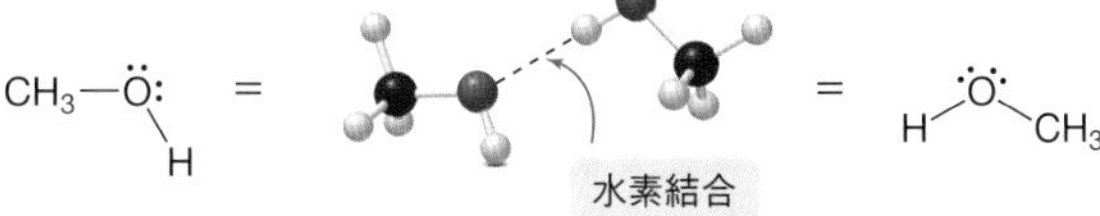

その結果として，アルコールは次のような性質をもつ．

- アルコールは分子量と形状が類似した炭化水素に比べて，高い沸点と融点をもつ．

$CH_3CH_2CH_2CH_3$	$CH_3CH_2CH_2OH$
ブタン	1-プロパノール
融点 −138 °C	融点 −127 °C
沸点 −0.5 °C	沸点 97 °C

分子間力が強いほど，融点や沸点は高い

§1・6B で学んだように，アルコールの溶解特性は，溶解性を支配する一般的な原理である“同類は同類を溶かす”によって説明される．

- アルコールは有機溶媒に溶ける．
- 低分子量のアルコール（炭素原子が 6 個より少ないアルコール）は水に溶ける．
- 比較的分子量の大きなアルコール（炭素原子が 6 個以上のアルコール）は水には溶けない．

たとえば，エタノール CH_3CH_2OH と 1-オクタノール $CH_3(CH_2)_7OH$ はいずれも有機溶媒に溶ける．しかし，エタノールは水に溶けるが，1-オクタノールは溶けない．

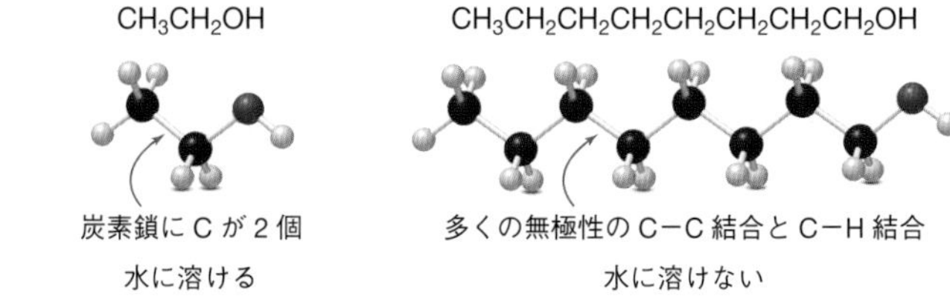

問題 4・2　次のそれぞれの組の化合物のうち，より沸点の高いものはどちらか．

(a) シクロヘキサン環–OH　と　シクロヘキサン環–CH_3　　(b) $(CH_3)_3C—OH$　と　$(CH_3)_4C$

4・3 アルコールの命名法

IUPAC 命名法では，アルコールは接尾語“オール（-ol）”によって識別される．

How To　IUPAC 命名法によりアルコールを命名する方法

例　次のアルコールの IUPAC 名を示せ．

$CH_3CH(CH_3)CH_2CH(OH)CH_2CH_3$

段階 1　OH 基が結合した炭素原子を含む最長の炭素鎖を見つける．

$CH_3CH(CH_3)CH_2CH(OH)CH_2CH_3$

最長の炭素鎖に 6 個の C

ヘキサン（hexane）　---▸　ヘキサノール（hexanol）

- 母体となるアルカンの語尾“ン (-e)”を接尾語“オール (-ol)”に変換する．

段階 2　OH 基にできるだけ小さい番号がつくように，炭素鎖を構成する原子に番号をつける．命名法の他のすべての規則を適用する．

(a) 炭素鎖に番号をつける．

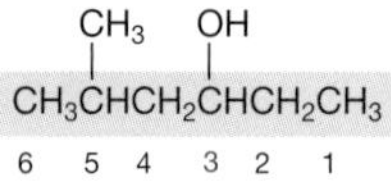

- OH 基が C4 ではなく C3 の位置になるように，炭素鎖に番号をつける．

3-ヘキサノール（3-hexanol）

(b) 置換基を命名し，番号をつける．

C5 にメチル基（methyl）

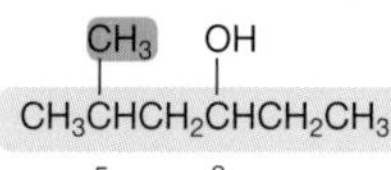

IUPAC 名は 5-メチル-3-ヘキサノール（5-methyl-3-hexanol）となる．

OH 基が環に結合しているときには，OH 基の位置から番号づけを開始する．なお，名称ではふつう“1”は省略される．つづいて，次の置換基により小さい番号がつくように，環の炭素に時計回りあるいは反時計回りに番号をつける．

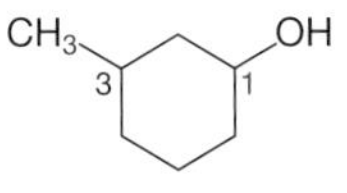

CH_3 / OH （3, 1）

3-メチルシクロヘキサノール
(3-methylcyclohexanol)

[OH 基を C1 に置く．第 2 の置換基 CH_3 により小さい番号をつける]

OH / CH_2CH_3 （1, 2）

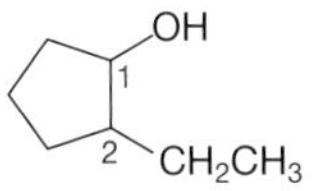

2-エチルシクロペンタノール
(2-ethylcyclopentanol)

[OH 基を C1 に置く．第 2 の置換基 CH_2CH_3 により小さい番号をつける]

簡単なアルコールに対しては，しばしば慣用名が用いられる．慣用名は次のように与えられる．

- 分子の炭素原子をすべて，単一のアルキル基として命名する．
- アルキル基の名称のあとに間隔をあけ，“アルコール（alcohol）”という語をつける．

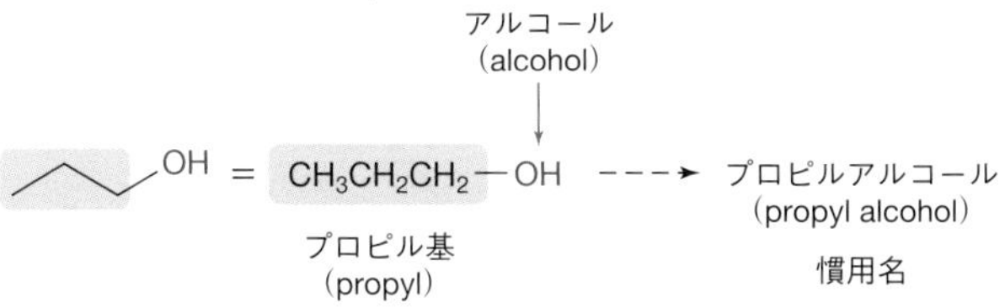

アルコール
(alcohol)

OH = $CH_3CH_2CH_2$—OH ---→ プロピルアルコール (propyl alcohol)

プロピル基
(propyl)

慣用名

二つのヒドロキシ基をもつ化合物を，IUPAC 名では**ジオール**，あるいは**グリコール**という．三つのヒドロキシ基をもつ化合物は**トリオール**であり，以下同様に続く．たとえば，ジオールを命名するには，母体となるアルカンの名称に接尾語“ジオール(-diol)”をつけ，番号を接頭語に用いて二つの OH 基の位置を示す．

ジオール diol
グリコール glycol
トリオール triol

$HOCH_2CH_2OH$

HO / OH

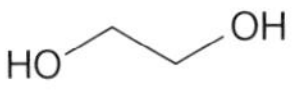

IUPAC 名：1,2-エタンジオール（1,2-ethanediol）
慣用名：エチレングリコール（ethylene glycol）

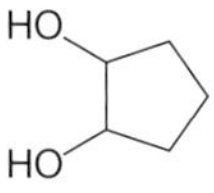

HO / HO

1,2-シクロペンタンジオール
(1,2-cyclopentanediol)

エチレングリコール $HOCH_2CH_2OH$ は不凍液に用いられている．この化合物は甘味をもつが，きわめて有毒である．また，エチレングリコールは，合成繊維を製造するための原材料となっている．

問題 4・3　次の化合物の IUPAC 名を示せ．

(a) $CH_3CH_2C(CH_3)_2CH_2CH_2OH$　(b) CH_3 / OH　(c) 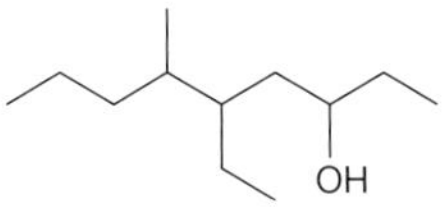 OH

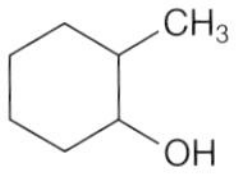

問題 4・4　次の名称に対応する構造式を書け．

(a) 5-メチル-4-プロピル-3-ヘプタノール（5-methyl-4-propyl-3-heptanol）
(b) 1,3-シクロヘキサンジオール（1,3-cyclohexanediol）

4・4 興味深いアルコール

最もよく知られたアルコールはエタノール CH_3CH_2OH である．**エタノール**（図 4・1）は穀物やブドウに含まれる炭水化物の発酵によって生成し，アルコール飲料中に存在するアルコールである．発酵には酵母菌が必要であり，この微生物によって炭水化物をアルコールに変換するために必要な酵素系が供給される．アルコールは少なくとも 4000 年も前から製造されているので，おそらくエタノールは人類によって合成された最初の有機化合物であろう．

エタノール ethanol

発　酵

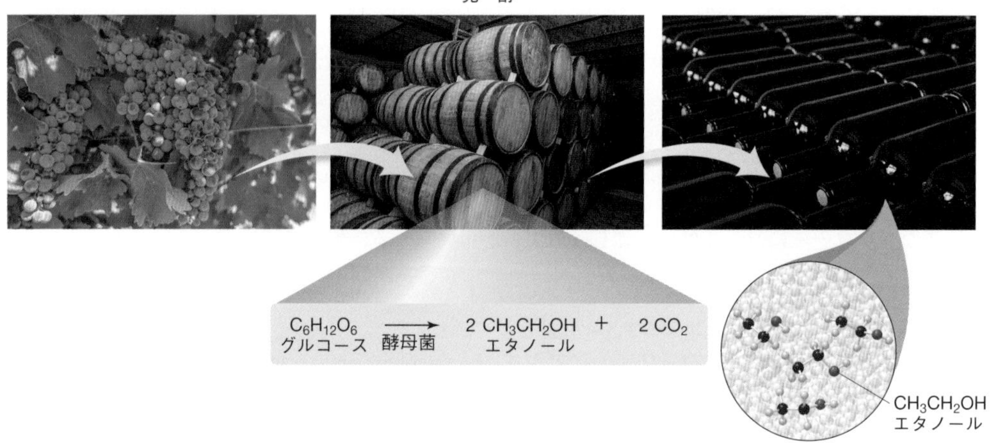

図 4・1　**エタノール：アルコール飲料中のアルコール．** ブドウの発酵によって得られる赤ワインに含まれるアルコールは，エタノールである．アルコール飲料はすべて，さまざまな比率のエタノールと水の混合物である．ビールは3～8%，ワインは10～14%，リキュール類は35～90%のエタノールを含んでいる．

またエタノールは，実験室における一般的な溶媒として用いられている．ふつう実験に用いるエタノールには，飲料に適さないように有毒なベンゼン C_6H_6 やメタノール CH_3OH が少量添加されている．さらにエタノールは，容易に燃焼して CO_2 と H_2O を生じるとともにエネルギーを放出するので，ガソリン添加剤として利用されている．図4・2には他の簡単なアルコールを示した．

図 4・2　**いくつかの簡単なアルコール**

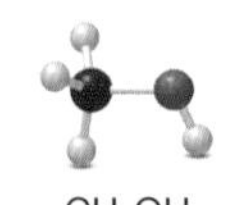
CH_3OH

・**メタノール**（CH_3OH）は有用な溶剤であり，またプラスチックを合成するための出発物質である．メタノールは肝臓における代謝の際に生成する酸化生成物のために，きわめて有毒である（§4・6）．わずか15 mL を摂取すると失明し，100 mL で死に至る．

$(CH_3)_2CHOH$

・**2-プロパノール**〔$(CH_3)_2CHOH$，イソプロピルアルコール〕は消毒用アルコールの主成分である．皮膚にこすりつけると容易に蒸発し，快適な清涼感が得られる．2-プロパノールは医療処置の前に皮膚をきれいにするために，また医療器具を殺菌するためにも用いられる．

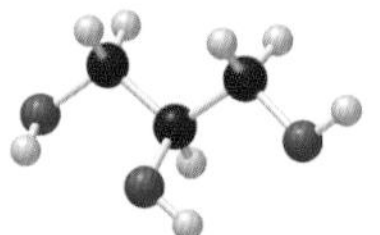
$HOCH_2CH(OH)CH_2OH$

・**グリセリン**〔$(HOCH_2)_2CHOH$〕はトリオールの一種であり，洗浄液，液状セッケン，ひげそり用クリームなどに用いられる．グリセリンは甘味をもち無毒なので，キャンディーやいくつかの調理食品の添加物になっている．三つのOH基が水と容易に水素結合を形成するため，これらの食品の水分を保持するためにも役立っている．

天然に存在する代表的な2種類のポリマーであるデンプンとセルロースは多数のOH基をもち，**炭水化物**という化合物群に属する．

デンプンは植物の種子や根にある主要な炭水化物である．人間が，たとえば小麦，米，ジャガイモなどを摂取すると，それらに含まれるデンプンは消費され簡単な糖である**グルコース**に加水分解される．**セルロース**は天然に最も多量に存在する有機物質であり，樹木の幹や植物の茎に硬さを与えている．木材，綿，麻はほとんどセルロースからなっている．セルロースも完全に加水分解するとグルコースを与えるが，デン

炭水化物 carbohydrate
デンプン starch
グルコース glucose
セルロース cellulose

プンとは異なって，人間はセルロースをグルコースに代謝することはできない．すなわち，人間はデンプンを消化できるが，セルロースを消化することはできない．

デンプンとセルロースの六員環は，§2・5A で述べたような，折れ曲がった“いす形”で描かれている．

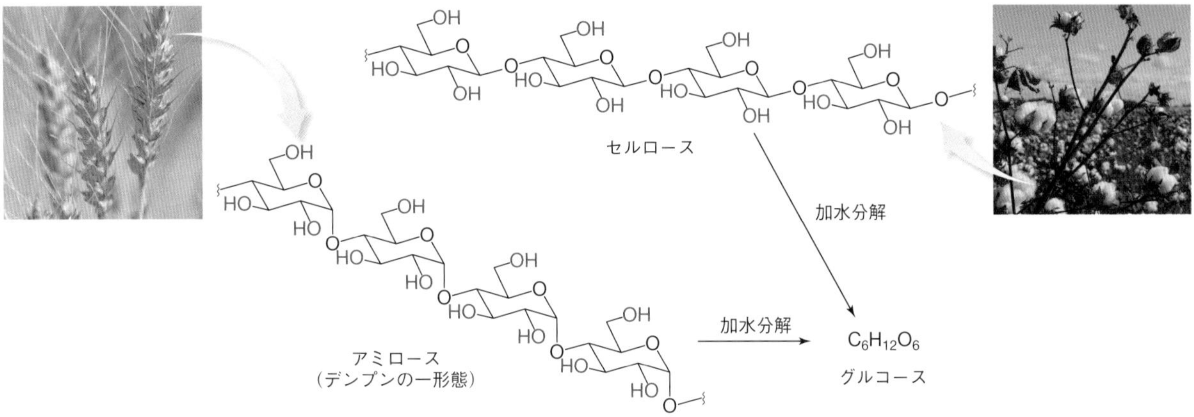

セルロース

加水分解

アミロース
（デンプンの一形態）

加水分解

$C_6H_{12}O_6$
グルコース

4・5 アルコールの反応

アルコールには二つの有用な反応がある．すなわち，脱水と酸化反応である．

4・5A 脱　水

アルコールを硫酸 H_2SO_4 のような強酸と反応させると，水 H_2O の構成単位が失われ，生成物としてアルケンが得られる．出発物質から H_2O が失われる反応を**脱水**という．脱水は隣接する二つの炭素原子上の結合，すなわち C−OH 結合と隣接の C−H 結合が開裂することによって起こる．

脱水 dehydration

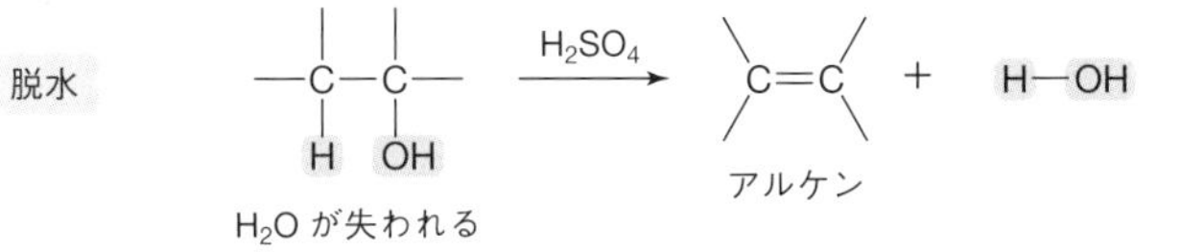

脱水

H_2SO_4

H_2O が失われる

アルケン

H−OH

脱水は，有機反応の一般的様式の一つである脱離反応とよばれる反応の例である．

• **出発物質の構成単位が失われ，新たに多重結合が形成される反応を脱離反応という．**

脱離反応 elimination reaction

たとえば，次式に示すように，エタノール CH_3CH_2OH の H_2SO_4 による脱水により，エチレン $CH_2{=}CH_2$ が生成する．脱水によって生成する化合物の構造式を書くには，二つの隣接する炭素原子からそれぞれ H と OH を除去し，これらの炭素原子の間に生成物の炭素−炭素二重結合を書けばよい．

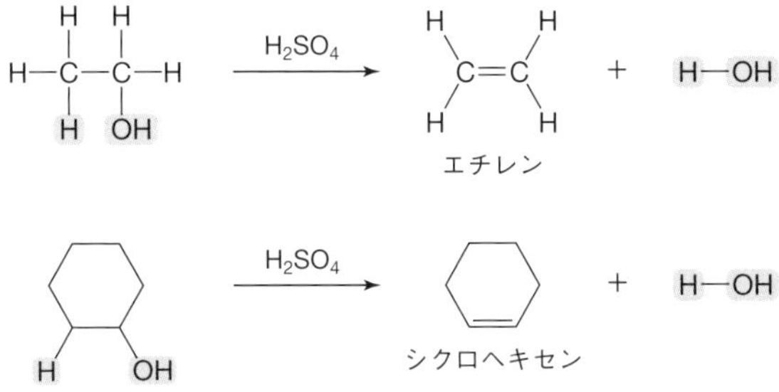

H_2SO_4

エチレン

H−OH

H_2SO_4

シクロヘキセン

H−OH

しばしば脱水の生成物として複数のアルケンが生成する場合がある．たとえば，

2-ブタノール $CH_3CH(OH)CH_2CH_3$ を出発物質とする脱水はそのような例である．H と OH が C1 と C2 から除去されると 1-ブテンが生成し，C3 と C2 から除去されると 2-ブテンが生成する．

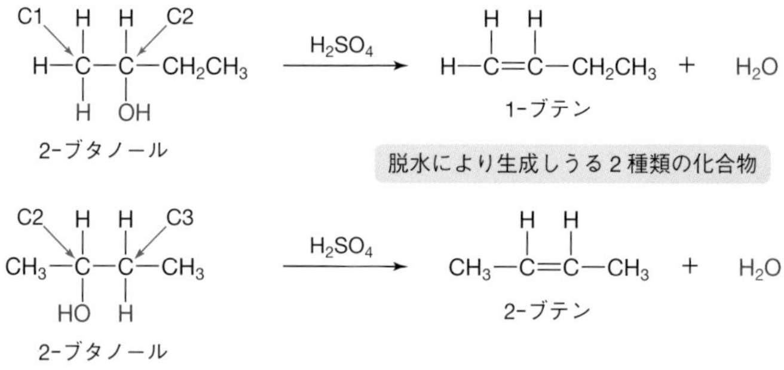

$$\text{H—C(H)(H)—C(H)(OH)—CH}_2\text{CH}_3 \xrightarrow{H_2SO_4} \text{H—C(H)=C(H)—CH}_2\text{CH}_3 + H_2O$$

2-ブタノール（C1, C2）→ 1-ブテン

脱水により生成しうる 2 種類の化合物

$$\text{CH}_3\text{—C(H)(OH)—C(H)(H)—CH}_3 \xrightarrow{H_2SO_4} \text{CH}_3\text{—C(H)=C(H)—CH}_3 + H_2O$$

2-ブタノール（C2, C3）→ 2-ブテン

このような場合，一般に両方の生成物が得られるものの，二重結合の炭素原子に，より多くのアルキル基が結合したアルケンが主生成物となる．したがって，上記の例では，2-ブテンの C=C には二つのアルキル基（二つの CH_3 基）が結合しており，一方 1-ブテンの C=C には一つのアルキル基（一つの CH_2CH_3 基）が結合しているだけであるから，2-ブテンが主生成物となる．

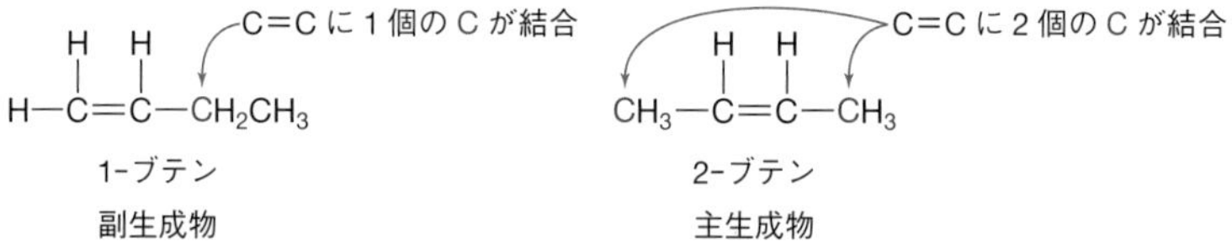

$\text{H—C(H)=C(H)—CH}_2\text{CH}_3$（C=C に 1 個の C が結合）
1-ブテン
副生成物

$\text{CH}_3\text{—C(H)=C(H)—CH}_3$（C=C に 2 個の C が結合）
2-ブテン
主生成物

セイチェフ則 Saytzeff rule

これは**セイチェフ則**とよばれる一般則の具体的な一つの例である．

- セイチェフ則によると，脱離反応の主生成物は，二重結合により多くのアルキル基が結合したアルケンである．

例題 4・2　脱水の生成物を書く

次のアルコールの脱水において，生成する可能性があるすべての化合物の構造式を示せ．また，どれが主生成物であるかを推定せよ．

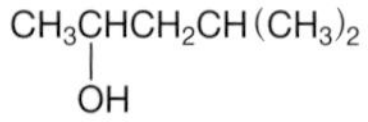

$$\text{CH}_3\text{CH(OH)CH}_2\text{CH(CH}_3)_2$$

解答　この問題の化合物では，OH 基をもつ炭素原子に結合した二つの異なる炭素が存在する．C1 と C2 から H と OH が脱離すると，4-メチル-1-ペンテンが生成する．一方，C3 と C2 から H と OH が脱離すると，4-メチル-2-ペンテンが生成する．4-メチル-2-ペンテンは C=C に結合した二つの炭素をもつが，4-メチル-1-ペンテンには C=C に結合した炭素はただ一つしかない．したがって，主生成物は 4-メチル-2-ペンテンと推定される．

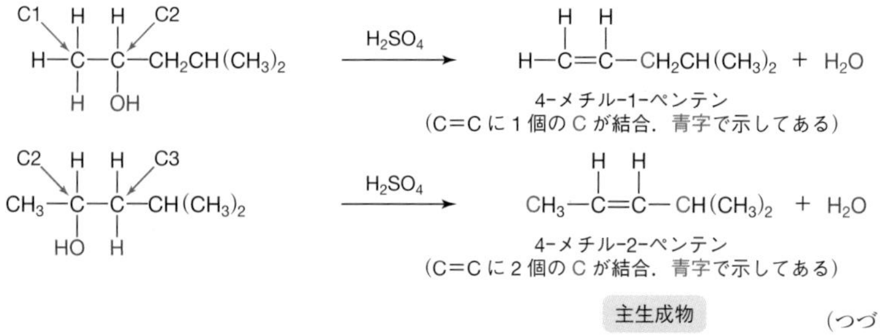

$$\text{H—C(H)(H)—C(H)(OH)—CH}_2\text{CH(CH}_3)_2 \xrightarrow{H_2SO_4} \text{H—C(H)=C(H)—CH}_2\text{CH(CH}_3)_2 + H_2O$$

（C1, C2）4-メチル-1-ペンテン
（C=C に 1 個の C が結合．青字で示してある）

$$\text{CH}_3\text{—C(H)(OH)—C(H)(H)—CH(CH}_3)_2 \xrightarrow{H_2SO_4} \text{CH}_3\text{—C(H)=C(H)—CH(CH}_3)_2 + H_2O$$

（C2, C3）4-メチル-2-ペンテン
（C=C に 2 個の C が結合．青字で示してある）

主生成物

（つづく）

練習問題 4・2 次のそれぞれのアルコールを H_2SO_4 により脱水したとき，生成する化合物の構造式を書け．また複数のアルケンが生成する場合は，セイチェフ則を用いて主生成物を予測せよ．

(a) C_6H_5—CH_2CH_2OH (b) CH_3—C(CH_3)(OH)—CH_2CH_3 (c) 1-メチルシクロヘキサノール（シクロヘキサン環上の C に CH_3 と OH）

4・5B 酸 化 反 応

§2・8で学んだように，反応物と生成物のC−H結合とC−O結合の相対的な数を比較することにより，有機化合物が酸化されたかどうかを判定できることを思い出そう．

- **酸化が起こると，C−O結合数が増加するか，あるいはC−H結合数が減少する．**

すなわち，図4・3に CH_4 について示すように，有機化合物ではC−H結合をC−O結合で置き換えることによって，酸化の進行を表すことができる．燃焼反応でみられるように，CH_4 のようなアルカンが完全に酸化されると，すべてのC−H結合はC−O結合に変換され，CO_2 が生成する．なお，有機化学ではしばしば，酸化を示すために記号 [O] を用いる．

$$CH_4 \xrightarrow{[O]} CH_3OH \xrightarrow{[O]} H_2C{=}O \xrightarrow{[O]} HCOOH \xrightarrow{[O]} O{=}C{=}O$$

	CH_4	CH_3OH	$H_2C{=}O$	$HCOOH$	$O{=}C{=}O$
C−H結合	4	3	2	1	0
C−O結合	0	1	2	3	4

C−O結合数が増加 →

図 4・3 **有機化合物の酸化における一般的な図式**

アルコールは，アルコールの種類と反応剤に依存して，さまざまな化合物に酸化される．酸化が起こるとOH基をもつ炭素上のC−H結合が，C−O結合によって置換される．アルコールを出発物質とするすべての酸化生成物には，カルボニル基C=Oが含まれる．

アルコール（—C(H)(O—H)—） $\xrightarrow{[O]}$ カルボニル化合物（C=O）

二つの結合が開裂する

新たなC−O結合が形成される

アルコールの酸化に用いられる一般的な反応剤は，二クロム酸カリウム $K_2Cr_2O_7$ である．アルコールの酸化に伴って，この反応剤は緑色の Cr^{3+} 生成物に変換される．このように，この酸化反応には，特徴的な色調の変化が伴う．なお，酸化にはさまざまな反応剤が用いられるので，本書では一般的な記号 [O] を用いて，酸化を表すことにする．

- **第一級アルコールはまず，二つのC−H結合のうちの一つがC−O結合に置き換わることによって，アルデヒドRCHOに酸化される．つづいて，アルデヒドはさらにC−H結合がC−O結合に置き換わることによってカルボン酸RCOOHに酸化される．**

二クロム酸カリウム $K_2Cr_2O_7$ は赤橙色の固体であり，アルコールや他の有機化合物の酸化に用いられる．

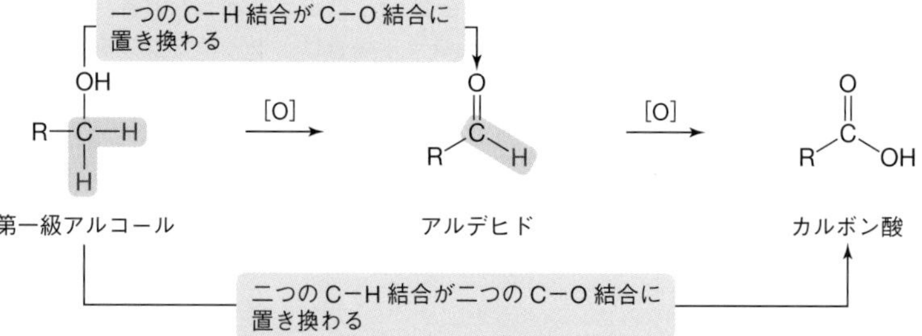

たとえば，エタノールの一つの C−H 結合が酸化されると，アセトアルデヒドが生成する. アセトアルデヒドはまだカルボニル炭素上に水素原子をもつので，この C−H 結合が C−O 結合に変換されることによって酢酸，すなわち三つの C−O 結合をもつカルボン酸が生成する.

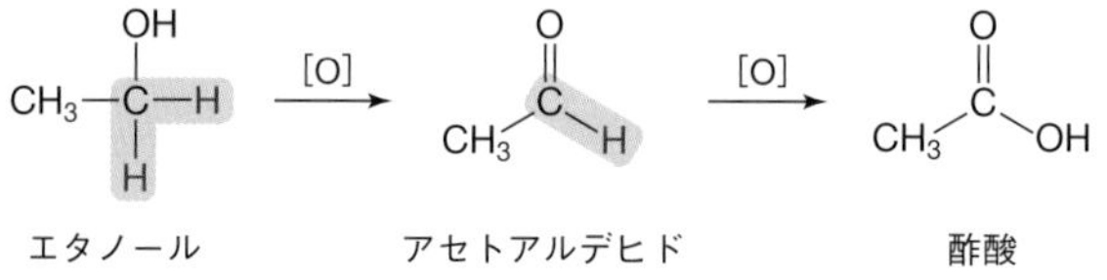

CH_3CH_2OH —[O]→ CH_3CHO —[O]→ CH_3COOH

エタノール　　アセトアルデヒド　　酢酸

• 第二級アルコールは，一つの C−H 結合が一つの C−O 結合に置き換わることによって，ケトン R_2CO に酸化される.

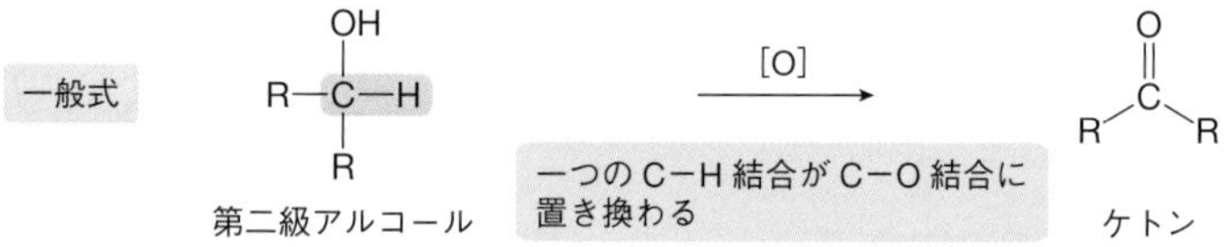

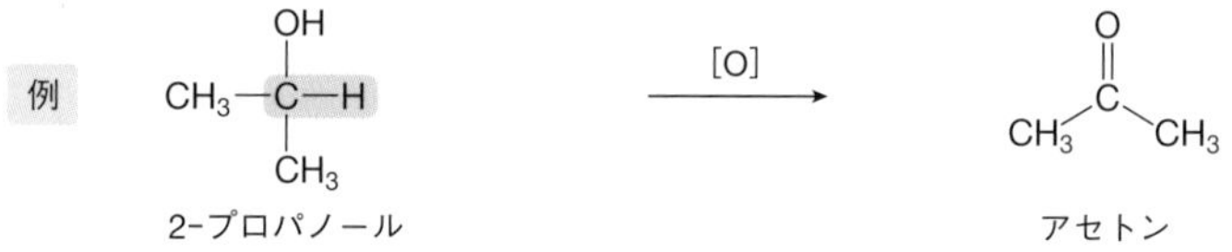

一般式　R_2CHOH（第二級アルコール）—[O]→ $R_2C{=}O$（ケトン）

一つの C−H 結合が C−O 結合に置き換わる

例　$(CH_3)_2CHOH$（2-プロパノール）—[O]→ $(CH_3)_2C{=}O$（アセトン）

第二級アルコールでは OH 基をもつ炭素に結合した水素原子が一つしかないので，第二級アルコールは 1 種類の化合物，ケトンへ酸化されるだけである.

• 第三級アルコールは OH 基をもつ炭素上に水素原子をもたないので，酸化されない.

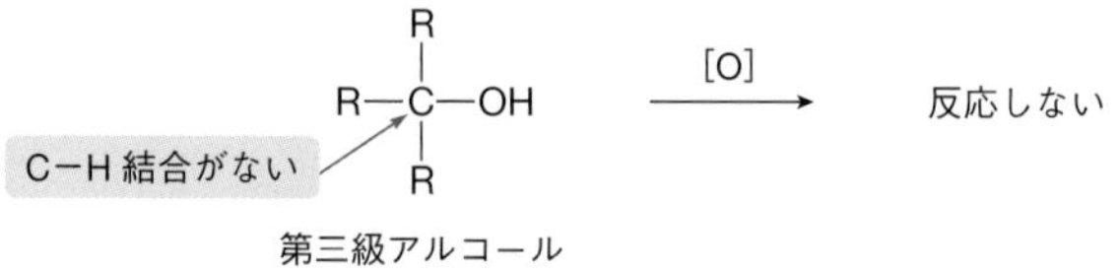

R_3COH（第三級アルコール）—[O]→ 反応しない

C−H 結合がない

例題 4・3　アルコールの酸化生成物を書く

次のそれぞれのアルコールを $K_2Cr_2O_7$ で酸化したとき，生成するカルボニル化合物の構造式を書け.

(a) 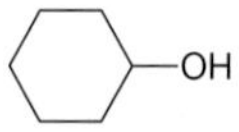 シクロヘキサノール（C_6H_{11}−OH）　(b) $CH_3CH_2CH_2CH_2OH$ 1-ブタノール

解答　(a) シクロヘキサノールは第二級アルコールである. OH 基に結合した炭素原子に

（つづく）

は水素原子が一つしかないので，それはケトン，すなわちシクロヘキサノンに酸化される．

(b) 1-ブタノールは第一級アルコールである．OH 基に結合した炭素原子に二つの水素原子をもつので，それはまずアルデヒドに酸化され，つづいてカルボン酸に酸化される．

練習問題 4・3　次のそれぞれのアルコールを $K_2Cr_2O_7$ で酸化したとき，生成する化合物の構造式を示せ．なお，反応が起こらない場合もある．

(a) $CH_3CHCH_2CH_2CH_3$（2位に OH）　(b)（1-メチルシクロヘキサノール，OH）

4・6 エタノール：最も乱用されている薬物

古来より人類は，心地よい味とそれが与える幸福感のために，アルコール飲料を摂取してきた．少量のアルコール飲料は社会的抑圧を減少させるので，私たちはそれを一種の興奮剤と考えるが，実際にはアルコール飲料に含まれるエタノール CH_3-CH_2OH は，中枢神経系の伝達を抑制する作用をもつ．アルコール飲料を慢性的にま

酸化と血中アルコール検査

二クロム酸カリウム $K_2Cr_2O_7$ による酸化には，特徴的な色調変化が観測される．すなわち，赤橙色のクロム酸反応剤が，酸化反応の進行に伴って緑色の Cr^{3+} 生成物へ還元される．この色調変化は，"酒気帯び運転"の疑いがある人の血中アルコール濃度を測定するために用いる最初の機器に利用された．アルコール飲料に含まれるエタノール CH_3CH_2OH は第一級アルコールであり，赤橙色の $K_2Cr_2O_7$ によって酸化すると，CH_3COOH と緑色の Cr^{3+} が生成する．

$$CH_3CH_2-OH + \underset{\text{赤橙色}}{K_2Cr_2O_7} \longrightarrow CH_3C(=O)OH + \underset{\text{緑色}}{Cr^{3+}}$$

エタノール "アルコール"　　酢酸

血中アルコール濃度は，検査対象の人に $K_2Cr_2O_7$ と不活性な固体を含む管の中へ息を吹き込ませることによって測定することができる．吐き出された息に含まれるアルコールは，クロム酸反応剤によって酸化され，管内を緑色に変える（右図）．息の中の CH_3CH_2OH の濃度が高いほど，より多くのクロム酸反応剤が還元されるため，試料管の緑色部分の長さがさらに下へと伸びる．この長さは血中アルコール濃度に換算され，その人が酒気帯び運転とされる基準値を超えたかどうかが判定される．

血中アルコール検査． CH_3CH_2OH を二クロム酸カリウム $K_2Cr_2O_7$ によって酸化し CH_3COOH と Cr^{3+} を得る反応は，呼気に含まれるアルコールの濃度の日常的な測定方法として最初に用いられた反応である．日本では，運転者の呼気 1 L 中のアルコール濃度が 0.15 mg を超えると，"酒気帯び運転"とみなされる．

たは過剰に消費することは，おもに健康の，また社会的な危機となるため，エタノールは最も広く乱用されている薬物といえる．ある推定によると，アルコール中毒者はヘロイン中毒者の40倍も多いとされている．

エタノールが摂取されると，それは胃と小腸で速やかに吸収され，すぐに血流によって他の器官に運ばれる．エタノールは肝臓において，2段階の酸化過程によって代謝される．生体ではこれらの酸化過程は，高分子量の酵素であるアルコールデヒドロゲナーゼとアルデヒドデヒドロゲナーゼ，および**補酵素**とよばれる小さい分子によって行われる．

補酵素 coenzyme

生体におけるエタノールの酸化生成物は，実験室において生成する化合物と同じである．第一級アルコールであるエタノールが摂取されると，それは肝臓においてまずアセトアルデヒドに酸化され，つづいて酢酸に酸化される．

$$CH_3CH_2{-}OH \xrightarrow[\text{アルコールデヒドロゲナーゼ}]{[O]} CH_3{-}C({=}O){-}H \xrightarrow[\text{アルデヒドデヒドロゲナーゼ}]{[O]} CH_3{-}C({=}O){-}OH$$

エタノール　　アセトアルデヒド　　酢酸

一定の時間内に代謝できるよりも多量のエタノールが摂取されたときには，アセトアルデヒドの濃度が上昇する．この有毒化合物が不快な気分をひき起こし，二日酔いの原因となる．

メタノール CH_3OH（§4・4）が有毒であるのは，エタノールと同じ酸化反応が起こるためである．メタノールが酵素によって酸化されると，ホルムアルデヒドとギ酸が生成する．これらの酸化生成物はいずれも，生体がさらに代謝できないため，きわめて有毒である．その結果として，血液のpHが低下し，失明や死に至る可能性もある．

$$CH_3{-}OH \xrightarrow[\text{アルコールデヒドロゲナーゼ}]{[O]} H{-}C({=}O){-}H \xrightarrow[\text{アルデヒドデヒドロゲナーゼ}]{[O]} H{-}C({=}O){-}OH$$

メタノール　　ホルムアルデヒド　　ギ酸

酵素はメタノールよりもエタノールに対してより高い親和性をもつので，メタノール中毒患者の治療にはエタノールが投与される．患者の代謝系にメタノールとエタノールがあると，酵素はエタノールとより容易に反応するため，メタノールはその有毒な酸化生成物を与えることなく，変化せずに排泄されることになる．

アンタビュース（antabuse）はアルコール飲料を消費させないためにアルコール中毒者に投与される薬剤であり，エタノールの正常な酸化過程を妨害することによって作用する．アンタビュースはアセトアルデヒドが酢酸へ酸化される過程を阻害する．エタノール代謝における最初の段階は起こるが第二段階が起こらないため，アセトアルデヒドの濃度が上昇し，ひどく気分が悪くなる．

$$(CH_3CH_2)_2N{-}C({=}S){-}S{-}S{-}C({=}S){-}N(CH_2CH_3)_2$$

アンタビュース

健康における飲酒の効果

飲酒には短期間の効果と長期間の効果の二つがある．少量では，めまいや立ちくらみをひき起こし，量が増えると，情緒が不安定となり，記憶が喪失し，協調性が失われる．さらに血中アルコール濃度が高まると，昏睡状態や死に至ることもある．

エタノールは多くの器官に影響を及ぼす．エタノールは血管を拡張させ，さらに尿の量を増加させ，胃液の分泌を刺激する．習慣的な過度の飲酒は心臓を損傷させ，肝硬変をひき起こすことがある．肝硬変は肝臓が損傷を受けてその機能を失う疾病であり，不治の致命的な病気である．

妊娠中の飲酒は推奨されない．胎児の肝臓はエタノールを代謝する酵素系をもっていないので，妊婦が摂取したアルコールは胎盤を通過し，胎児にさまざまな異常性をひき起こす可能性がある．妊娠中に習慣的な飲酒をしていた女性から生まれた幼児の疾患を，胎児性アルコール症候群という．胎児性アルコール症候群をもつ幼児は知的障害があり，発育が遅れ，また顔に異常性をもつ．適度な量の飲酒でさえ，妊娠中は胎児に悪い影響を与える可能性がある．

4・7 エーテルの構造と性質

酸素原子に結合した二つのアルキル基をもつ有機化合物を**エーテル**という．これら二つのアルキル基は同一でもよく，異なっていてもよい．

エーテル ether

R—Ö—R（エーテル）　　CH_3CH_2—Ö—CH_2CH_3　　$CH_3CH_2CH_2$—Ö—CH_2CH_3

アルキル基が同一　　アルキル基が異なる

エーテルの酸素原子は 2 個の炭素原子と二つの非共有電子対によって取囲まれており，このため酸素原子は H_2O の酸素のように，屈曲形となる．C−O−C 結合角は，正四面体角 109.5° に近い値である．

CH_3—Ö—CH_3 ＝ 109.5°

ジメチルエーテル　　屈曲形

エーテル酸素は環内に含まれる場合もある．ヘテロ原子を含む環を**複素環**という．エーテルが三員環の一部であるとき，このエーテルを**エポキシド**という．

複素環 heterocycle，ヘテロ環ともいう

エポキシド epoxide

エポキシド　＝　エーテル酸素原子を含む三員環

天然にはエーテル酸素を含む複素環をもつ多くの化合物が存在する．たとえば，雌のマイマイガの性フェロモンである**ジスパルア**はエポキシドであり，このガの幼虫の広がりを抑制するために用いられている．この害虫は街路樹や果実をつけた樹木の葉を食べることによって，周期的に森林を荒廃させる．また，**ヘミブレベトキシン B** は 4 個のエーテル酸素をもつ複雑な構造をもつ神経毒である．この化合物は，増殖した藻類による海水の色から“赤潮”とよばれる異常発生した藻類によって生成される．

ジスパルア disparlure

ヘミブレベトキシン B hemibrevetoxin B

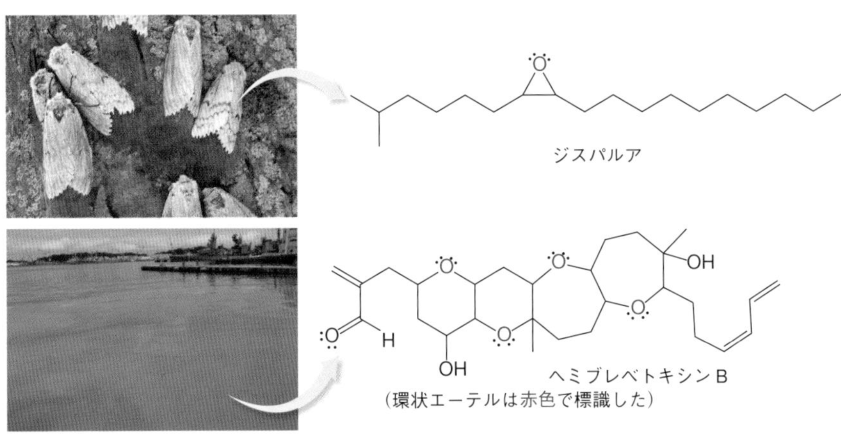

（環状エーテルは赤色で標識した）

赤潮の際に捕獲された貝類や甲殻類は，高濃度の神経毒を含む可能性があるので，人間の食用には適さない．

問題 4・5　分子式 $C_4H_{10}O$ をもち，エーテル酸素を含む 3 種類の構造異性体の構造式を書け．

4・7A 物理的性質

酸素は炭素よりも電気陰性であるから，エーテルの C−O 結合はいずれも極性である．エーテルは二つの極性共有結合をもち屈曲形であるので，正味の双極子をもつ．この点で，エーテルはアルコールと類似している．

$CH_3-\ddot{O}-CH_3$　正味の双極子　二つの極性結合

しかしエーテルはアルコールとは異なり，酸素に結合した水素原子をもたないので，二つのエーテル分子は互いに分子間で水素結合を形成することはできない．このため，エーテル分子間に働く分子間力は，アルカンよりも強く，アルコールよりも弱い．この結果，エーテルは次のような性質をもつ．

- エーテルは分子量と形状が類似した炭化水素よりも，高い融点と沸点をもつ．
- エーテルは分子量と形状が類似したアルコールよりも，低い沸点と融点をもつ．

$CH_3CH_2CH_2CH_3$	$CH_3OCH_2CH_3$	$CH_3CH_2CH_2OH$
ブタン	エチルメチルエーテル	1-プロパノール
沸点 −0.5 °C	沸点 11 °C	沸点 97 °C

沸点が上昇 →

すべてのエーテルは有機溶媒に溶ける．また，アルコールと同様に，低分子量のエーテルは水に溶ける．これは，エーテルの酸素原子が，水の水素原子の一つと水素結合を形成できるからである．エーテルのアルキル基が総数で 5 個以上の炭素原子をもつ場合には，分子の無極性部分があまりに大きいので，そのエーテルは水には溶けない．

$CH_3-\ddot{O}-CH_3$ =
ジメチルエーテル

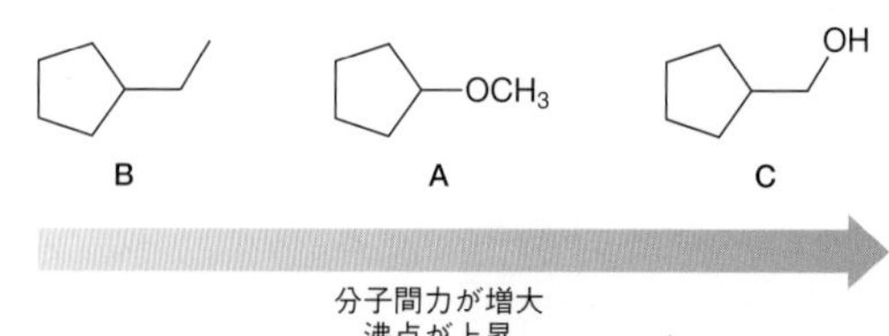

例題 4・4 アルコール，エーテル，アルカンの相対的な沸点を判定する

次の三つの化合物を，沸点が最も低いものから高いものへと順に並べよ．

A: シクロペンチル−OCH_3　B: エチルシクロペンタン　C: シクロペンチル−CH_2OH

解答　分子間力の強さを判定するためには，官能基を見ればよい．分子間力が強いほど，その物質の沸点は高い．

B は無極性の C−C 結合と C−H 結合からなるアルカンであるため，分子間力は最も弱く，したがって沸点は最も低い．**C** はアルコールであり分子間で水素結合を形成できるため，分子間力は最も強く，したがって沸点は最も高い．**A** はエーテルであり正味の双極子をもつが，分子間で水素結合を形成することはできない．このため，**A** は中間的な強さの分子間力をもち，沸点は **B** と **C** の中間となる．

B → A → C

分子間力が増大
沸点が上昇

練習問題 4・4　次のそれぞれの組の化合物のうち，沸点が高いものはどちらか．

(a) $CH_3(CH_2)_6OH$　と　$CH_3(CH_2)_5OCH_3$
(b) $CH_3(CH_2)_5OCH_3$　と　CH_3OCH_3

問題 4・6 次のエーテルを，水に可溶あるいは不溶に分類せよ．

(a) $CH_3CH_2—O—CH_3$ (b) [デカリン骨格に OCH_3 が結合した構造]

4・7B エーテルの命名法

一般に，簡単なエーテルには慣用名が用いられる．エーテルの慣用名は，酸素に結合した二つのアルキル基を命名し，これらをアルファベット順に並べ，“エーテル (ether)”という語をつける．同一のアルキル基をもつエーテルでは，アルキル基を命名し，それに接頭語“ジ (di-)”をつける．

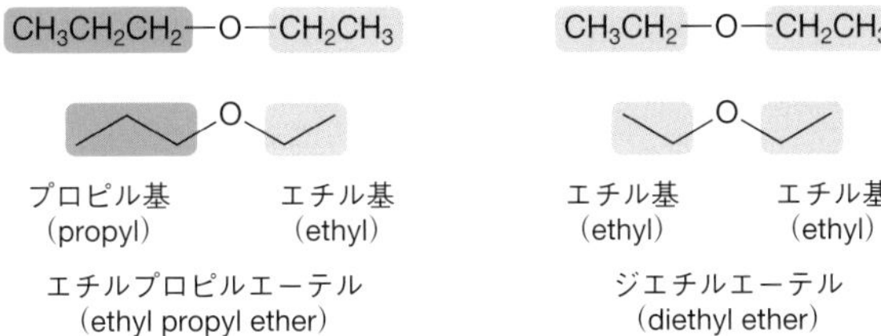

より複雑なエーテルは，IUPAC 命名法を用いて命名する．IUPAC 命名法では，アルキル基の一方を炭化水素鎖として命名し，他方はその鎖に結合した置換基として命名する．

- エーテル酸素に結合した二つのアルキル基のうち，より簡単なアルキル基をアルコキシ基 (alkoxy group)，すなわち酸素原子が結合したアルキル基として命名する．アルコキシ基は，アルキル基の語尾イル“(-yl)”をオキシ“(-oxy)”に変えることによって命名する．

$CH_3O—$ メトキシ基 (methoxy)　　$CH_3CH_2O—$ エトキシ基 (ethoxy)

- 残ったアルキル基は，上記のアルコキシ基が，置換基として炭素鎖に結合したアルカンとして命名する．

麻酔薬としてのエーテル

一般的な麻酔薬は，脳の神経伝達を妨害することによって，痛みの意識と感覚を失わせる薬剤である．1846 年，ボストンにおいて歯科医師のモートン (William Morton) が行った手術により，ジエチルエーテル $CH_3CH_2OCH_2CH_3$ が麻酔薬として有用であることが広く知られることとなった．それまでは，患者が手術における激しい痛みを我慢するには，過剰のアルコールを飲ませたり，頭に一撃を加えることによって患者の意識を失わせるといった方法が用いられていた．ジエチルエーテルは不完全な麻酔薬ではあったが，当時における代替の方法のことを考えると，それは革命的なものであった．

ジエチルエーテルは安全で容易に投与でき，患者の死亡率も低かったが，それはきわめて可燃性が高く，また多くの患者に吐き気をひき起こした．これらの理由によって，現在ではジエチルエーテルの代替物が広く用いられている．これらの新しい一般的な麻酔薬の多くもまたエーテルであるが，それらは患者にほとんど不快感を与えない．例として，イソフルランやエンフルランがある．エーテルの水素原子のいくつかをハロゲンによって置き換えることによって，類似の麻酔作用をもち，可燃性が減少した化合物が得られることになった．

$CHF_2—O—CHCl—CF_3$
イソフルラン

$CHF_2—O—CF_2—CHClF$
エンフルラン

例題 4・5　エーテルを命名する

次のエーテルの IUPAC 名を示せ．

$$\begin{array}{l}CH_3CH_2CH_2CH_2CHCH_2CH_2CH_3 \\ \qquad\qquad\qquad\quad | \\ \qquad\qquad\qquad OCH_2CH_3\end{array}$$

解答

[1] 酸素原子に結合した二つの置換基のうち，より長い炭素鎖をアルカンとして命名し，短い方をアルコキシ基として命名する．

$$\begin{array}{l}CH_3CH_2CH_2CH_2CHCH_2CH_2CH_3 \\ \qquad\qquad\qquad\quad | \\ \qquad\qquad\qquad OCH_2CH_3\end{array}$$

エトキシ基（ethoxy）

8 個の C - - -➤ オクタン（octane）

[2] 命名法の他のすべての規則を適用し，名称を完成させる．

$$\begin{array}{l}\qquad\qquad\quad\ 4 \qquad\quad\ \ 1 \\ CH_3CH_2CH_2CH_2CHCH_2CH_2CH_3 \\ \qquad\qquad\qquad\quad | \\ \qquad\qquad\qquad OCH_2CH_3\end{array}$$

答　4-エトキシオクタン（4-ethoxyoctane）

練習問題 4・5　次のエーテルを命名せよ．

(a) $CH_3—O—CH_2CH_2CH_2CH_3$　(b) シクロヘキサン環に OCH_3 が結合した構造

問題 4・7　次の名称に対応する構造式を書け．

(a) エチルプロピルエーテル（ethyl propyl ether）

(b) 3-エトキシヘキサン（3-ethoxyhexane）

4・8 ハロゲン化アルキル

ハロゲン化アルキルは正四面体形の炭素原子に結合したハロゲン原子 X（X = F, Cl, Br, I）をもつ有機化合物である．ハロゲン化アルキルは，ハロゲンをもつ炭素原子に結合した炭素の数によって，第一級，第二級，第三級に分類される．

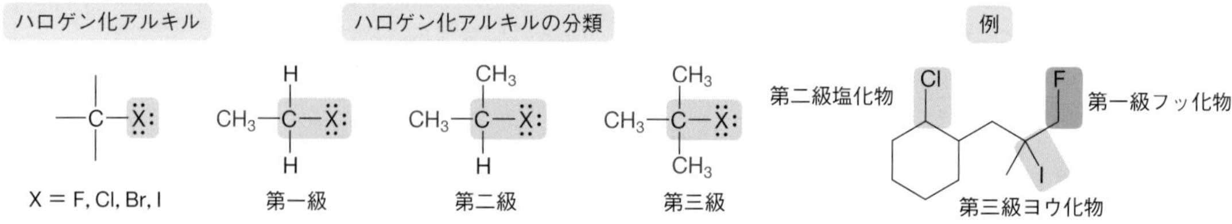

ハロゲン化アルキルの一般的な分子式は $C_nH_{2n+1}X$ であり，形式的には水素原子をハロゲン原子で置換することによって，アルカンから誘導される．また，ハロゲン化アルキルはハロゲン化反応によって，アルカンから合成される．

- ハロゲンをもつ炭素に，1 個の炭素が結合したハロゲン化アルキルを第一級ハロゲン化アルキルという．
- ハロゲンをもつ炭素に，2 個の炭素が結合したハロゲン化アルキルを第二級ハロゲン化アルキルという．
- ハロゲンをもつ炭素に，3 個の炭素が結合したハロゲン化アルキルを第三級ハロゲン化アルキルという．

問題 4・8　次のハロゲン化アルキルを第一級，第二級，第三級のいずれかに分類せよ．

(a) $CH_3CH_2CH_2CH_2CH_2Br$　(b) シクロヘキサン環の同一炭素に CH_3 と F が結合した構造　(c) $CH_3—C(CH_3)_2—CH(Cl)CH_3$

4・8A　物理的性質

ハロゲン化アルキルは極性の C−X 結合をもつ．しかし，ハロゲン化アルキルの水素原子はすべて炭素に結合しているため，分子間で水素結合を形成することはできない．ハロゲン原子を1個もつハロゲン化アルキルは正味の双極子をもつため，極性分子である．その結果，それらは炭素数が同じアルカンよりも，高い融点と沸点をもつ．

極性結合

X = F, Cl, Br, I

正味の双極子

δ+ δ−

アルキル基とハロゲンの大きさもまた，ハロゲン化アルキルの物理的性質に影響を与える．

- アルキル基の大きさが増大するとともに，分子の表面積が増大するため，ハロゲン化アルキルの沸点と融点も上昇する．
- ハロゲン原子の大きさが増大するとともに，ハロゲン化アルキルの沸点と融点も上昇する．

たとえば，$CH_3CH_2CH_2Cl$ は CH_3CH_2Cl よりも炭素数が一つ多く，そのため大きな表面積をもつので，より沸点が高い．また，$CH_3CH_2CH_2Br$ は $CH_3CH_2CH_2Cl$ よりも沸点が高い．これは，周期表において Br は Cl と同じ列の下方にあり，大きさがより大きいためである．

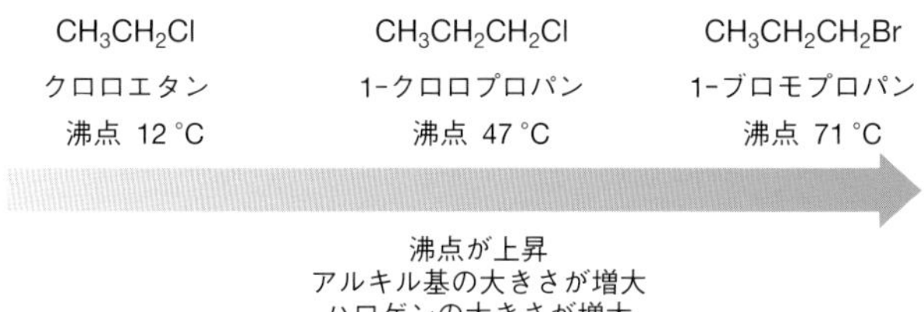

ハロゲン化アルキルは水素結合を形成することができないので，大きさに関係なく水には溶解しない．

4・8B ハロゲン化アルキルの命名法

IUPAC 命名法では，ハロゲン化アルキルはハロゲン置換基をもつアルカン，すなわちハロアルカン（haloalkane）として命名する．ハロゲン置換基を命名するには，ハロゲンの名称の語尾 "-ine" を接尾語 "-o" に変換する．たとえば，塩素 Cl の chlorine は chloro となる．日本語名では，F, Cl, Br, I はそれぞれ，フルオロ，クロロ，ブロモ，ヨードとなる．

How To IUPAC 命名法によりハロゲン化アルキルを命名する方法

例　次のハロゲン化アルキルの IUPAC 名を示せ．

$CH_3CH_2CH(CH_3)CH_2CH_2CH(Cl)CH_3$

段階 1　ハロゲンが結合した炭素原子を含む母体炭素鎖を見つける．

$CH_3CH_2CH(CH_3)CH_2CH_2CH(Cl)CH_3$

最長の炭素鎖に 7 個の C

7 個の C ---> ヘプタン (heptane)

- ハロゲンを最長の炭素鎖に結合した置換基とみなし，母体と

（つづく）

なる炭素鎖をアルカンとして命名する．

段階 2　命名法の他のすべての規則を適用する．

(a) 炭素鎖に番号をつける．

$$\underset{7\ \ 6\ \ 5\ \ 4\ \ 3\ \ 2\ \ 1}{CH_3CH_2\overset{CH_3}{\overset{|}{C}}HCH_2CH_2\overset{Cl}{\overset{|}{C}}HCH_3}$$

• 最初の置換基（アルキル基あるいはハロゲン）に最も近い末端から炭素鎖に番号をつける．

(b) 置換基を命名し，番号をつける．

C5 にメチル基（methyl）　C2 にクロロ基（chloro）

$$CH_3CH_2\underset{5}{\overset{CH_3}{\overset{|}{C}}}HCH_2CH_2\underset{2}{\overset{Cl}{\overset{|}{C}}}HCH_3$$

(c) 置換基をアルファベット順に並べる．chloro の c が methyl の m よりも先にあるので，chloro が先行する．

IUPAC 名は 2-クロロ-5-メチルヘプタン（2-chloro-5-methylheptane）となる．

ハロゲン化アルキルに対する慣用名は，簡単なハロゲン化アルキルに対してだけに用いられる．慣用名をつけるには，まず分子の炭素原子をすべてアルキル基として命名する．つづいてハロゲンを，ハロゲンの名称の語尾 “-ine” を接尾語 “-ide” に変化させることによって命名する．たとえば，臭素 Br の bromine は bromide となる．日本語名では，まずハロゲンをフッ化，塩化，臭化，ヨウ化とよび，それにアルキル基の名称を続ける．

$CH_3CH_2—Cl$ ＝ エチル基 (ethyl) ＋ Cl　塩素 (chlorine) → 塩化 (chloride)

慣用名：塩化エチル（ethyl chloride）

問題 4・9　次の化合物の IUAPC 名を示せ．

(a) $CH_3\underset{Br}{\underset{|}{C}}HCH_2CH_2CH_2CH_3$　(b) 2位に CH_3，1位に Br をもつシクロヘキサン

問題 4・10　次の名称に対応する構造式を示せ．

(a) 3-クロロ-2-メチルヘキサン（3-chloro-2-methylhexane）

(b) 4-エチル-5-ヨード-2,2-ジメチルオクタン（4-ethyl-5-iodo-2,2-dimethyloctane）

4・8C　興味深いハロゲン化アルキル

簡単なハロゲン化アルキルには，優れた溶媒として用いられているものが多い．これはそれらが難燃性であり，さまざまな有機化合物を溶かすからである．この種の代表的な二つの化合物は，クロロホルム（あるいはトリクロロメタン）$CHCl_3$ と，四塩化炭素（あるいはテトラクロロメタン）CCl_4 である．これらの溶媒は毎年，工業的に大量に製造されているが，塩素化された多くの有機化合物と同様に，クロロホルムと四塩化炭素はいずれも，吸引あるいは摂取すると有毒である．図 4・4 には他の二つの簡単なハロゲン化アルキルを示した．

図 4・4　二つの簡単なハロゲン化アルキル

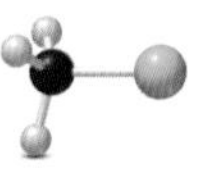

CH_3Cl

クロロメタン CH_3Cl は昆布や藻類によって生産され，またハワイのキラウエアのような火山の噴火物にもみられる．大気に含まれるほとんどすべてのクロロメタンは，このような天然起源のものである．

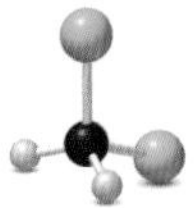

CH_2Cl_2

ジクロロメタン（あるいは塩化メチレン）CH_2Cl_2 は重要な溶媒であり，かつてはコーヒーからカフェインを取除くために用いられた．しかし，コーヒー中に残留する微量の CH_2Cl_2 が害を与える可能性が懸念されることから，現在では，コーヒーの脱カフェイン化には液体 CO_2 が用いられている．しかし，その後のラットを用いた研究によって，動物が 1 日当たり，カフェインを除いたコーヒー 100,000 杯以上と同量の CH_2Cl_2 を摂取しても，がんは発生しないことが示されている．

ハロゲン化アルキルとオゾン層

多くのハロゲン化アルキルが有益な用途をもつことは明白である．しかし，クロロフルオロカーボンのように，環境に対して持続的な害をひき起こしている合成有機塩素化合物もある．**クロロフルオロカーボン**（chlorofluorocarbon，CFCと略記）は一般式 CF_xCl_{4-x} をもつ簡単なハロゲン化合物である．CFCの代表的な例として $CFCl_3$ と CF_2Cl_2 がある．

CFCは不活性で無毒であり，それらは冷却剤，溶媒，エアロゾル噴霧剤として用いられた．CFCは沸点が低く，水に溶けないので，容易に上層大気へと放出され，そこで太陽光によって分解される．この過程で，オゾン層を破壊することが示されている活性な反応中間体が発生する（右下図）．

上層大気に含まれるオゾン O_3 は生命にとって必須の役割をもつ．すなわちそれは，地球の表面を有害な紫外線から保護する障壁の役割を果たしているのである．この保護層におけるオゾン濃度の減少は，直ちに皮膚がんや白内障の増加など，いくつかの結果をひき起こすと考えられる．一方，長期的には，免疫応答の低下，植物の光合成に対する妨害効果，海洋の食物連鎖を支えるプランクトンの成長阻害などをもたらす．

このようなCFCの有害性の発見により，1980年代にはオゾン層の保護に関する国際的な取組みが行われ，CFCの製造および輸入が禁止された．

CFCに対して，2種類の新しい代替物が開発されている．一つは CF_3CHCl_2 のようなハイドロクロロフルオロカーボン（hydrochlorofluorocarbon，HCFCと略記）であり，もう一つは，FCH_2CH_3 のようなハイドロフルオロカーボン（hydrofluorocarbon，HFCと略記）である．これらの化合物はCFCと共通した多くの性質をもつが，上層大気に到達する前に容易に分解するため，オゾン層を破壊する効果は比較的小さい．

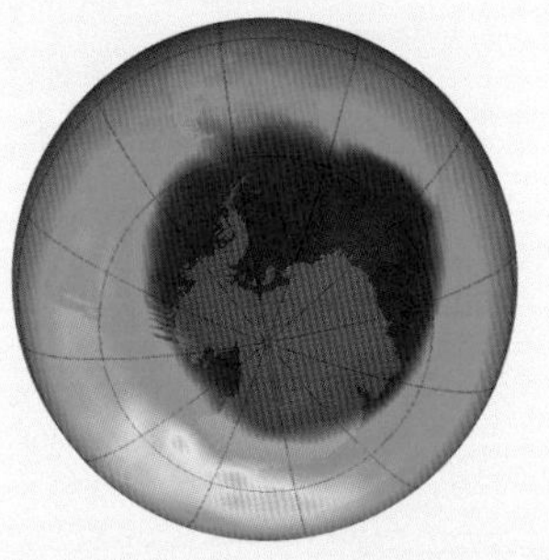

オゾン層の破壊は南極地域で最も深刻であり，衛星画像では南極上空に巨大なオゾンホール（紫色で示されている）が見えている

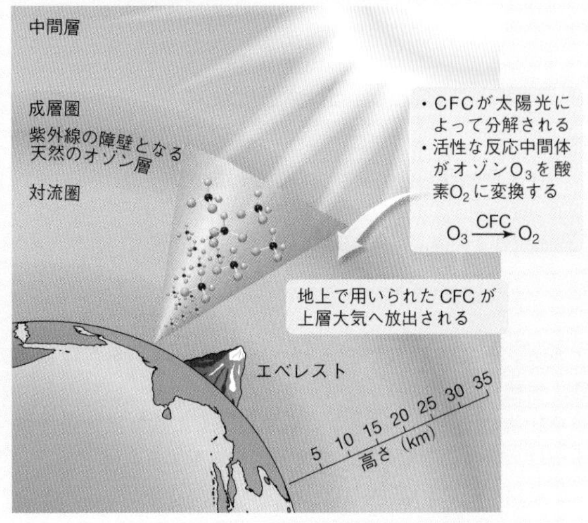

クロロフルオロカーボン(CFC)とオゾン層の破壊

4・9 硫黄を含む有機化合物

チオールは正四面体形の炭素に結合したメルカプト基（SH基）をもつ有機化合物である．周期表において硫黄は酸素のすぐ下に位置するので，チオールはアルコールの硫黄類縁体とみることができる．チオールの硫黄原子は二つの原子と二つの非共有電子対に取囲まれているので，屈曲形となる．

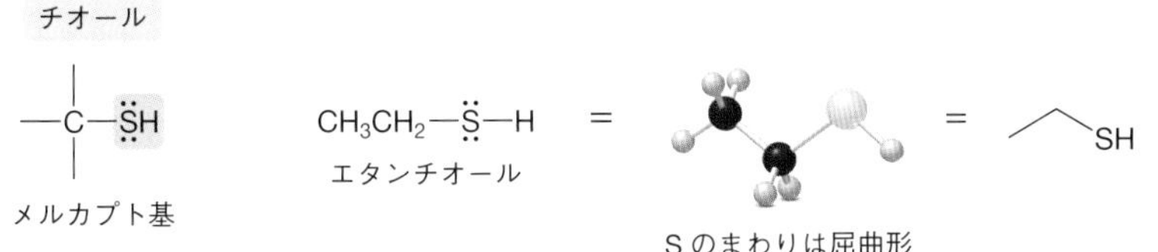

チオールがアルコールと異なる一つの重要な点がある．それは，チオールはO−H結合をもたないので，分子間水素結合が形成できないことである．このためチオールは，類似の大きさと形状をもつアルコールと比較して，沸点や融点が低い．

クロロフルオロカーボン（CFC）は，日本では一般に“フロン”とよばれる．日本以外では，商品名の“フレオン（Freon）”が用いられることが多い．

1995年のノーベル化学賞は，オゾンとCFCの相互作用を解明した業績により，モリーナ（Mario Molina），クルッツエン（Paul Crutzen），ローランド（Sherwood Rowland）の三教授に授与された．基礎的な研究プロジェクトとして開始された彼らの研究が，実際の世界において，きわめて重要な意味をもつことが明らかにされた．

水素結合を形成できる．より分子間力が強く，沸点が高い → $CH_3CH_2—OH$ エタノール 沸点 78 °C

$CH_3CH_2—SH$ エタンチオール 沸点 35 °C ← 水素結合を形成できない．より分子間力が弱く，沸点が低い

IUPAC 命名法では，チオールは次のように命名される．

- 母体の炭化水素をアルカンとして命名し，接尾語“チオール（-thiol）”を付け加える．
- SH 基に小さい番号がつくように，炭素鎖に番号をつける．

$CH_3—SH$ メタンチオール（methanethiol）

$CH_3CH_2CH_2CH_2—SH$ 1-ブタンチオール（1-butanethiol）

$CH_3CH(CH_3)CH_2CH_2CH_2—SH$（C4 に CH_3，C1 に SH）4-メチル-1-ペンタンチオール（4-methyl-1-pentanethiol）

例題 4・6　チオールを命名する

次のチオールの IUPAC 名を示せ．

$CH_3CH_2CH(CH_2CH_3)CH_2CH_2CH_2CH(SH)CH_3$

解答

[1]　SH 基に結合した炭素を含む最長の炭素鎖を見つける．

$CH_3CH_2CH(CH_2CH_3)CH_2CH_2CH_2CH(SH)CH_3$

最長の炭素鎖に 8 個の C ---→ オクタン（octane）

- アルカンを命名し，接尾語“チオール（-thiol）”を付け加える．例題では“オクタンチオール”となる．

[2]　SH 基にできるだけ小さい番号がつくように炭素鎖に番号をつけ，命名法の他のすべての規則を適用する．

(a) 炭素鎖に番号をつける．

$CH_3CH_2CH(CH_2CH_3)CH_2CH_2CH_2CH(SH)CH_3$（8 … 6 … 2 1）

- SH 基が C7 ではなく，C2 になるように炭素鎖に番号をつける．

2-オクタンチオール（2-octanethiol）

(b) 置換基を命名し，番号をつける．

C6 にエチル基（ethyl）

$CH_3CH_2CH(CH_2CH_3)CH_2CH_2CH_2CH(SH)CH_3$（6 … 2）

答　6-エチル-2-オクタンチオール（6-ethyl-2-octanethiol）

練習問題 4・6　次のチオールの IUPAC 名を示せ．

(a) $CH_3CH_2CH(SH)CH_2CH_3$　(b) 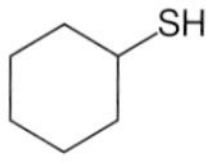 シクロヘキサン環に SH

チオールの最も顕著な物理的性質は，その独特の悪臭である．たとえば，3-メチル-3-スルファニル-1-ヘキサノールは，人の汗のにおいの原因となる物質であり，玉ねぎに似たにおいをもつ．

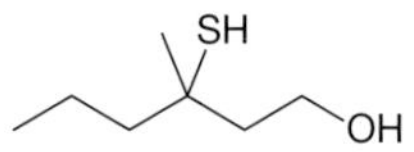

（骨格式：SH，OH）
3-メチル-3-スルファニル-1-ヘキサノール

ジスルフィド disulfide

チオールには一つの重要な反応がある．すなわち，チオールは酸化されて，硫黄－硫黄結合をもつ**ジスルフィド**を与える．ジスルフィドが生成する際に水素原子が 2 個除去されるので，この反応は酸化反応である．

酸化　$2\ CH_3CH_2—S—H \xrightarrow{[O]} CH_3CH_2—S—S—CH_2CH_3$

チオール　　ジスルフィド（新たな S−S 結合）

またジスルフィドを還元剤と反応させると，逆にチオールに変換することができ

真っすぐな頭髪を巻き毛状にする

チオールとジスルフィドの化学は，いくつかのタンパク質の性質や形状を決定するために重要な役割を果たしている．たとえば，頭髪にあるタンパク質のα-ケラチンには，多くのジスルフィド結合が含まれている．頭髪のα-ケラチンのジスルフィド結合を開裂させ，配置を変えてからジスフィルド結合を再生させると，真っすぐな頭髪を巻き毛状にすることができる．下図にその様子を模式的に示した．

まず，真っすぐの頭髪におけるジスルフィド結合がメルカプト基に還元されると，α-ケラチン鎖の束は，もはや特異的な“真っすぐの”配置には保たれない．つづいて，頭髪をカーラーに巻付けた後，酸化剤で処理してメルカプト基をジスルフィド結合に戻す．すると，ケラチン骨格はくねくねとした曲がりをもつことになり，これにより頭髪は巻き毛状に見える．これがパーマの化学的な原理である．

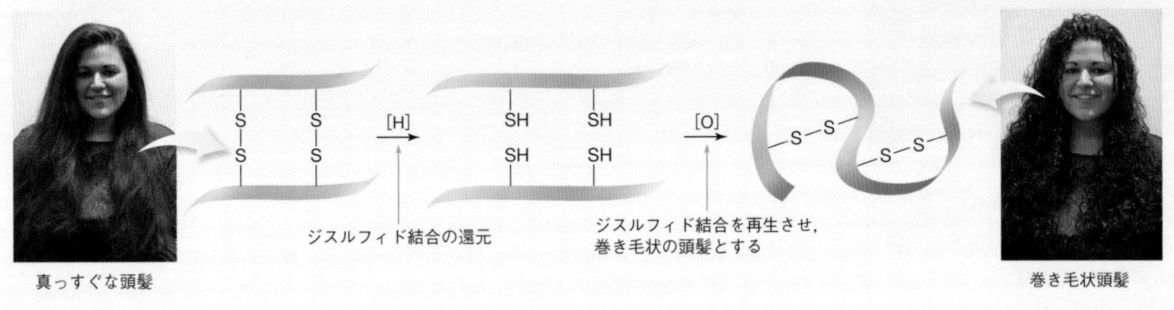

パーマのしくみ

る．還元反応ではしばしば，反応において水素原子が付け加えられるので，一般に還元剤は記号［H］で表記される．

$$\text{還元}\quad \underset{\text{ジスルフィド}}{CH_3CH_2-S-S-CH_2CH_3} \xrightarrow{[H]} \underset{\text{チオール}}{2\ CH_3CH_2-S-H}$$

（新たな S－H 結合）

問題 4・11　(a) スルフィド $CH_3CH_2CH_2SH$ が酸化されたときに生成するジスルフィドの構造式を書け．
(b) ジスルフィド $CH_3CH_2CH_2CH_2SSCH_3$ が還元されたときに生成する化合物の構造式を書け．

5

分子の三次元的形状

多くの種類の巻貝は，右巻きらせん状の貝殻をもっている．多くの有機分子もまた，それぞれの利き手をもっており，それが分子の性質を決定している．

あなたの利き手はどちらだろうか．もし右利きならば，手を使う作業で不自由を感じたことはほとんどないだろう．しかし左利きならば，幼いときに，はさみやグローブなど多くの物体が右利きにはぴったりなのに，左利きには裏返しであることに気付いたに違いない．身のまわりにある多くの物体とともに，左右の手は互いに鏡像体であり，同一ではない．5章では分子の利き手について学び，分子の三次元的形状が重要である理由を考えてみよう．

5・1　異性体：復習

立体化学 stereochemistry

5章は**立体化学**，すなわち分子の三次元的な構造に注目する．立体化学を議論するには異性体の知識が必要なので，まず異性体について簡単に復習しておこう．§2・2で学んだ内容を思い出してほしい．

異性体 isomer

- 同一の分子式をもつ異なる化合物を**異性体**という．

異性体はおもに構造異性体（§2・2）と立体異性体（§3・3）の二つに分類される．

構造異性体 constitutional isomer

- 互いに原子の結合様式が異なる異性体を**構造異性体**という．

構造異性体には，異なる原子に結合した原子が存在する．その結果，構造異性体は異なるIUPAC名をもつ．構造異性体は同じ官能基をもつ場合もあり，また異なる官能基をもつ場合もある．

たとえば，2-メチルペンタンと3-メチルペンタンは，分子式 C_6H_{14} をもつ構造異性体である．2-メチルペンタンは5個の炭素からなる炭素鎖の2番目の原子（C2）に結合した CH_3 基をもつ．一方，3-メチルペンタンは5個の炭素からなる炭素鎖の中央の原子（C3）に結合した CH_3 基をもつ．両方の分子はいずれもアルカンであり，それらは有機化合物の同じ化合物群に所属する．

同じ官能基をもつ構造異性体

C2 に CH_3 基　　C3 に CH_3 基

$CH_3\underset{|}{C}HCH_2CH_2CH_3$ （C2 に CH_3）と $CH_3CH_2\underset{|}{C}HCH_2CH_3$ （C3 に CH_3）

2-メチルペンタン C_6H_{14}　　**3**-メチルペンタン C_6H_{14}

エタノールとジメチルエーテルは，分子式 C_2H_6O をもつ構造異性体である．エタノールは O−H 結合をもつが，ジメチルエーテルはもたない．すなわち，異なる原子に結合した原子が存在し，これらの構造異性体は異なる官能基をもつ．エタノールはアルコールであり，ジメチルエーテルはエーテルである．

異なる官能基をもつ構造異性体

$CH_3CH_2—O—H$	$CH_3—O—CH_3$
エタノール C_2H_6O	ジメチルエーテル C_2H_6O

- 原子の三次元的な配置だけが異なる異性体を**立体異性体**という．

立体異性体 stereoisomer

立体異性体は空間における原子の配列様式だけが異なるので，それらはいつも同じ官能基をもつ．二つの立体異性体を区別するためには，IUPAC 名に添付する *cis* と *trans* のような接頭語が必要となる．たとえば，2-ブテンのシス異性体とトランス異性体は，立体異性体の例である．2-ブテンのそれぞれの立体異性体では原子の配列は同じであるが，二重結合に結合した二つのメチル基の三次元的な配置が異なっている．

立体異性体の一例：二重結合における異性体

- 2-ブテンのシス異性体は，二重結合に対して同じ側に二つの CH_3 基をもつ．
- 2-ブテンのトランス異性体は，二重結合に対して反対側に二つの CH_3 基をもつ．

炭素−炭素二重結合に関するシス異性体とトランス異性体は，立体異性体の一つの例である．§5・2 では，正四面体形の炭素原子において生じる他の種類の立体異性体について学ぶ．

例題 5・1　骨格構造式から異性体を判別する

次のそれぞれの組の化合物を，立体異性体，構造異性体，同一分子のいずれかに分類せよ．

(a) **A** と **B**　(b) **A** と **C**

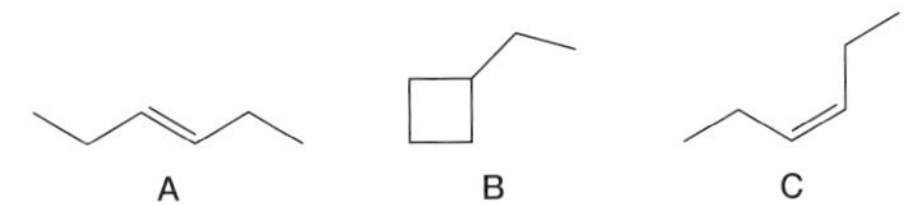

解答　(a) 化合物 **A** と **B** は構造異性体である．なぜなら **A** と **B** は同じ分子式 C_6H_{12} をもつが，互いに異なる原子に結合した原子が存在するからである．**A** はアルケンであり，**B** はシクロアルカンである．

(b) 化合物 **A** と **C** は立体異性体である．なぜなら互いにすべての原子は同じ原子に結合しているが，炭素−炭素二重結合に結合した置換基の配置が異なっているからである．**A** では二つの CH_3CH_2 基は二重結合炭素を結ぶ線の反対側にあるので，トランス形である．一方，**C** では二つの CH_3CH_2 基は二重結合炭素を結ぶ線の同じ側にあるので，シス形である．

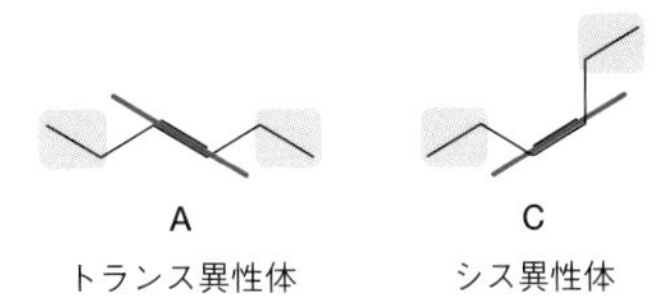

練習問題 5・1　次のそれぞれの組の化合物を，立体異性体，構造異性体，同一分子のいずれかに分類せよ．

(a) **A** と **B**　(b) **A** と **C**　(c) **A** と **D**

A　B　C　D

問題 5・1　*trans*-2-ヘキセンについて，次の問いに答えよ．
(a) 立体異性体の構造式を書け．
(b) 炭素－炭素二重結合をもつ構造異性体の構造式を書け．
(c) 炭素－炭素二重結合をもたない構造異性体の構造式を書け．

5・2 鏡の化学：分子とその鏡像体

正四面体形の炭素原子で生じる立体異性体について詳しく学ぶために，私たちは分子とその鏡像体に注意を向けなければならない．分子を含めてすべての物体には鏡像体が存在する．化学において重要なことは，分子とその鏡像体が同一であるか，それとも異なるかということである．

5・2A キラルとアキラル

分子には私たちの手に似ているものがある．左手と右手は互いに鏡像体であるが，それらは同一ではない．一方の手を他方の手に重ねて置こうとすると，すべての指かあるいは手の甲と手のひらのいずれかが，決して重なり合わないことがわかる．物体とその鏡像体が重なり合うということは，物体のすべての部分の位置がその鏡像体と一致するということである．分子の場合には，すべての原子とすべての結合の位置が一致することを意味する．

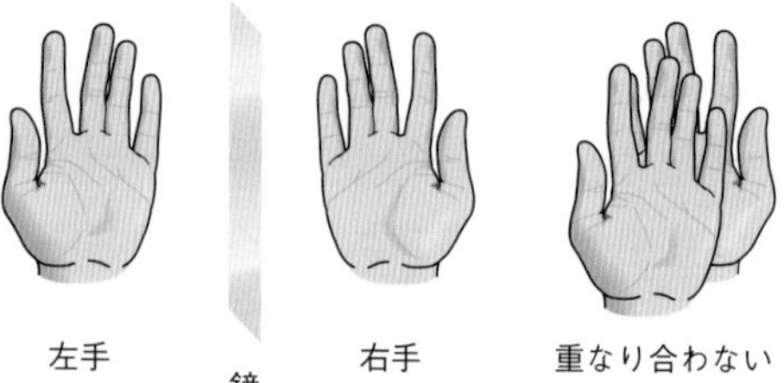

キラル chiral

形容詞の chiral（キラル）は，"手"を意味するギリシャ語の cheir に由来している．左手と右手はキラルである．それらは鏡像体であり，互いに重なり合わない．

- 分子（あるいは物体）がその鏡像体と重なり合わないとき，その分子は**キラル**であるという．

一方で，分子には靴下に似ているものもある．対になっている二つの靴下は互いに鏡像体であるが，重ね合わせることができる．一方の靴下を他方の靴下に重ねて置くと，かかとの位置もつま先の位置も完全に一致する．靴下とその鏡像体は同一である．

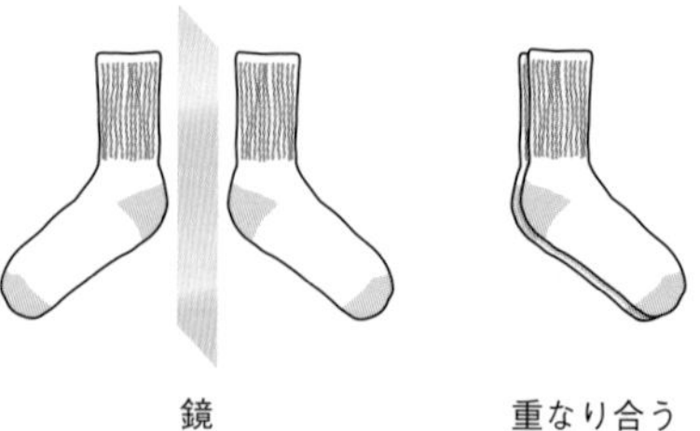

アキラル achiral

- 分子（あるいは物体）がその鏡像体と重なり合うとき，その分子は**アキラル**であるという．

5・2B 分子のキラリティー

3 種類の分子 H_2O, CH_2BrCl, CHBrClF がその鏡像体と重ね合わせることができるかどうか，すなわち H_2O, CH_2BrCl, CHBrClF がキラルであるか，それともアキラルであるかを判定してみよう．

分子の**キラリティー**，すなわち分子がその鏡像体と同一であるか，あるいは異なるかを判定するには，次の手順に従う．

キラリティー chirality

1. 分子の構造を三次元的に書く．
2. その鏡像体を書く．
3. すべての原子と結合の位置を一致させることを試みる．分子とその鏡像体を重ね合わせる際に，どのように回転させてもよいが，結合を開裂させてはならない．

この方法に従うと，H_2O と CH_2BrCl はいずれもアキラルな分子であることがわかる．すなわち，それぞれの分子はその鏡像体と重ね合わせることができる．

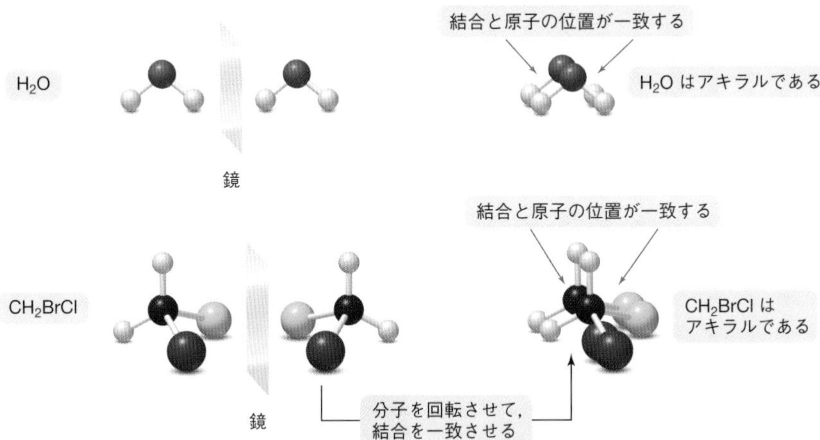

一方，CHBrClF では結果が異なる．一方の分子（**A** とする）とその鏡像体（**B** とする）は重ね合わせることができない．**A** と **B** をどのように回転させても，すべての原子の位置を一致させることはできない．したがって CHBrClF はキラルな分子であり，**A** と **B** は異なる化合物である．

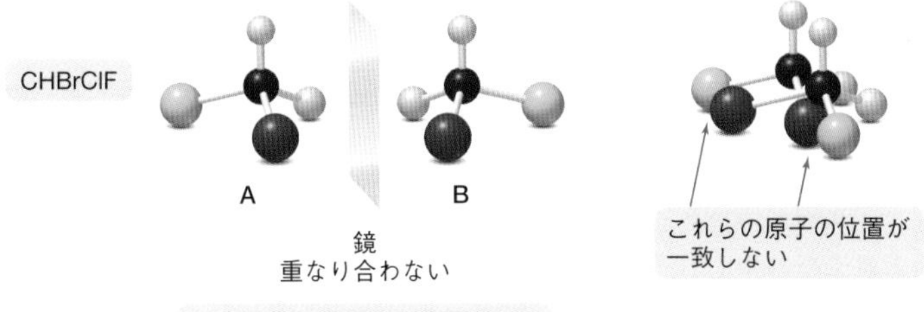

A と **B** は置換基の三次元的な配置だけが異なる異性体であるから，立体異性体である．このことは，正四面体形の炭素原子において新しい種類の立体異性体が生じることを示している．これらの立体異性体を**エナンチオマー**という．

エナンチオマー enantiomer，**鏡像異性体**ともいう

- **エナンチオマー**は鏡像体であり，互いに重ね合わせることができない．

CHBrClF には四つの異なる基に結合した炭素原子が存在する．四つの異なる基に結合した炭素原子を**キラル中心**という．

キラル中心 chirality center

四つの異なる基をもつ炭素原子には決まった名称がなく，現在も有機化学者の間で議論になっている．IUPAC は chirality center を推奨しており，このため本書ではこの用語を用いた．一般に用いられる他の用語には，chiral center，chiral carbon，asymmetric carbon，stereogenic center がある．日本語では，キラル中心のほか，キラル炭素，不斉中心，不斉炭素，ステレオジェン中心が用いられる．

私たちはこれまでに二つの関連する，しかし異なる概念を学んだ．これらは互いに区別する必要がある．

- その鏡像体と重ね合わせることができない分子は，キラルな分子である．
- 四つの異なる基に囲まれた炭素原子は，キラル中心である．

CHBrClF はその鏡像体と重ね合わせることができないので，キラルな分子である．CHBrClF には四つの異なる基に結合した一つの炭素原子，すなわちキラル中心を1個もっている．分子はキラル中心をもたないか，あるいは1個または複数個のキラル中心をもつことになる．

5・2C　自然界のキラリティー

本書において，立体化学のような専門的で難解にみえる内容を学ばなければならないのはなぜだろうか．実は，キラリティーは私たちの存在に深くかかわっているのである．分子の視点からみると，生体分子の多くはキラルである．一方，巨視的にみると，自然界にも多くのキラルなものが存在することがわかる．例として，右ねじのような形をしたらせん状の貝殻や，左巻きらせん状に巻きつくスイカズラのような植物をあげることができる（図5・1）．人体もキラルである．左右の手も，足も，耳も重ね合わせることができない．

問題 5・2　“キラル”と“キラル中心”の違いを説明せよ．

(a)

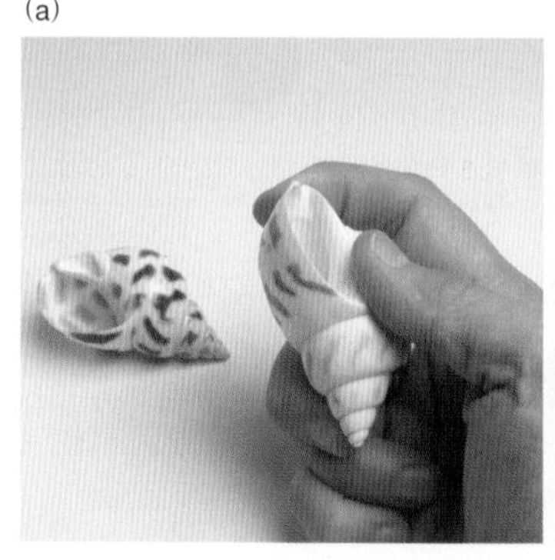

(b)

図 5・1　**自然界のキラリティー．** (a) 多くの種類の巻貝は，キラルな右巻きらせん状の貝殻をもっている．右巻き貝殻を右手で持ち，貝殻の太い方の端を親指で保持すると，貝の開口部は右側にくる．(b) スイカズラのような植物は，キラルな左巻きらせん状に巻きつく．

5・3　キラル中心

分子の三次元的な構造を学ぶためには，キラル中心，すなわち四つの異なる基に結合した炭素原子を判定し，そのまわりの三次元的な構造を書くことができなければならない．

5・3A　キラル中心の判定

キラル中心の位置を判定するには，分子における正四面体形の炭素原子に注目し，それぞれについて，それに結合している四つの基（原子ではない）を調べる．たとえば，CBrClFI はその炭素原子が四つの異なる種類の元素の原子 Br, Cl, F, I に結合しているため，1個のキラル中心をもつ．また，3-ブロモヘキサンも，一つの炭素が H, Br, CH_2CH_3, $CH_2CH_2CH_3$ に結合しているので，1個のキラル中心をもっている．注目する炭素原子に直接結合している原子だけではなく，基におけるすべての原子を全体の単位として考慮する．

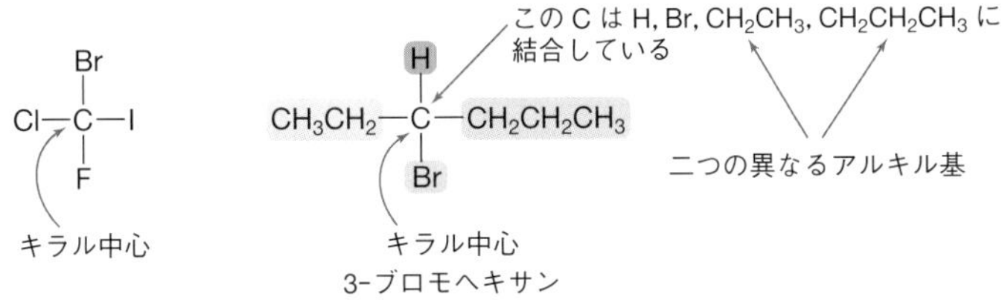

キラル中心の位置を判定する際には，次の二つを覚えておいてほしい．

- 二つ以上の同一の基に結合した炭素原子は，決してキラル中心にはならない．たとえば，CH_2 基や CH_3 基はそれぞれ，同じ炭素に結合した2個，および3個の水素原子をもつので，これらの炭素はキラル中心ではない．
- 多重結合の一部になっている炭素原子は，そのまわりに四つの基をもつことができないので，決してキラル中心にはならない．

例題 5・2 キラル中心を判定する

次のそれぞれの薬剤におけるキラル中心の位置を判定せよ．ペニシラミンはウィルソン病，すなわち肝臓，腎臓，脳などに銅が蓄積する遺伝的障害を治療するために用いられる．アルブテロールは気管支拡張薬であり，気道を拡張する作用をもつため，ぜんそくの治療に用いられる．

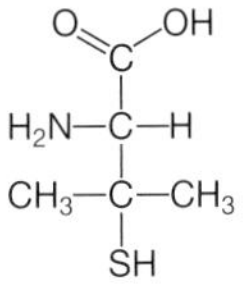

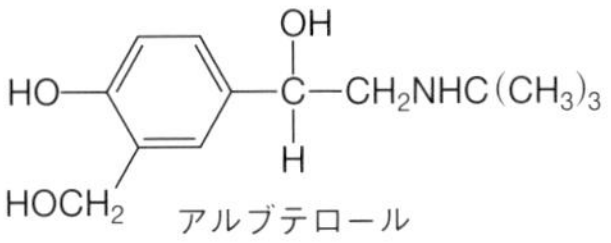

解答 多数の炭素原子をもつ化合物では，それぞれの炭素を個々に検討し，まずキラル中心になりえない炭素を除外する．これによりすべての CH_2 基と CH_3 基，およびすべての多重結合の炭素は除外される．つづいて，残ったすべての炭素について，それらが四つの異なる基に結合しているかどうかを調べる．

(a) ペニシラミンの CH_3 基と COOH 基はキラル中心ではない．2個の CH_3 基に結合している炭素原子が一つあるが，これも同様に考慮から除外する．この結果，四つの異なる基をもつ一つの炭素原子が残る．

(b) アルブテロールでは，まずすべての CH_2 基と CH_3 基，および二重結合の一部になっているすべての炭素原子を除外する．また，三つの CH_3 基に結合している一つの炭素を考慮から除外する．この結果，四つの異なる基をもつ一つの炭素原子が残る．

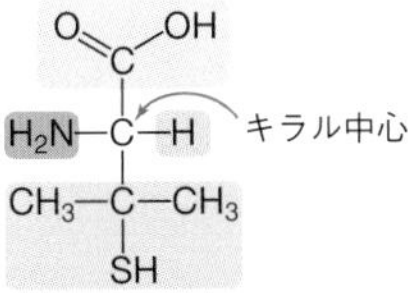

練習問題 5・2 次のそれぞれの分子におけるキラル中心を標識せよ．それぞれの分子はキラル中心をもたないか，あるいは1個のキラル中心をもっている．

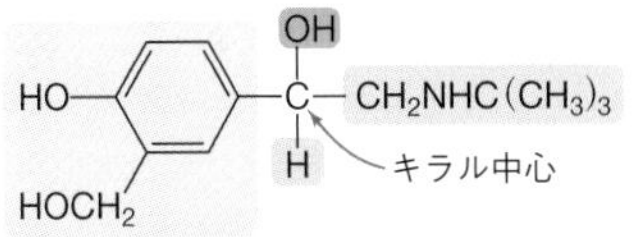

(a) $(CH_3)_3CH$ (b) $CH_2{=}CHCHCH_3$（2位の C に OH）

比較的大きな有機分子では2個から3個，あるいは数百個のキラル中心をもつことさえある．ブドウから単離される酒石酸や，薬用植物のマオウ（伝統的な漢方医学において呼吸器疾患の治療に用いられる）から単離されるエフェドリンは，それぞれ二つのキラル中心をもっている．エフェドリンはかつて体重減少の促進や運動能力を向上させるための一般的な薬剤であったが，現在ではその使用は突然死や心臓発作，心臓麻痺と関連があるとされている．

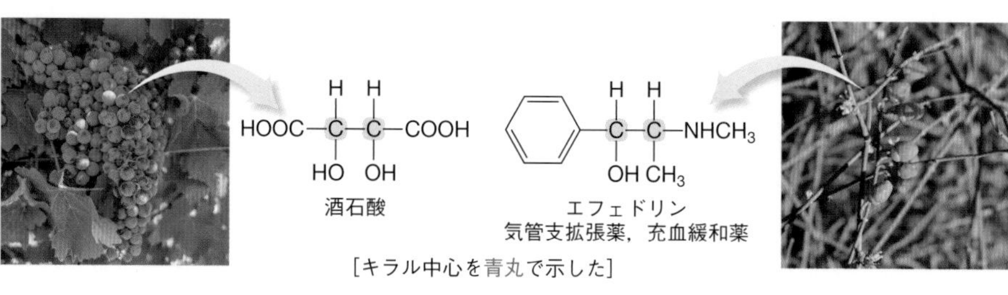

［キラル中心を青丸で示した］

問題 5・3　次のそれぞれの分子におけるキラル中心を標識せよ．なお，それぞれの分子は1個あるいは2個のキラル中心をもっている．

(a) 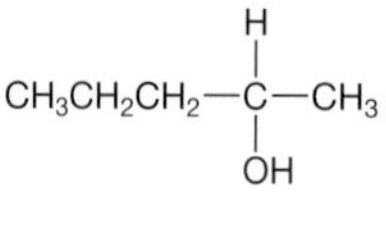 $CH_3CH_2CH_2-CH(OH)-CH_3$　(b) 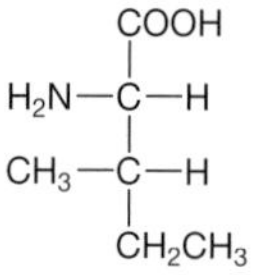 $H_2N-CH(COOH)-CH(CH_3)-CH_2CH_3$

骨格構造式においてキラル中心の位置を判定するときには，常にそれぞれの炭素原子には，炭素原子が四つの結合をもつために十分な数の水素原子が結合していることを忘れてはならない．以下に骨格構造式を示す2-クロロペンタンは，キラル中心を一つもっている．なぜなら，C2は四つの異なる置換基 H, CH_3, $CH_2CH_2CH_3$, Cl に結合しているからである．

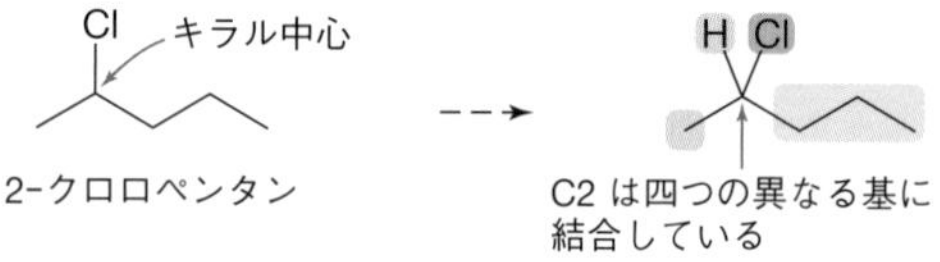

Cl　キラル中心
2-クロロペンタン
H Cl
C2 は四つの異なる基に結合している

例題 5・3　骨格構造式においてキラル中心の位置を判定する

右の図は抗うつ薬に用いられるフルオキセチンの骨格構造式を示している．この分子におけるキラル中心を標識せよ．

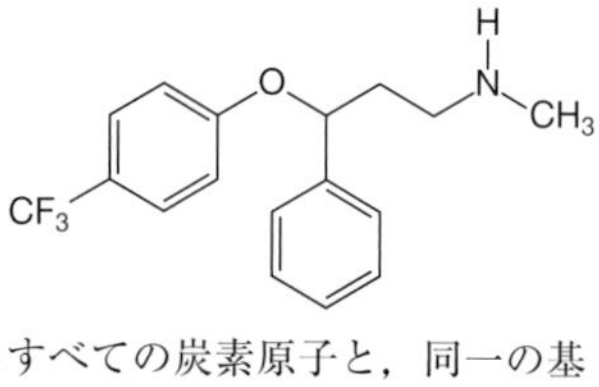

解答　フルオキセチンでは，多重結合の一部になっているすべての炭素原子と，同一の基に結合しているすべての炭素原子を除外する．この結果，四つの異なる基に結合しているただ一つの炭素原子が残る．

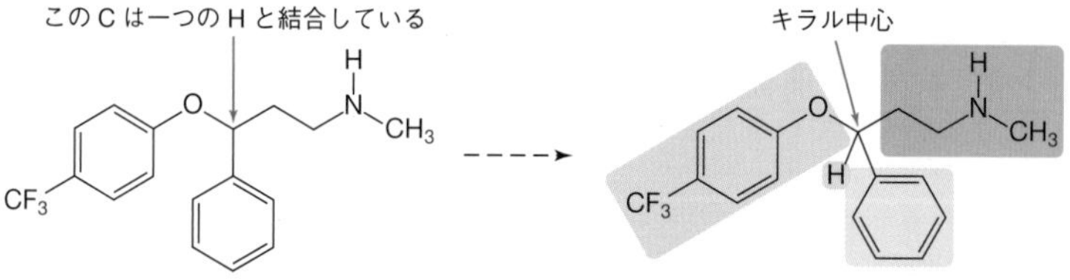

このCは一つのHと結合している
キラル中心

練習問題 5・3　右の図は抗ヒスタミン薬として用いられるブロムフェニラミンの骨格構造式を示している．この分子のキラル中心の位置を判定せよ．

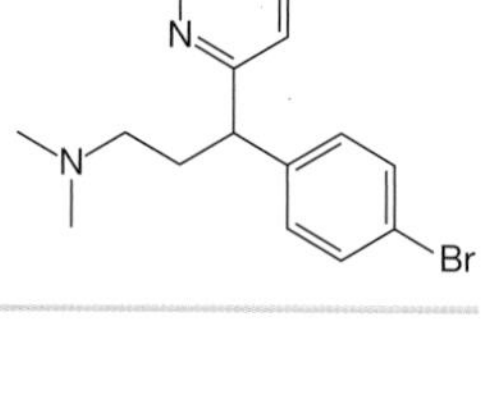

5・3B エナンチオマー対の書き方

キラル中心は，キラルな分子とどのような関係があるのだろうか．

- **1個のキラル中心をもつ分子は，すべてキラルである．**

§5・2で述べたように，キラルな分子はその鏡像体と重ね合わせることができないこと，また互いに鏡像体である立体異性体はエナンチオマーとよばれることを思い出してほしい．例として，キラル中心を一つもつ2-ブタノール $CH_3CH(OH)CH_2CH_3$ を用いて，二つのエナンチオマーを書く方法を学ぶことにしよう．

How To キラルな分子の二つのエナンチオマーの書き方

例 キラル中心のまわりの三次元的な構造がわかるように，2-ブタノールの二つのエナンチオマーの構造式を書け．

H ← キラル中心
CH_3—C—CH_2CH_3
OH
2-ブタノール

段階 1 キラル中心の結合に対して，四つの異なる基を任意に配置することによって一つのエナンチオマーを書く．

- 正四面体形を書くには，§1・3で学んだ慣用的方法を用いる．すなわち，二つの結合を紙面上に置き，紙面から手前の結合をくさび形で，また紙面から後方の結合を破線のくさび形で表す．
- キラル中心の結合に対して，四つの基 H, OH, CH_3, CH_2CH_3 を任意に配置すると，エナンチオマー **A** が得られる．

結合を書く ---→ 四つの基を配置する

CH_3, CH_3CH_2, C, H, OH　A　＝　(キラル中心)

段階 2 鏡面を書き，鏡像体における置換基を，それが最初の分子における基が鏡に映った位置になるように配置する．

- 鏡像におけるキラル中心に四つの基 H, OH, CH_3, CH_2CH_3 を置くと，エナンチオマー **B** が得られる．
- **A** と **B** は互いに鏡像体であるが，**A** と **B** をどのように回転しても，それらの結合の位置を一致させることはできない．したがって，**A** と **B** はキラルである．

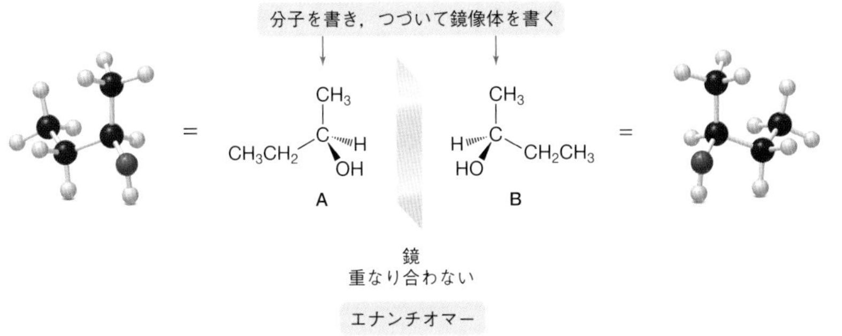

問題 5・4　発汗したばかりの人間の汗にはにおいはないが，皮膚に存在する微生物の酵素によって，特有の，また刺激性のあるにおいをもつさまざまな化合物がつくられる．3-メチル-3-スルファニル-1-ヘキサノール (**A**) の二つのエナンチオマーは，それらはいくらか異なるにおいをもっているが，汗の特徴的な不快なにおいに寄与している．化合物 **A** におけるキラル中心の位置を判定し，二つのエナンチオマーの構造式を書け．

$$\begin{array}{c} CH_3 \\ | \\ HOCH_2CH_2-C-CH_2CH_2CH_3 \\ | \\ SH \end{array}$$

A

5・4　環状化合物におけるキラル中心

環の一部になっている炭素原子もまた，キラル中心になる場合がある．環の炭素におけるキラル中心を見つけるには，いつも環を平面の多角形として書き，これまでと同様に，四つの異なる基に結合した正四面体形の炭素を探せばよい．

環の炭素におけるキラル中心の判定

メチルシクロペンタンはキラル中心をもっているだろうか．

C1 はキラル中心だろうか？

C1
H
CH_3
メチルシクロヘキサン
H
CH_3
C1 には二つの同一の基が結合している
C1 はキラル中心ではない

メチル基に結合した環の炭素 C1 を除いて，すべての炭素原子は 2 個，あるいは 3 個の水素原子と結合している．次に，C1 から同じ距離にある両側の環の原子と結合を比較し，異なる点が現れるまで，あるいは両側が出会うまで比較を継続する．メチルシクロペンタンの場合，どちらの側にも異なる点はないので，C1 には，たまたま環の一部になっている同一のアルキル基が結合しているとみることができる．したがって，C1 はキラル中心ではない．

しかし，3-メチルシクロヘキセンでは結果が異なる．

C3 はキラル中心だろうか？

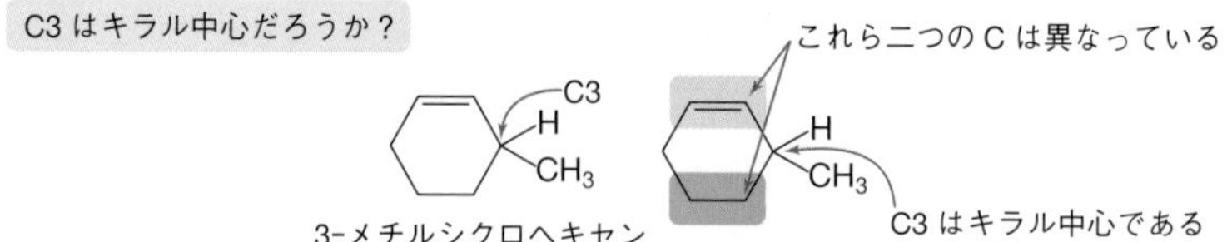

メチル基に結合した環の炭素 C3 を除いて，すべての炭素原子は 2 個または 3 個の水素原子と結合しているか，あるいは二重結合の一部になっている．この分子の場合，C3 から同じ距離にある原子が異なっているので，C3 には，環の一部になっている異なるアルキル基が結合しているとみることができる．したがって，C3 は四つの異なる基に結合しているので，キラル中心である．

3-メチルシクロヘキセンは 1 個の正四面体形のキラル中心をもつのでキラルな化合物であり，一対のエナンチオマーとして存在する．環の上方，あるいは下方に位置する置換基への結合は，それぞれくさび形，あるいは破線のくさび形で表す．

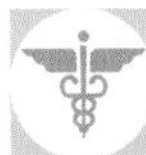

忘れがたいサリドマイドの悲劇

生理活性をもつ多くの化合物が，環の炭素に1個あるいは複数のキラル中心をもっている．たとえば**サリドマイド**(thalidomide) は，環の炭素に1個のキラル中心をもつ化合物である．この化合物はかつて1959年から1962年まで，欧州や英国において妊婦のための鎮静薬や制吐薬として用いられた．

サリドマイドはその二つのエナンチオマーの混合物として市販され，これらの立体異性体のそれぞれは，異なる生理活性をもっていた．§5・5で述べるようにこのことは，キラルな薬剤においては異常な性質ではない．一方のエナンチオマーは期待された治療効果をもっていた．しかし不幸なことに，もう一方のエナンチオマーは，妊娠中にこの薬剤を服用した女性から生まれた子供における何千という悲劇的な先天性障害の原因となったのである．

サリドマイドの二つのエナンチオマー

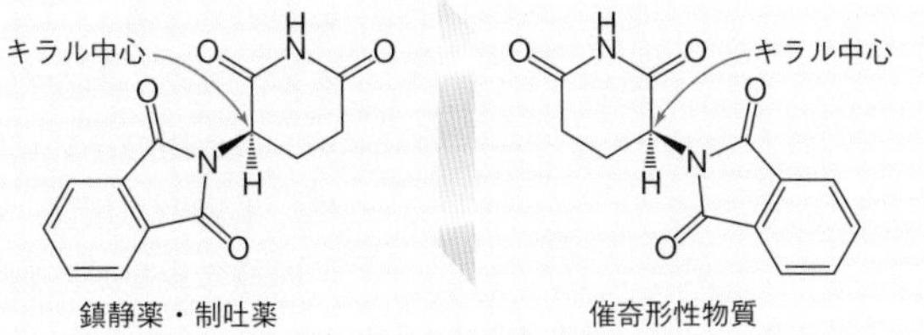

サリドマイドは強力な催奇形性物質(胎児に奇形をひき起こす物質)であるが，いくつかの有益な効果ももっている．この理由により，サリドマイドは現在でも，厳格な管理のもとでハンセン病の治療のために処方されている．

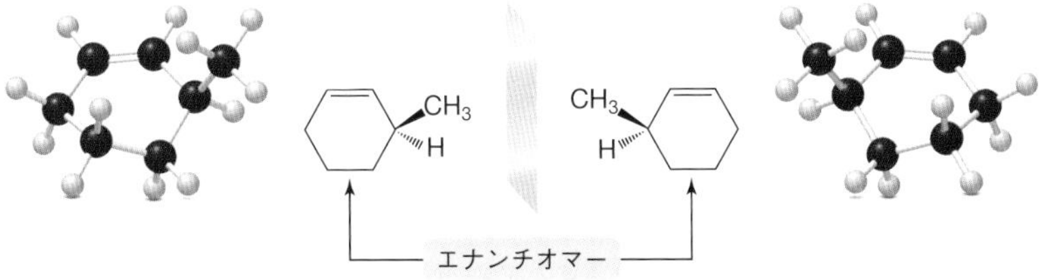

例題5・4で，環の炭素にキラル中心をもつ化合物のエナンチオマーと構造異性体の構造式を書く問題をやってみよう．

例題 5・4 エナンチオマーと構造異性体の構造式を書く

右の図は，天然に存在する20種類のアミノ酸の一つであるプロリンの構造式を示している．

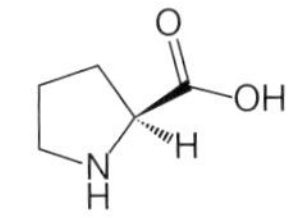

(a) プロリンのエナンチオマーの構造式を書け．

(b) プロリンの構造異性体の構造式を書け．

解答 (a) エナンチオマーの構造式を書くには，鏡面を書き，エナンチオマーにおける置換基を，それが最初の分子における基が鏡に映った位置になるように配置する．プロリンの鏡像体を書く際には，CO_2H 基への結合をくさび形で，またキラル中心に結合した水素原子への結合を破線のくさび形で書くことを維持するとよい．

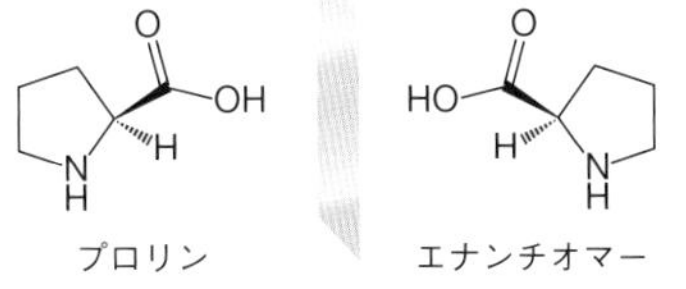

(b) 構造異性体の構造式を書くには，分子式は同一であるが，互いに異なる原子に結合した原子をもつ分子を書く．一つの可能な構造異性体は，環の異なる位置の炭素に CO_2H 基が結合した分子である．

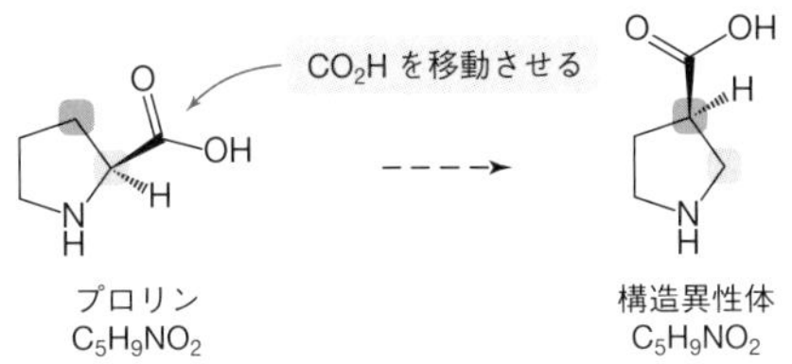

練習問題 5・4 右の図は，オレンジ類から単離された化合物である (*R*)-リモネンの構造式を示している．

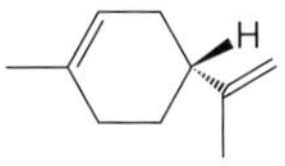

(a) (*R*)-リモネンのエナンチオマーの構造式を書け．

(b) (*R*)-リモネンの構造異性体の構造式を書け．

問題 5・5 次の図は，抗うつ薬セルトラリンの構造式を示している．この分子における二つのキラル中心を標識せよ．

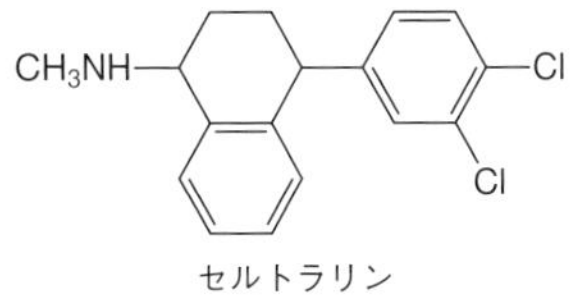

セルトラリン

5・5 キラルな薬剤

生体はほとんどキラルな分子から構成されている．一方，多くの薬剤もまたキラルであり，しばしばそれらは細胞におけるキラルな受容体と効果的に相互作用しなければならない．この結果，薬剤の一つのエナンチオマーは病気の治療に有効であるにもかかわらず，その鏡像体は効果がないということが起こる．

生理活性におけるこのような差は，なぜ観測されるのだろうか．身のまわりの物体にたとえて考えてみよう．ここに右手用の手袋があるとする．手袋はキラルな物体である．また，あなたの右手と左手もキラルであり，互いに鏡像体であるが同一ではない．右手用の手袋にぴったり合うのは右手だけであり，左手は適合しない．このように，手袋の有用性，すなわちそれが適合するかしないかは，手に依存するのである．

同様の現象が，細胞におけるキラルな受容体と相互作用しなければならない薬剤においても観測される．一つのエナンチオマーは受容体に“ぴったり合い”，特異的な応答をひき起こすが，その鏡像体は同じ受容体に適合せず，効果をもたないということが起こる．あるいは，もしその鏡像体が別の受容体に適合すれば，それは全く異なった応答を誘起する可能性がある．図5・2には，二つのエナンチオマーとキラルな受容体との結合における違いを模式的に示した．

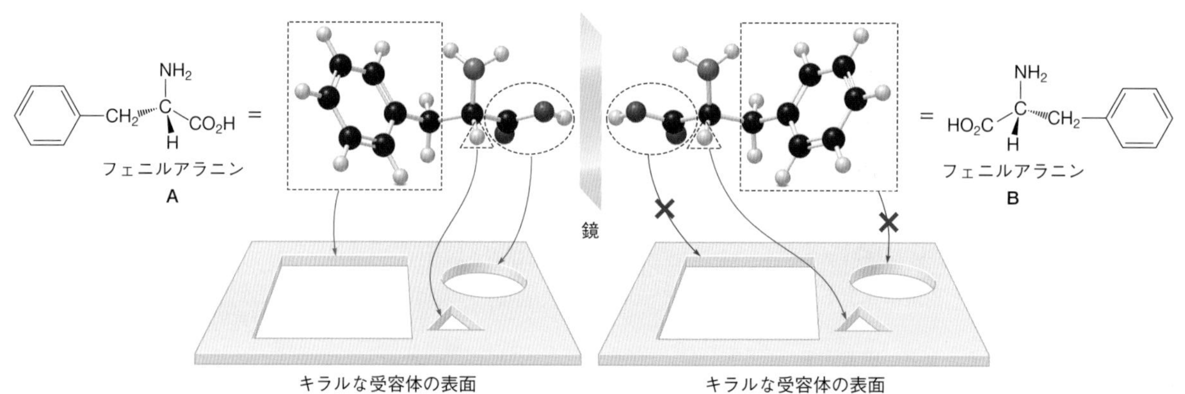

図 5・2 キラルな受容体と二つのエナンチオマーの相互作用． アミノ酸の一種であるフェニルアラニンの一つのエナンチオマー（**A**とする）は，キラルな受容体の適切な結合部位と相互作用できる三つの基をもっている．しかし，その鏡像体**B**のキラル中心のまわりの基は，三つの基がすべて，これらの同じ三つの結合部位と相互作用できるようには配置していない．このため，エナンチオマー**B**は同じ受容体に“ぴったり当てはまる”ことはないので，**A**と同じ応答をひき起こすことはない．

イブプロフェンとナプロキセンはいずれも非ステロイド系抗炎症薬であり，二つのエナンチオマーが異なる生理活性をもつことを示す例となる．これらの薬剤は一般的な市販薬として用いられており，痛みや熱を除去し，炎症を鎮める作用をもつ．

イブプロフェンは1個のキラル中心をもつので，一対のエナンチオマーとして存在する．一つのエナンチオマー（次ページの図に示す**A**）だけが活性な抗炎症薬であり，そのエナンチオマー**B**は不活性である．しかし，**B**は体内でゆっくりと**A**に変換される．イブプロフェンは二つのエナンチオマーの混合物として市販されている．一般に，二つのエナンチオマーの等量混合物を**ラセミ混合物**という．

ラセミ混合物 racemic mixture

パーキンソン病と L-ドーパ

L-ドーパは最初にソラマメ *Vicia faba* の種子から単離された化合物であり，1967 年からパーキンソン病の治療のための最適な薬剤となっている．L-ドーパは 1 個のキラル中心をもつキラルな分子であり，単一のエナンチオマーとして市販されている．多くのキラルな薬剤と同様に，一つのエナンチオマーだけがパーキンソン病に対して活性である．なお，不活性なエナンチオマーは，好中球減少症，すなわち感染症に対抗するために役立つある種の白血球が減少する症状の原因になるとされる．

パーキンソン病は米国で 150 万人を苦しめている病気であり，脳において神経伝達物質のドーパミンをつくり出す神経細胞の変性がおもな原因である．ドーパミンは運動や情動を制御する脳の過程に影響するので，人の精神的および身体的健康を維持するためには，適切なドーパミン濃度が必要である．ドーパミン濃度が低下すると，パーキンソン病の前兆となる運動制御の喪失が現れる．

L-ドーパは経口で投与され，血流によって脳に運ばれる．脳において L-ドーパはドーパミンに変換される（下図）．

L-ドーパ
パーキンソン病に活性

D-ドーパ
望まない副作用をもつ
エナンチオマー

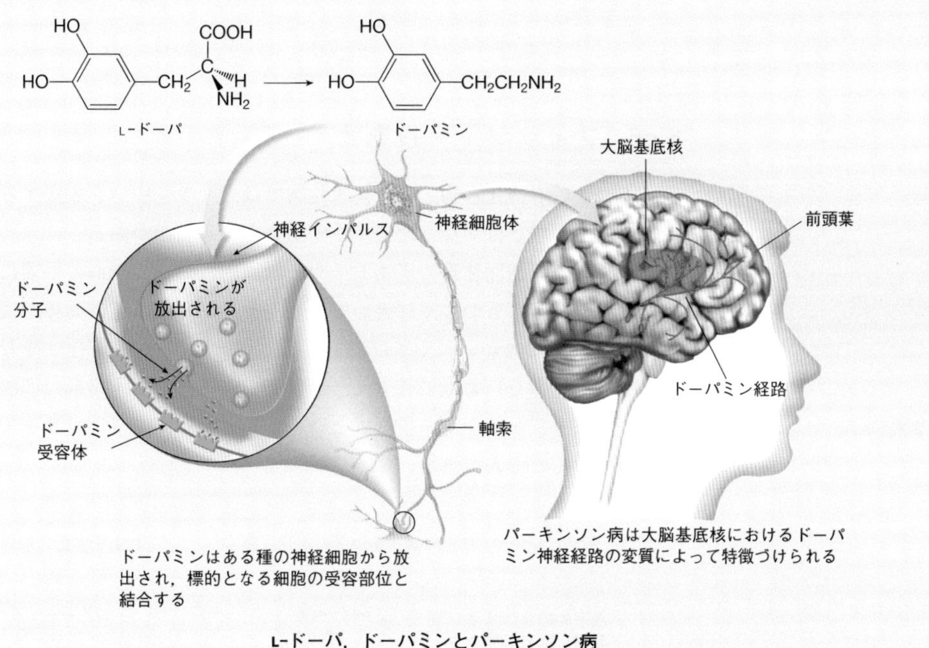

L-ドーパ，ドーパミンとパーキンソン病

イブプロフェン
抗炎症薬
A

不活性なエナンチオマー
B

ナプロキセンも一つのエナンチオマーが抗炎症薬として活性であるが，そのエナンチオマーは有害な肝臓毒性をもつ．このように二つの置換基の配置を変えて鏡像体にすると生理活性が変化し，他方のエナンチオマーに望まない副作用をもたらすことがある．

COOH / C / H / CH_3 / CH_3O　　COOH / C / H / CH_3 / OCH_3

ナプロキセン
抗炎症薬
A

エナンチオマー
肝臓毒性
B

米国の食品医薬品局では，従来はラセミ混合物として売られていた薬剤の単一のエナンチオマーの特許を取得し，製品化するいわゆる**ラセミスイッチ**（racemic switch）を推奨している．しかし，単一のエナンチオマーについて新たな特許を得るためには，企業は，それがラセミ混合物よりも著しい有益性があることの証拠を示さなければならない．

これらの例は，キラルな薬剤を単一の活性なエナンチオマーとして製品化することの有益性を示している．これらの例では，副作用がほとんどない少量を服用することは可能であろうが，多くのキラルな薬剤は，依然としてラセミ混合物として市販されている．これは，単一のエナンチオマーを得ることが困難であり，したがってより経費がかかるためである．

5・6 フィッシャー投影式

いくつかの有機化合物，特に炭水化物では，キラル中心を表記する際に，他の化合物に対する方法とは異なった慣用法が用いられる場合がある．

これまでは正四面体形の炭素原子を，紙面内に二つ，紙面の手前に一つ，紙面の後方に一つの結合をもつように書いてきた．そのかわり，正四面体を傾け，二つの水平の結合は前方に向かい（くさび形で書く），二つの垂直の結合は後方に向かう（破線のくさび形で書く）ように書く．さらにこの構造式を，十字形に簡略化する．このような表記法を**フィッシャー投影式**という．したがって，フィッシャー投影式は次のように要約することができる．

フィッシャー投影式 Fischer projection formula

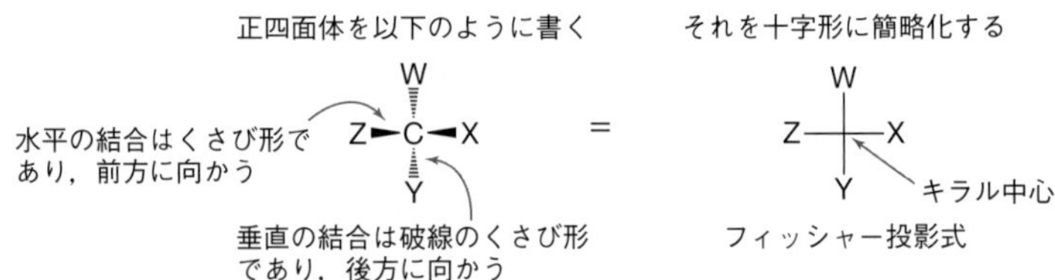

- 十字形になった二つの線の交点に炭素原子が位置している．
- 水平の結合はくさび形であり，前方に向かっている．
- 垂直の結合は破線のくさび形であり，後方に向かっている．

例として，この表記法を用いて 2-ブタノール $CH_3CH(OH)CH_2CH_3$（§5・3B）のキラル中心を書いてみよう．中央にキラル中心の炭素原子を置き，水平の結合をくさび形で，垂直の結合を破線のくさび形で正四面体を書く．つづいて，キラル中心を十字形で置き換えると，フィッシャー投影式が得られる．一般に，炭素鎖は縦方向に書かれる場合が多い．

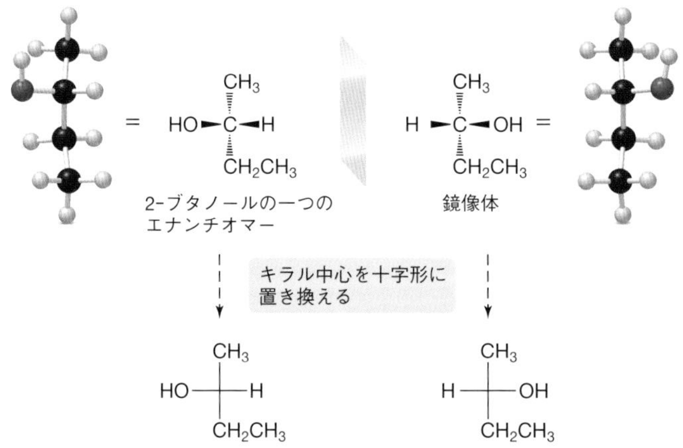

2-ブタノールの二つのエナンチオマーのフィッシャー投影式

例題5・5に，この表記法を用いて，炭水化物の二つのエナンチオマーを書く例を示した．一般に，フィッシャー投影式で炭水化物を書く際には，カルボニル基を垂直の結合の頂上に置く場合が多い．

例題 5・5 フィッシャー投影式を書く

次の図は，簡単な炭水化物であるグリセルアルデヒドの構造式を示している．フィッシャー投影式を用いて，この化合物の二つのエナンチオマーの構造式を書け．

$$\mathrm{HOCH_2{-}C(H)(OH){-}CHO}$$

グリセルアルデヒド

解答

- 一つのエナンチオマーを，くさび形の水平な結合と，破線のくさび形の垂直の結合をもつ正四面体として書く．最初のエナンチオマーでは，キラル中心に結合した四つの基 H, OH, CHO, CH_2OH を任意に配置してよい．
- 鏡像体における置換基を，それらが最初の分子における基が鏡に映った位置になるように配置することにより，第二のエナンチオマーを書く．
- キラル中心を十字形に置き換え，フィッシャー投影式とする．

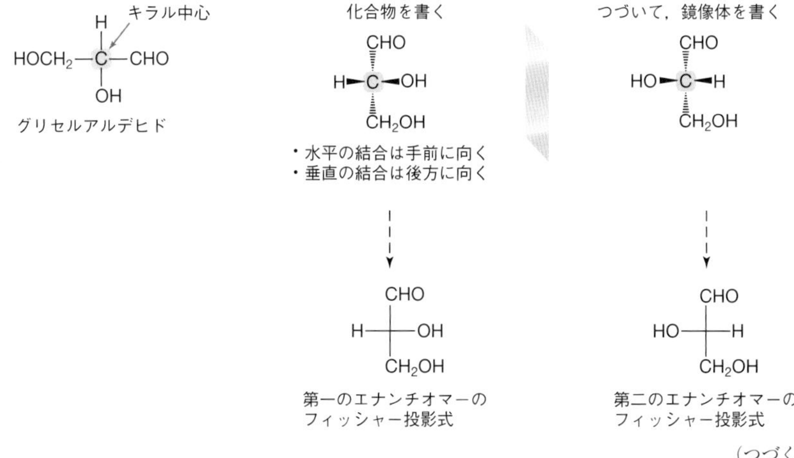

（つづく）

練習問題 5・5　次のそれぞれの化合物に対する二つのエナンチオマーの構造式を，フィッシャー投影式を用いて書け．

(a) $CH_3CH(OH)CH_2CH_2CH_3$　　(b) $CH_3CH_2CH(Cl)CH_2Cl$

5・7 光学活性

5・7A エナンチオマーの物理的性質

エナンチオマーの物理的性質を比較すると，どのような違いがみられるだろうか．

- 二つのエナンチオマーは平面偏光との相互作用のしかたを除いて，融点，沸点，溶解度などの物理的性質は同一である．

平面偏光 plane-polarized light
偏光子 polarizer

平面偏光とは何だろうか．ふつうの光は，光が進む方向に対して垂直のすべての平面内に振動している波からできている．この光を**偏光子**という装置を通すと，一つの平面だけに振動する光を通すことができる．これが平面偏光であり，単一の平面内の光波から構成される．

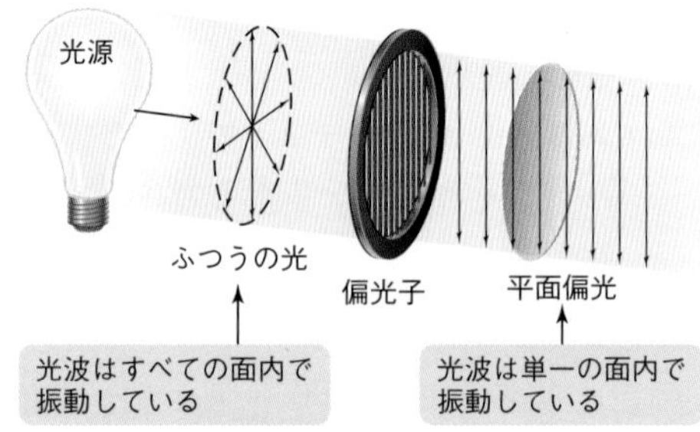

旋光計 polarimeter

旋光計は，有機化合物を含む試料管を通して進んだ平面偏光を観測する機器である．光が試料管を出たのちに検光子のスリットを回転させると，試料管を出た偏光の面の方向を決定することができる．

光学不活性 optically inactive
光学活性 optically active

- アキラルな化合物は平面偏光の方向を変化させることはない．このような物質は，**光学不活性**であるという．
- キラルな化合物は偏光の平面を角度 α だけ回転させる．回転角は度 (°) で測定される．平面偏光を回転させる物質は，**光学活性**であるという．

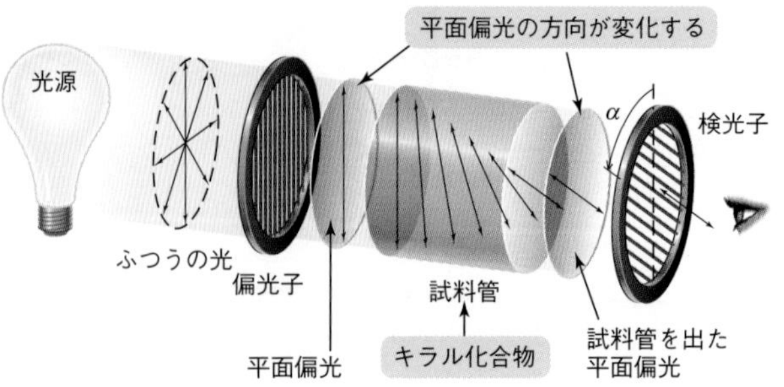

たとえば，アキラルな化合物 CH_2BrCl は光学不活性である．一方，キラルな化合物 CHBrClF の一つのエナンチオマーは光学活性である．

平面偏光の回転方向には，時計回りと反時計回りの可能性がある．

- 平面偏光の回転が時計回りのとき，その化合物は**右旋性**であるといい，(+)-エナンチオマーと表記される．
- 平面偏光の回転が反時計回りのとき，その化合物は**左旋性**であるといい，(−)-エナンチオマーと表記される．

右旋性 dextrorotatory

左旋性 levorotatory

二つのエナンチオマーについて，平面偏光の回転を比較するとどのようになるだろうか．

- 二つのエナンチオマーは平面偏光を同じ角度だけ回転させるが，回転方向が反対である．

たとえば，もしエナンチオマー**A**が偏光を+5°だけ回転させれば，同じ濃度のエナンチオマー**B**は−5°だけ回転させる．エナンチオマー**A**は右旋性であり，エナンチオマー**B**は左旋性である．

問題 5・6　次のそれぞれの化合物を，光学活性あるいは光学不活性に分類せよ．

(a) $CH_3(CH_2)_6CH_3$

(b) COOH / CH_3–C–H, OH

(c) CH_3 / CH_3–C–H, OH

(d) 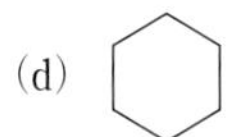

5・7B 比旋光度

光学活性な試料において観測される偏光の回転角は，偏光と相互作用するキラルな分子の数に依存する．したがって，これは試料の濃度と試料管の長さに依存することになる．旋光度は，特定の試料管長さ，濃度（g/mLで表記する），温度，波長を用いて測定される．データを標準化するために，**比旋光度**という量が定義されている*．比旋光度は単位をつけずに，正（+）あるいは負（−）の値として記載される．

比旋光度 specific rotation，[α] と表記する

* 訳注：試料管の長さ 10 cm，濃度 1 g/mL のときの旋光度を表す．一般に，温度は 25 ℃，測定波長はナトリウムランプの発光線（D 線，589 nm）が用いられる．

たとえば，天然に存在する (*S*)-グリセルアルデヒドは比旋光度 −8.7 であり，そのエナンチオマーである (*R*)-グリセルアルデヒドは比旋光度 +8.7 である．

CHO / $HOCH_2$–C–H, OH
(*S*)-グリセルアルデヒド
[α] = −8.7
左旋性

CHO / H–C–CH_2OH, HO
(*R*)-グリセルアルデヒド
[α] = +8.7
右旋性

例題 5・6　エナンチオマーの物理的性質を比較する

ショウノウは，アジアに生息する大きな常緑樹のクスノキから単離された芳香をもつ化合物である．ショウノウの比旋光度は +44 である．

(a) ショウノウは右旋性の化合物か，それとも左旋性の化合物か．

(b) ショウノウのエナンチオマーの比旋光度はいくらか．

(c) ショウノウの融点が 174 ℃であるとき，そのエナンチオマーの融点は何 ℃か．

解答　(a) ショウノウの比旋光度は正の値であるから，ショウノウは右旋性である．

(b) ショウノウのエナンチオマーの比旋光度は，ショウノウの比旋光度と同じ値をもち符号が反対であるから，−44 である．

(c) 二つのエナンチオマーは同一の融点をもつから，ショウノウのエナンチオマーは 174 ℃で融解する．

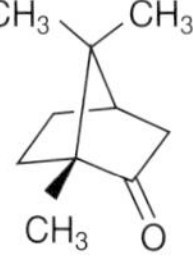

ショウノウ

ショウノウはクスノキから得られる芳香をもつ化合物であり，何世紀もの間，料理や軟膏，あるいは医薬品に用いられている．現在使用されているほとんどのショウノウは，石油製品から合成されている．

練習問題 5・6　(*S*)-アラニンはアミノ酸の一種であり，人体の筋肉を形成する複雑なタンパク質を合成するために用いられる．(*S*)-アラニンの融点は 297 ℃であり，+8.5 の比

（つづく）

旋光度をもつ．以下の問いに答えよ．

COO^- / CH_3–C–H / $\overset{+}{N}H_3$

(*S*)-アラニン

(a) (*S*)-アラニンのエナンチオマーは (*R*)-アラニンとよばれる．(*R*)-アラニンの構造式を書け．

(b) (*R*)-アラニンの融点は何 ℃ か．

(c) (*R*)-アラニンの比旋光度はいくらか．

嗅　覚

研究により，特定の分子のにおいは特定の官能基の存在よりも，分子の形状によって決まることが示されている（下図）．たとえば，ヘキサクロロエタン Cl_3CCCl_3 とシクロオクタン C_8H_{16} には，明白な構造的類似性はない．しかし，両方の分子はともにショウノウに似たにおいをもち，これは空間充塡模型を用いると容易にわかるように，これらの分子が類似の球形であることによる．

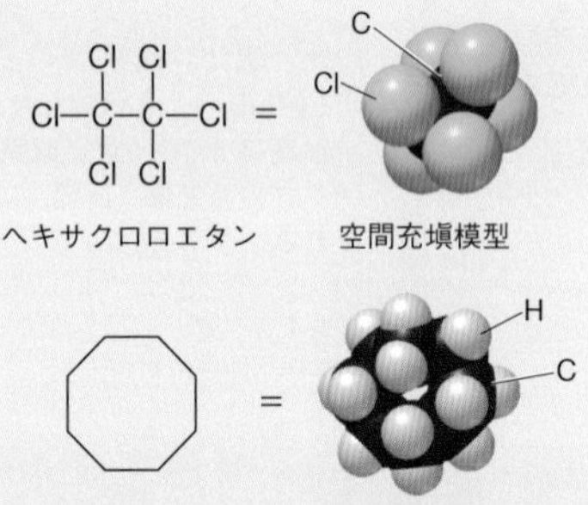

嗅覚受容体はキラルであり，それとエナンチオマーが相互作用するため，エナンチオマーが異なったにおいをもつことがある．自然界には，この現象の特徴をよく示す例がいくつかみられる．たとえば，カルボン（carvone）の一つのエナンチオマーは，キャラウェイ（ヒメウイキョウ）のにおいの原因となる物質であり，カルボンのもう一つのエナンチオマーはスペアミントのにおいの原因となる物質である．

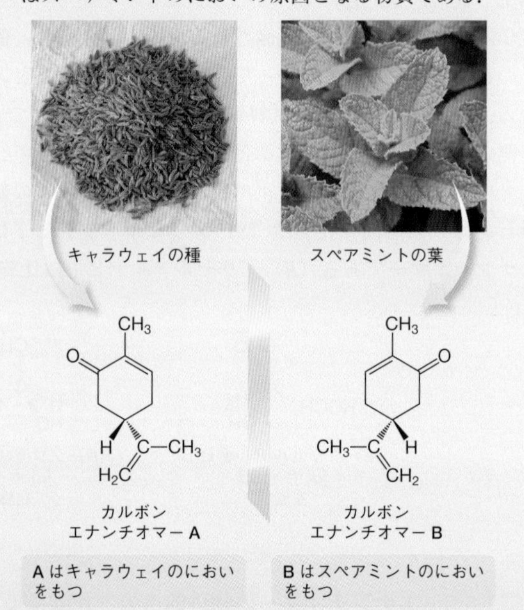

このように，分子の三次元的構造は，その物質のにおいを決める際に，重要な意味をもっている．

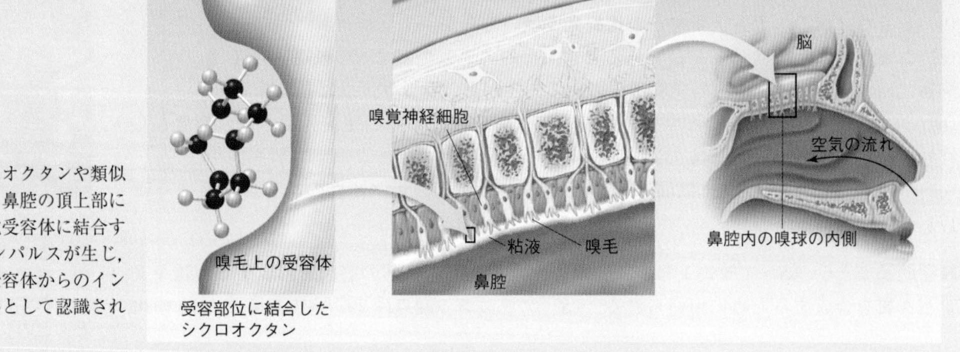

分子の形状と嗅覚． シクロオクタンや類似の形状をもつ他の分子は，鼻腔の頂上部にある神経細胞の特有の嗅覚受容体に結合する．結合によって神経インパルスが生じ，脳に伝達される．特有の受容体からのインパルスは，特異的なにおいとして認識される．

5・8　複数のキラル中心をもつ化合物

これまでに扱ったほとんどのキラルな化合物は1個のキラル中心をもっていたが，2個，3個，あるいは数百個のキラル中心をもつ分子も存在する．§5・3では，例として酒石酸とエフェドリンの二つを示した．

- 1個のキラル中心をもつ化合物は，二つの立体異性体，すなわち一対のエナンチオマーをもつ．
- 2個のキラル中心をもつ化合物では，最大で四つの立体異性体をもつことができる．

アミノ酸の一種であるトレオニンの四つの立体異性体について考えてみよう．トレオニンには2個のキラル中心が存在し，それらを以下の構造式に青丸で標識した．トレオニンは，タンパク質の合成に必要な天然に存在する20種類のアミノ酸の一つである．ヒトはトレオニンを合成することができないため，トレオニンは必須アミノ酸である．これは，ヒトはトレオニンを食事によって得なければならないことを意味している．

CO_2H
H_2N—C—H
H—C—OH
CH_3

［キラル中心を青丸で示した］

アミノ酸の一種トレオニンの
炭素骨格

2個のキラル中心のまわりに基を配列させる方法として，四つの異なった様式がある．それらを構造**A**〜**D**として示した．

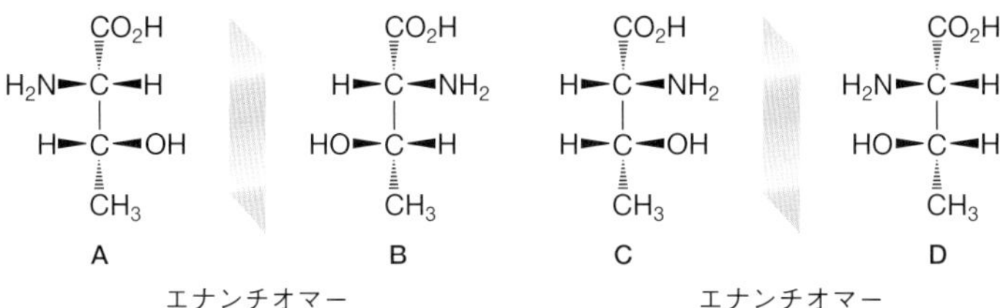

Aと**B**は互いに鏡像体であるが，これらは重ね合わせることができない．したがって，これらはエナンチオマーである．また，**C**と**D**も互いに鏡像体であるが，これらは重ね合わせることができない．したがって，同様にエナンチオマーである．いいかえれば，2個のキラル中心をもつと，2対のエナンチオマーが存在しうる．

これらの構造式は，キラル中心に対して水平の結合はくさび形で，また垂直の結合は破線のくさび形で書かれているので，キラル中心を十字形に置き換えることによって，それぞれの立体異性体をフィッシャー投影式で書くことができる．

A: CO_2H / H_2N—+—H / H—+—OH / CH_3
B: CO_2H / H—+—NH_2 / HO—+—H / CH_3
C: CO_2H / H—+—NH_2 / H—+—OH / CH_3
D: CO_2H / H_2N—+—H / HO—+—H / CH_3

A，B：エナンチオマー　　C，D：エナンチオマー

こうして，トレオニンには4種類の立体異性体，すなわちエナンチオマー**A**と**B**，

およびエナンチオマー**C**と**D**があることがわかる．さて，**A**と**C**のような二つの立体異性体は，どのような関係にあるのだろうか．**A**と**C**は立体異性体であるが，**A**と**C**の間に鏡面を置くと，それらが互いに鏡像体ではないことがわかる．**A**と**C**は立体異性体の第二の一般的な種類を示しており，このような立体異性体を**ジアステレオマー**という．

ジアステレオマー diastereomer

- ジアステレオマーは立体異性体であるが，それらは互いに鏡像体ではない．

Aと**B**は**C**と**D**のジアステレオマーであり，その逆もまた正しい．天然に存在するトレオニンは，構造**A**に相当する単一の立体異性体である．他の立体異性体は天然には存在せず，生理活性をもつタンパク質の合成には用いられない．

ここにおいて，有機分子の異性体について，すべての可能な種類が提示された．図5・3に，異性体の主要な分類の間の関係をフローチャートで示した．

図 5・3　まとめ：異性体の分類

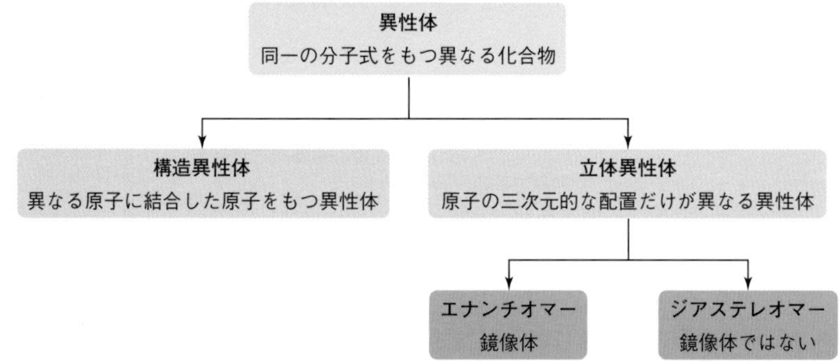

例題 5・7　立体異性体をエナンチオマーか，ジアステレオマーかに分類する

以下に2,3-ペンタンジオールの4種類の立体異性体**E**～**H**の構造式を示す．

(a) **E**のエナンチオマーはどの化合物か．

(b) **F**のエナンチオマーはどの化合物か．

(c) **G**のジアステレオマーはどの二つの化合物か．

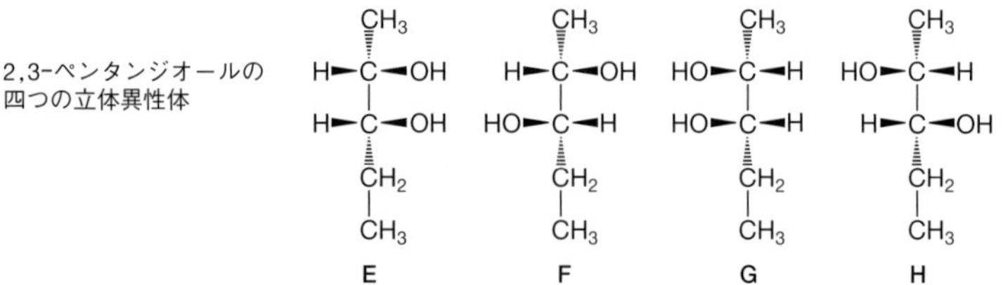

解答　(a) **E**と**G**は互いに重ね合わせることができない鏡像体であるから，エナンチオマーである．

(b) **F**と**H**は同じ理由でエナンチオマーである．

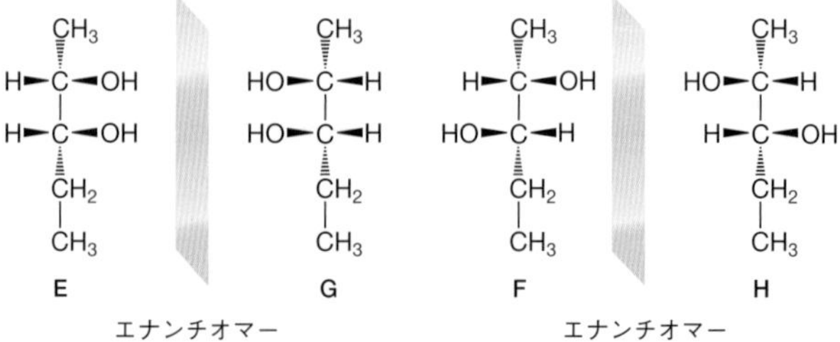

（つづく）

(c) **G** の立体異性体のうち，鏡像体ではない化合物はすべてジアステレオマーである．したがって，**F** と **H** は **G** のジアステレオマーである．

練習問題 5・7 以下に 3-ブロモ-2-クロロペンタンの 4 種類の立体異性体 **W**～**Z** の構造式を示す．次の問いに答えよ．

(a) **W** のエナンチオマーはどの化合物か．

(b) **X** のエナンチオマーはどの化合物か．

(c) **Y** のジアステレオマーはどの二つの化合物か．

(d) **Z** のジアステレオマーはどの二つの化合物か．

3-ブロモ-2-クロロペンタンの四つの立体異性体

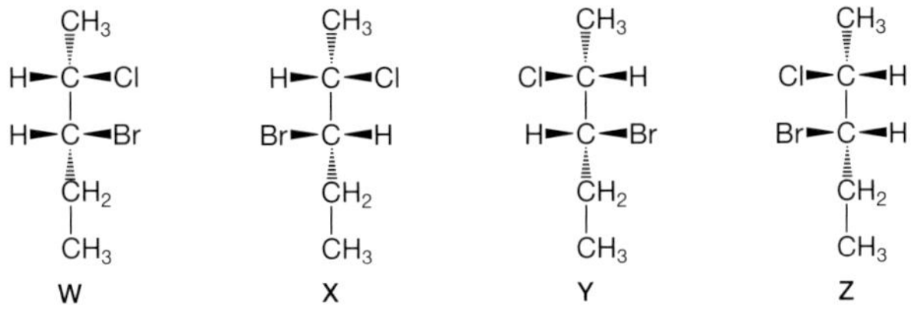

W	X	Y	Z
CH_3	CH_3	CH_3	CH_3
H▶C◀Cl	H▶C◀Cl	Cl▶C◀H	Cl▶C◀H
H▶C◀Br	Br▶C◀H	H▶C◀Br	Br▶C◀H
CH_2	CH_2	CH_2	CH_2
CH_3	CH_3	CH_3	CH_3

6 アルデヒドとケトン

アルデヒドがAg^+と反応すると，カルボン酸 RCOOH と Ag が生成する．この反応をガラス製のフラスコで行うと，フラスコの内壁に銀鏡が形成される．

6 章はカルボニル基 C=O を含む化合物に注目する二つの章のうちの最初の一つである．カルボニル基はおそらく有機化学における最も重要な官能基であろう．本章では，アルデヒドとケトン，すなわちカルボニル炭素が水素原子あるいは炭素原子に結合した化合物について述べる．これらは天然に広く存在し，また工業製品の製造における出発物質として有用である．すべての簡単な炭水化物はカルボニル基をもち，その反応によって複雑な炭水化物が誘導される．

6・1 構造と結合

カルボニル基 carbonyl group

カルボニル基をもつ化合物は大きく二つに分類することができる．

:O:
‖
C
=
カルボニル基

1. カルボニル基に炭素原子と水素原子だけが結合した化合物

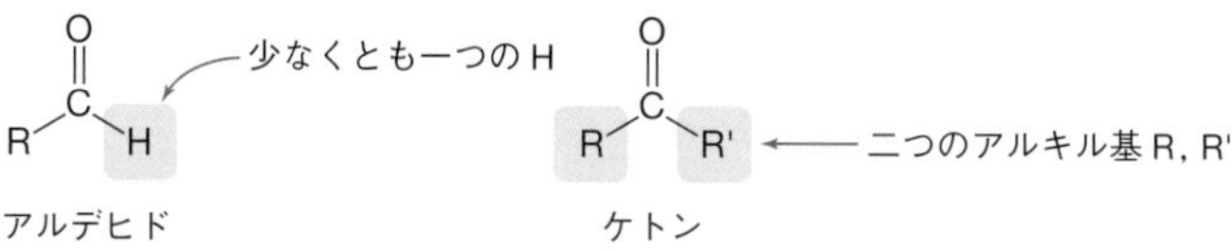

アルデヒド aldehyde
ケトン ketone

- カルボニル基に少なくとも一つの水素原子が結合した化合物を**アルデヒド**という．
- カルボニル基に二つのアルキル基が結合した化合物を**ケトン**という．

2. カルボニル基に電気陰性な原子が結合した化合物

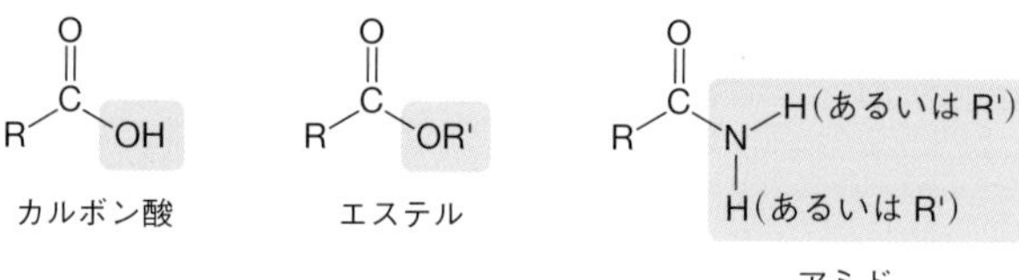

カルボン酸 carboxylic acid
エステル ester
アミド amide

これらの代表的な化合物として，**カルボン酸**，**エステル**，**アミド**がある．これらは，カルボニル炭素に直接結合した電気陰性な酸素原子あるいは窒素原子もつ．一般にエステルやアミドはカルボン酸から合成することができるので，**カルボン酸誘導体**とよばれる．カルボン酸とその誘導体は7章で扱い，本章ではアルデヒドとケトンについて説明する．

カルボン酸誘導体 carboxylic acid derivative

カルボニル基の物理的性質と反応性は，次の二つの構造的特徴によって支配される．

:O:
120°　120°
C
平面三角形
=
δ−
極性結合
δ+

- カルボニル炭素は平面三角形であり，すべての結合角は120°である．この点では，カルボニル基は炭素−炭素二重結合の炭素と類似している．
- 酸素は炭素よりも電気陰性なので，カルボニル基は極性である．カルボニル炭素が電子欠乏（δ+）であり，酸素は電子豊富（δ−）である．この点では，カルボニル炭素は無極性の炭素−炭素二重結合の炭素とは著しく異なっている．

1章で述べたように，一般に簡略化した構造式を書く際には，カルボニル基の二重結合は省略する．アルデヒドはしばしば**RCHO**と書く．Hは酸素原子ではなく，炭素原子に結合していることを覚えておこう．同様に，ケトンは**RCOR**，あるいは両方のアルキル基が同一の場合には$\mathbf{R_2CO}$と書く．

= $CH_3C(=O)H$ = CH_3CHO
アセトアルデヒド
・CはHと単結合を形成している
・CはOと二重結合を形成している

= $CH_3C(=O)CH_3$ = CH_3COCH_3 あるいは $(CH_3)_2CO$
アセトン
・Cは二つのCと単結合を形成している
・CはOと二重結合を形成している

$CH_3(CH_2)_6CHO$
オクタナール

$CH_3(CH_2)_8CHO$
デカナール

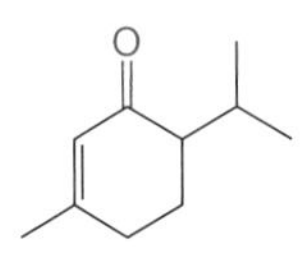
ピペリトン

多くの簡単なアルデヒドやケトンが天然に存在する．たとえば，オクタナール，デカナール，ピペリトンはいずれも，オレンジの風味や香りに寄与する70あまりの有機化合物のうちの一つである．

問題6・1　分子式C_4H_8Oをもつ構造異性体のうち，カルボニル基をもつ三つの化合物の構造式を書け．また，それぞれの化合物をケトンあるいはアルデヒドに分類せよ．

6・2 命 名 法

アルデヒドとケトンの名称には，IUPAC名と慣用名の両方が用いられる．

6・2A アルデヒドの命名法

- IUPAC命名法では，アルデヒドは接尾語“アール（-al）”によって識別される．

IUPAC命名法を用いてアルデヒドを命名するには，以下の手順に従う．

1. CHO基を含む最長の炭素鎖を見つけ，母体となるアルカンの語尾“ン（-e）”を接尾語“アール（-al）”に変換する．
2. CHO基がC1の位置になるように炭素鎖，あるいは環に番号をつける．ただし，この番号は名称では省略する．命名法の他のすべての一般的な規則を適用する．

簡単なアルデヒドでは慣用名が広く用いられている．実際，慣用名の**ホルムアルデヒド**，**アセトアルデヒド**，**ベンズアルデヒド**は，事実上いつもIUPAC名に代わって

ホルムアルデヒド formaldehyde
アセトアルデヒド acetaldehyde
ベンズアルデヒド benzaldehyde

用いられる．すべての慣用名は接尾語“アルデヒド（-aldehyde)”をもつ．

$HCHO$　　CH_3CHO　　C_6H_5CHO

ホルムアルデヒド（メタナール）　アセトアルデヒド（エタナール）　ベンズアルデヒド（ベンゼンカルバルデヒド）

［（　）内は IUPAC 名を示す］

例題 6・1　アルデヒドを命名する

次のアルデヒドの IUPAC 名を示せ．

(a) $CH_3CH(CH_3)CH(CH_3)-C(=O)-H$　(b) $CH_3CH_2CH_2-CH(CHO)-CH_2CH_3$

解答

(a)［1］ CHO 基を含む最長の炭素鎖を見つけ，命名する．

$CH_3CH(CH_3)CH(CH_3)-C(=O)-H$

ブタン（butane）⇢ ブタナール（butanal）

4 個の C

［2］ 炭素鎖に番号をつけ，置換基を命名する．CHO 基が C1 の位置になることに注意せよ．

$\overset{4}{C}H_3\overset{3}{C}H(CH_3)\overset{2}{C}H(CH_3)-\overset{1}{C}(=O)-H$

答　2,3-ジメチルブタナール（2,3-dimethylbutanal）

(b)［1］ CHO 基を含む最長の炭素鎖を見つけ，命名する．

$CH_3CH_2CH_2-CH(CH=O)-CH_2CH_3$

ペンタン（pentane）⇢ ペンタナール（pentanal）

5 個の C

［2］ 炭素鎖に番号をつけ，置換基を命名する．CHO 基が C1 の位置になることに注意せよ．

$CH_3CH_2CH_2-\overset{2}{C}H(\overset{1}{C}H=O)-CH_2CH_3$

答　2-エチルペンタナール（2-ethylpentanal）

練習問題 6・1　次のアルデヒドの IUPAC 名を示せ．

(a) $(CH_3)_3CC(CH_3)_2CH_2CHO$　(b) CHO

問題 6・2　次の IUPAC 名に対応する構造式を書け．

(a) 3,6-ジエチルノナナール（3,6-diethylnonanal）

(b) *o*-エチルベンズアルデヒド（*o*-ethylbenzaldehyde）

6・2B　ケトンの命名法

• IUPAC 命名法では，ケトンは接尾語“オン（-one)”によって識別される．

IUAPC 命名法を用いて非環状ケトンを命名するには，以下の手順に従う．

1. カルボニル基を含む最長の炭素鎖を見つけ，母体となるアルカンの語尾“ン (-e)”を接尾語“オン（-one)”に変換する．
2. カルボニル炭素にできるだけ小さい番号がつくように，炭素鎖に番号をつける．命名法の他のすべての一般的な規則を適用する．

環状ケトンでは，いつもカルボニル炭素から番号づけを開始する．ただし，名称ではふつう“1”は省略する．そして最初の置換基にできるだけ小さい番号がつくように，環を構成する炭素に時計回り，あるいは反時計回りに番号をつける．

ケトンに対するほとんどの慣用名は，カルボニル炭素上の両方のアルキル基を命名し，それをアルファベット順に並べ，“ケトン（ketone）”という語をつけることによって形成される．この方法を用いると，たとえば2-ブタノンに対する慣用名は，エチルメチルケトン（ethyl methyl ketone）となる．

$CH_3COCH_2CH_3$

IUPAC 名 2-ブタノン（2-butanone）

メチル基 → CH_3 ， エチル基 → CH_2CH_3 （$CH_3COCH_2CH_3$）

慣用名 エチルメチルケトン（ethyl methyl ketone）

この方法には従っていないが，次の三つの簡単なケトンの慣用名は広く用いられている．

CH_3COCH_3 アセトン

$C_6H_5COCH_3$ アセトフェノン

$C_6H_5COC_6H_5$ ベンゾフェノン

例題 6・2 ケトンを命名する

次のケトンのIUPAC名を示せ．

(a) $CH_3{-}CO{-}CH(CH_3)CH_2CH_3$ (b) 4-メチル-3-エチル置換シクロヘキサノン（環上に CH_2CH_3 と CH_3）

解答

(a) [1] カルボニル基を含む最長の炭素鎖を見つけ，命名する．

$CH_3{-}CO{-}CHCH_2CH_3$ （CH_3 分岐）

5個のC

ペンタン ---→ ペンタノン
(pentane) (pentanone)

[2] 炭素鎖に番号をつけ，置換基を命名する．カルボニル炭素にできるだけ小さい番号がつくように注意すること．

$CH_3{-}\overset{2}{C}O{-}\overset{3}{C}HCH_2CH_3$ （C3 に CH_3）

答 3-メチル-2-ペンタノン（3-methyl-2-pentanone）

(b) [1] 環を命名する．

6個のC

シクロヘキサン ---→ シクロヘキサノン
(cyclohexane) (cyclohexanone)

[2] 環を構成する炭素に番号をつけ，置換基を命名する．カルボニル炭素がC1になることに注意せよ．

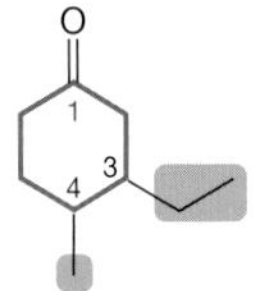

答 3-エチル-4-メチルシクロヘキサノン
(3-ethyl-4-methylcyclohexanone)

練習問題 6・2 次のケトンのIUPAC名を示せ．

(a) $CH_3CH_2COCH(CH_3)CH_2CH_2CH_3$ (b) 2-メチル置換シクロペンタノン（=O）

問題 6・3 次の名称に対応する構造式を書け．

(a) 2-メチル-3-ペンタノン（2-methyl-3-pentanone）

(b) *p*-エチルアセトフェノン（*p*-ethylacetophenone）

6・3 物理的性質

アルデヒド RCHO とケトン RCOR は極性のカルボニル基をもつため極性分子であり，その分子間には2章と3章で述べた炭化水素よりも強い分子間力が働く．一方，アルデヒドとケトンは OH 基をもたないので，分子間で水素結合を形成することができない．このため，それらの分子間力はアルコールよりも弱い．

CH_3
極性結合
C=Ö
CH_3
アセトン
δ+ δ−　δ+ δ−
双極子の反対の電荷をもつ末端が相互作用する

その結果，次のようになる．

- アルデヒドとケトンは，類似の分子量をもつ炭化水素よりも沸点が高い．
- アルデヒドとケトンは，類似の分子量をもつアルコールよりも沸点が低い．

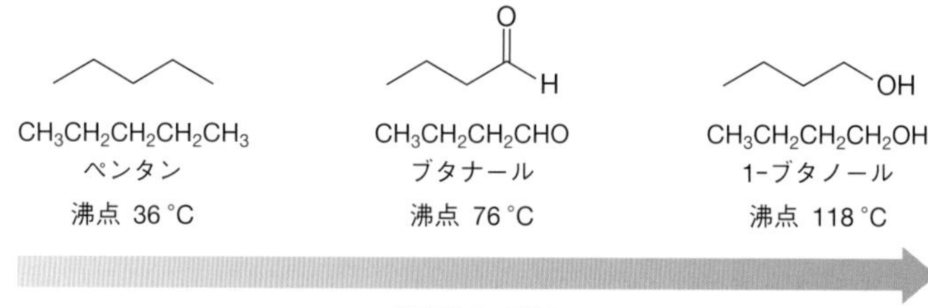

溶解性を支配する一般的な規則，すなわち“同類は同類を溶かす”に従って，アルデヒドとケトンは有機溶媒に溶ける．さらに，アルデヒドとケトンには酸素原子があり，供与できる非共有電子対をもつので，水と水素結合を形成することができる．

CH_3
C=Ö
CH_3
アセトン
水素結合
H—Ö:
H

その結果，次のようになる．

- 低分子量，すなわち炭素数が6個より少ないアルデヒドとケトンは，有機溶媒にも水にも溶ける．
- 高分子量，すなわち炭素数が6個以上のアルデヒドとケトンは，有機溶媒には溶けるが水には溶けない．

問題 6・4　アセトンとプロゲステロンは天然にみられるケトンであり，いずれも人体にも存在する．それぞれの化合物について，水と有機溶媒に対する溶解性を説明せよ．

O
C
CH_3　CH_3
アセトン
O
O
プロゲステロン

健康と医療におけるアルデヒドとケトン

下図に示すように，自然界には特徴的なにおいをもつ多くのアルデヒドが存在する．106ページのコラムで述べたように，これらのにおいを決める際には，その分子の形状が重要な意味をもつと考えられる．

ケトンは日焼けに関する薬剤において重要な役割を果たしている．ジヒドロキシアセトンは，太陽光を浴びることなく日焼けした肌をつくるための市販薬剤の有効成分である．ジヒドロキシアセトンは皮膚のタンパク質と反応して複雑な色素をつくり，皮膚に褐色の色調を与える．また，市販されている多くの日焼け止めには，一つあるいは二つのベンゼン環に結合したカルボニル炭素をもつケトンが含まれている(§3・9も参照)．例として，アボベンゾンやオキシベンゾン，ジオキシベンゾンなどがある．

ジヒドロキシアセトン　アボベンゾン

オキシベンゾン　ジオキシベンゾン

[ケトンのカルボニル基は赤色で示した]

天然に存在するカルボニル基を含まない化合物が，細胞の酵素によってアルデヒドやケトンに変換される場合もある．**アミグダリン**（amygdalin）はこのような化合物の例である．

アミグダリン —酵素→ グルコース(2分子) + ベンズアルデヒド + HCN シアン化水素(有毒気体)

アミグダリンはアンズやモモの種や核に存在する．体内においてアミグダリンは，2種類のアルデヒドであるグルコースとベンズアルデヒドに変換される．同時に副生成物として，有毒気体であるシアン化水素HCNが生成する．アミグダリンは，かつては抗がん薬としてもてはやされた．いくつかの国ではまだこの目的で用いられているが，その有効性は証明されていない．おそらく，アミグダリンから発生する有毒なHCNが，がん細胞を標的とすることなく無差別に細胞を殺すものと思われる．

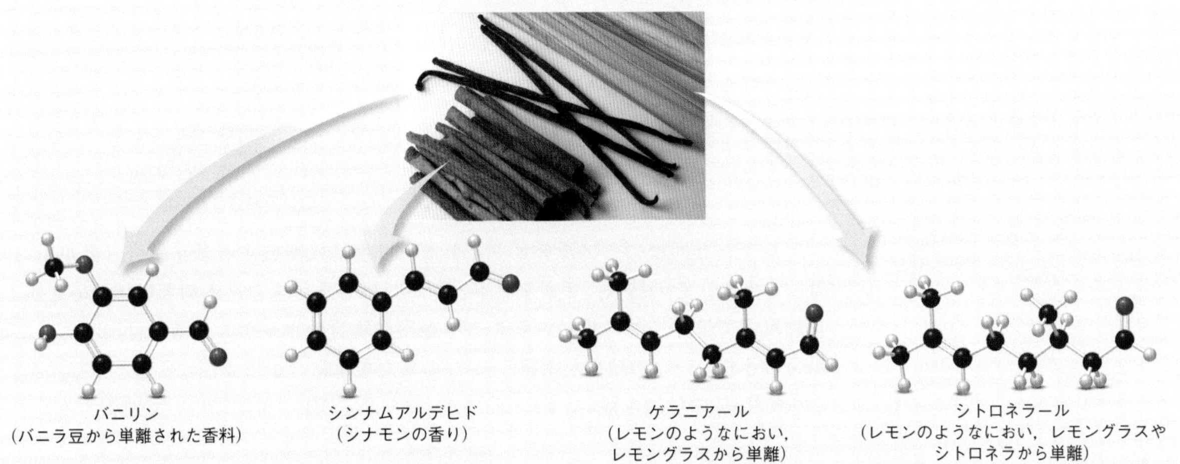

天然に存在し特徴的なにおいをもつ代表的なアルデヒド． **バニリン**(vanillin)はバニラ豆の抽出物の主成分である．天然起源のバニリンでは高い需要をみたすことができないため，ほとんどのバニラ香料に用いられるバニリンは石油から合成されている．**シンナムアルデヒド**(cinnamaldehyde)は，一般的な香料のシナモンの主成分であり，ニッケイの樹皮から得られる．**ゲラニアール**(geranial)はレモングラスに特徴的なレモン様のにおいをもつ．ゲラニアールは香料として利用されるほか，ビタミンAを合成するための出発物質として用いられる．**シトロネラール**(citronellal)は一般にカを追い払うために用いられるシトロネラキャンドルに，特有のレモン様のにおいを与える．

6・4　興味深いアルデヒドとケトン

ホルマリン formalin

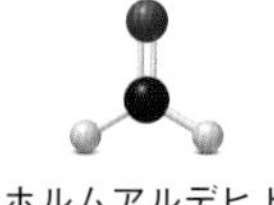

ホルムアルデヒド
CH_2=O

アセトン acetone

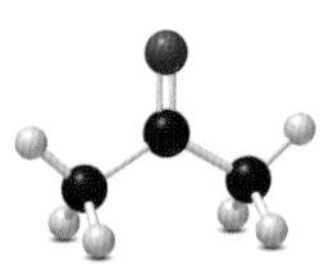

アセトン
$(CH_3)_2C$=O

最も簡単なアルデヒドは**ホルムアルデヒド** CH_2=O である．ホルムアルデヒドは多くの樹脂やプラスチックを合成するための原材料であり，多量に製造されている．また，ホルムアルデヒドは**ホルマリン**という名称で，37%水溶液として市販されている．ホルマリンは生物学的な標本作成のための殺菌剤や防腐剤として用いられる．また，ホルムアルデヒドは石炭や他の化石燃料の不完全燃焼によって生成し，スモッグを含む大気がひき起こす炎症の一つの原因となっている．

最も簡単なケトンは**アセトン** $(CH_3)_2C$=O である．アセトンは工業的に溶媒として利用され，またいくつかの有機ポリマーを合成するための出発物質となっている．アセトンは天然にも存在し，細胞において脂肪酸が分解する過程で生成する．糖尿病はインスリンの分泌が適切でないために正常な代謝過程が変化する病気であるが，その患者の血液にはしばしば，異常に高い濃度のアセトンが観測される．

6・5　アルデヒドとケトンの反応

6・5A　概　　論

アルデヒドとケトンは，次の二つの一般的形式の反応を行う．

1.　アルデヒドは酸化されて，カルボン酸を与える．

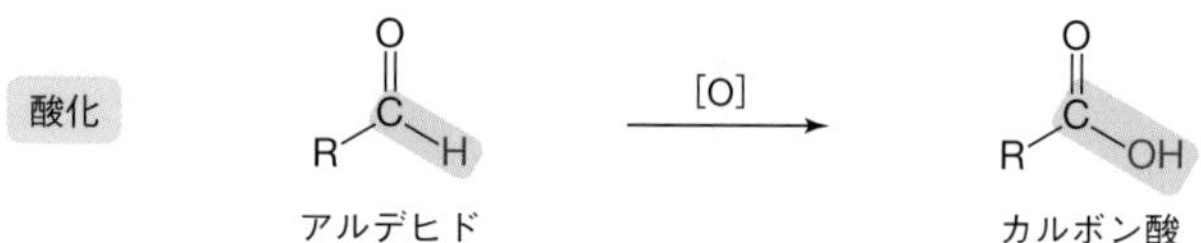

アルデヒドはカルボニル炭素に結合した水素原子をもつので，§6・5B で述べるように，それらはカルボン酸に酸化される．

2.　アルデヒドとケトンは付加反応をする．

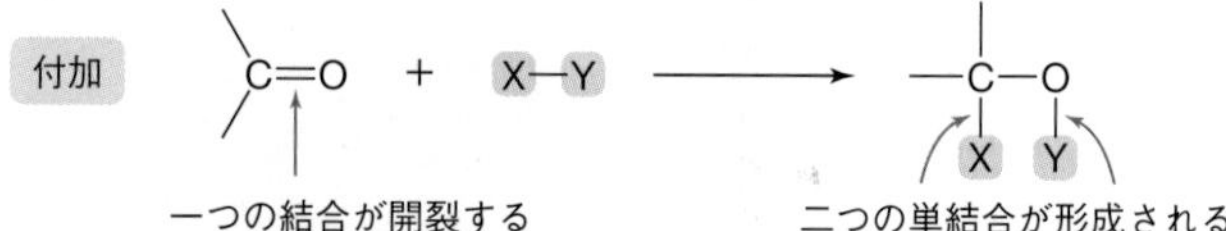

アルケンと同様に，アルデヒドとケトンは容易に開裂する多重結合（カルボニル基）をもつ．その結果，アルデヒドとケトンはさまざまな反応剤と付加反応をする．付加反応では，二つの新しい基 X と Y が出発物質のカルボニル基に付加する．二重結合のうちの一つの結合が開裂し，二つの新たな単結合が形成される．本書では§6・6で水素 H_2 の付加を扱い，§6・8 でアルコール ROH の付加について説明する．

6・5B　アルデヒドの酸化

アルデヒドはカルボニル炭素に直接結合した水素原子をもつので，カルボン酸に酸化される．すなわち，アルデヒドの C−H 結合が C−OH 結合に変換される．ケトンはカルボニル基に結合した水素原子をもたないので，同じ反応条件下では酸化されない．

一つの C−H 結合を一つの C−O 結合で置き換える

酸化　アルデヒド $RCHO$ →[O]→ カルボン酸 $RCOOH$

この酸化を行うための一般的な反応剤は，二クロム酸カリウム $K_2Cr_2O_7$ である．この酸化剤は赤橙色の固体であり，アルデヒドが酸化される過程で緑色の Cr^{3+} 化合物に変化する．

アルデヒドは空気中の酸素によっても容易に酸化される．たとえば，室温でブタナール $CH_3CH_2CH_2CHO$ を放置すると，ゆっくりとその酸化生成物であるブタン酸 $CH_3CH_2CH_2COOH$ の特徴的なにおいを放つようになる．ブタン酸は人の汗の特有なにおいの起源となる化合物である．

$CH_3CH_2CH_2CHO$（ブタナール）→ $K_2Cr_2O_7$ → $CH_3CH_2CH_2COOH$（ブタン酸）

$CH_3CH_2COCH_3$（2-ブタノン）→ $K_2Cr_2O_7$ → 反応しない

C−H 結合をもたない

§4・5で学んだように，$K_2Cr_2O_7$ は他の官能基，とりわけ第一級および第二級アルコールも酸化する．しかし，水酸化アンモニウム NH_4OH 水溶液中の酸化銀（I）Ag_2O を用いると，他の官能基の存在下にアルデヒドを選択的に酸化することができる．この反応剤を**トレンス試薬**という．アルデヒドだけがトレンス試薬と反応し，他のすべての官能基は不活性である．トレンス試薬による酸化では Ag^+ を含む反応剤が金属銀 Ag に変換され，それが銀鏡として反応混合物から遊離するので，明瞭な色の変化が観測される．この反応を**銀鏡反応**といい，アルデヒドの検出に用いられる．

トレンス試薬 Tollens reagent

銀鏡反応 silver mirror reaction

4-ヒドロキシシクロヘキサンカルボアルデヒド →（Ag_2O, NH_4OH）→ 4-ヒドロキシシクロヘキサンカルボン酸 ＋ Ag（銀鏡）

アルデヒドだけが酸化される

例題 6・3 カルボニル化合物の酸化反応の生成物を書く

次のそれぞれの化合物を（ ）内に示した反応剤と反応させたとき，生成する化合物の構造式を書け．ただし，反応が起こらない場合もある．

(a) CH_3CH_2CHO（$K_2Cr_2O_7$）　(b) シクロヘキサノン（$K_2Cr_2O_7$）

(c) $HOCH_2$–C_6H_{10}–CHO（トレンス試薬）

解答　問 (a) のアルデヒドは $K_2Cr_2O_7$ によってカルボン酸に酸化されるが，問 (b) のケトンは酸化に対して不活性である．問 (c) のアルデヒドはカルボン酸に酸化されるが，第一級アルコールはトレンス試薬とは反応しない．

(a) CH_3CH_2CHO → $K_2Cr_2O_7$ → CH_3CH_2COOH

一つの C−H 結合を一つの C−O 結合で置き換える

(b) シクロヘキサノン → $K_2Cr_2O_7$ → 反応しない

この C は別の C のみと結合している

(c) $HOCH_2$–C_6H_{10}–CHO →（Ag_2O, NH_4OH）→ $HOCH_2$–C_6H_{10}–COOH

アルデヒドだけが酸化される

（つづく）

練習問題 6・3　次のそれぞれの化合物を（　）内に示した反応剤と反応させたとき，生成する化合物の構造式を書け．ただし，反応が起こらない場合もある．

(a) 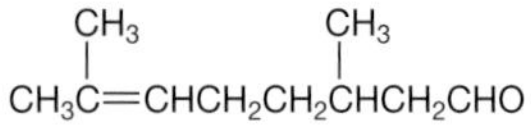　$CH_3C(CH_3)=CHCH_2CH_2CH(CH_3)CH_2CHO$（トレンス試薬）

(b) 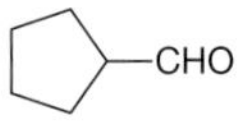　シクロペンタン環—CHO（$K_2Cr_2O_7$）　(c) 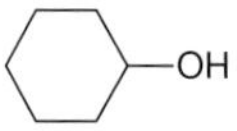　シクロヘキサン環—OH（トレンス試薬）

問題 6・5　(a) 3-ヘプタノンの構造異性体のうち，トレンス試薬では酸化されない化合物の構造式を書け．
(b) 3-ヘプタノンの構造異性体のうち，トレンス試薬と反応する化合物の構造式を書け．さらに，その反応によって生成する化合物の構造式を書け．

6・6　アルデヒドとケトンの還元

§2・8において，有機化合物が還元されたかどうかを判定するために，C−H 結合とO−H 結合の数を比較したことを思い出そう．還元は酸化の逆反応である．

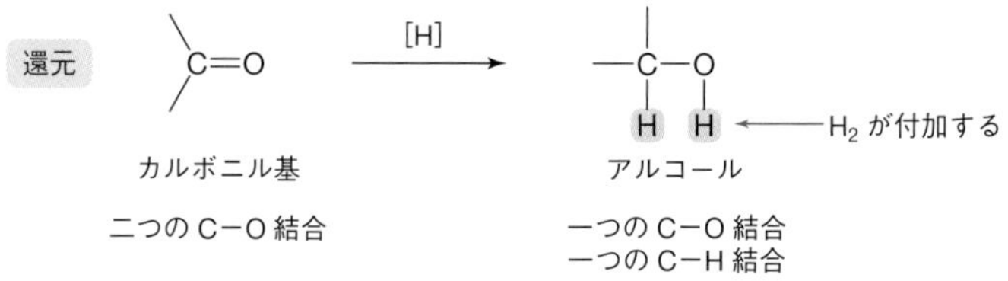

還元　>C=O　$\xrightarrow{[H]}$　−C(H)−O−H　← H_2 が付加する

カルボニル基　二つのC−O 結合　→　アルコール　一つのC−O 結合　一つのC−H 結合

- **還元が起こるとC−O 結合の数が減少するか，あるいはC−H 結合の数が増加する．**

カルボニル基C=O のアルコールCH−OH への変換は還元反応である．なぜなら出発物質は二つのC−O 結合をもつのに対して，生成物はそれよりも少ない一つのC−O 結合をもつからである．カルボニル基の還元は，また付加反応である．なぜなら2個の水素原子が二重結合を形成するそれぞれの原子に付け加わり，新たなC−H 結合とO−H 結合が形成されるからである．一般的な還元反応を表すために，しばしば記号 [H] が用いられる．

6・6A　カルボニル還元の特徴

出発物のカルボニル化合物の種類によって，還元反応の生成物として得られるアルコールの種類が決まる．

- **アルデヒド RCHO は第一級アルコール RCH_2OH に還元される．**

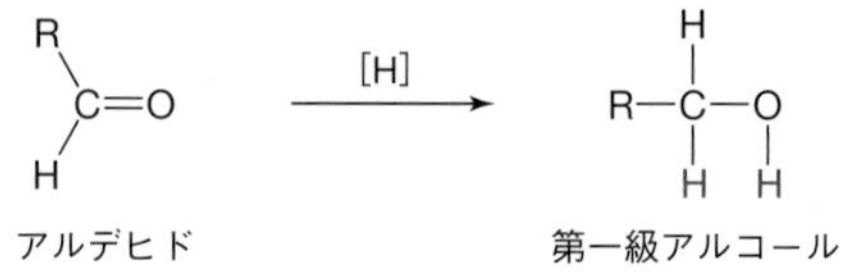

R(H)C=O　$\xrightarrow{[H]}$　R−CH(H)−O−H

アルデヒド　　第一級アルコール

- **ケトン RCOR は第二級アルコール R_2CHOH に還元される．**

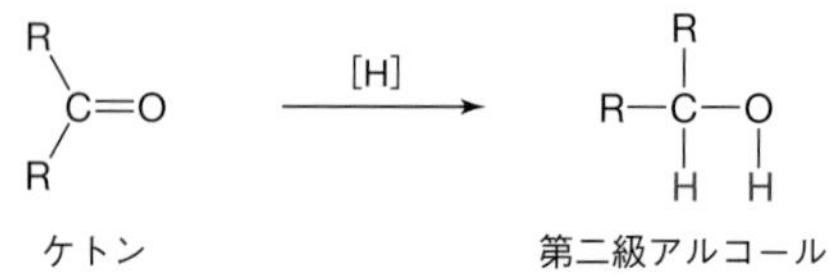

R(R)C=O　$\xrightarrow{[H]}$　R−CR(H)−O−H

ケトン　　第二級アルコール

アルデヒドあるいはケトンをアルコールに還元するために，さまざまな反応剤が用いられる．たとえば，カルボニル基C=O に対する水素 H_2 の付加は，C=C に対す

る H_2 の付加（§3・5）と同じ反応剤，すなわち金属パラジウム Pd の存在下における水素ガスとの反応によって起こる．金属は触媒であり，カルボニル化合物と H_2 がともに結合する表面を提供することによって，還元反応の速度を増大させる．多重結合に対する水素の付加を**水素化**という．

水素化 hydrogenation

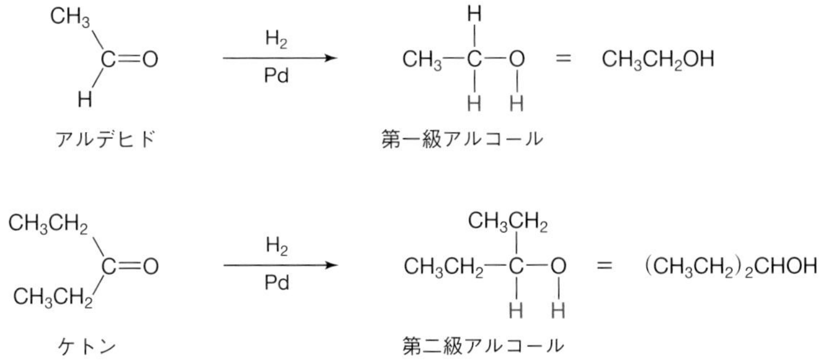

CH_3CHO（アルデヒド） $\xrightarrow[Pd]{H_2}$ CH_3-CH_2-OH = CH_3CH_2OH（第一級アルコール）

$(CH_3CH_2)_2C{=}O$（ケトン） $\xrightarrow[Pd]{H_2}$ $CH_3CH_2-C(H)(CH_2CH_3)-OH$ = $(CH_3CH_2)_2CHOH$（第二級アルコール）

例題 6・4 水素化の生成物を書く

次のアルデヒドあるいはケトンを Pd 触媒存在下で H_2 と反応させたとき，生成するアルコールの構造式を書け．

(a) シクロヘキシル–CHO　(b) シクロヘキサノン（=O）

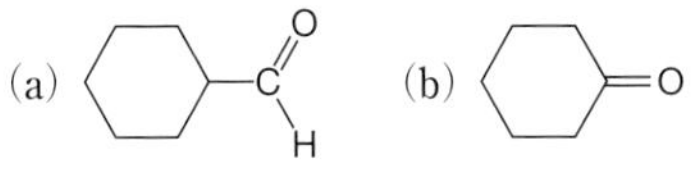

解答　問 (a) のアルデヒド RCHO からは第一級アルコール RCH_2OH が生成し，問 (b) のケトンからは第二級アルコール R_2CHOH が生成する．

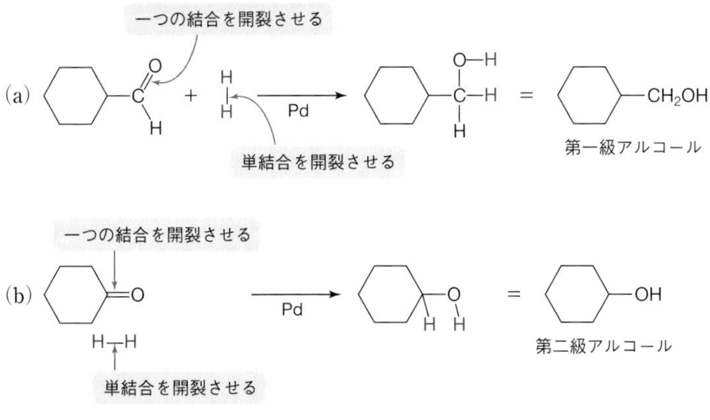

(a) シクロヘキシル–CHO + H–H $\xrightarrow{Pd}$ シクロヘキシル–C(H)(H)–O–H = シクロヘキシル–CH_2OH（第一級アルコール）
一つの結合を開裂させる
単結合を開裂させる

(b) シクロヘキサノン + H–H $\xrightarrow{Pd}$ シクロヘキシル(H)–O–H = シクロヘキシル–OH（第二級アルコール）
一つの結合を開裂させる
単結合を開裂させる

練習問題 6・4　次の化合物を Pd 触媒存在下で H_2 と反応させたとき，生成するアルコールの構造式を書け．

(a) $CH_3C(=O)CH_2CH_3$　(b) ベンゼン環–CHO

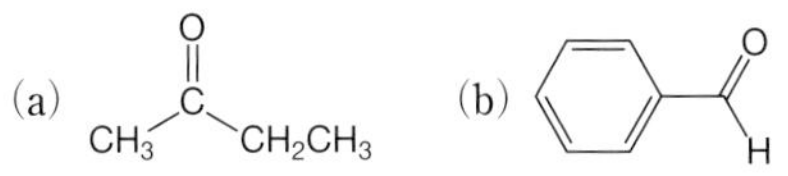

6・6B 有機合成におけるカルボニル基の還元

アルデヒドとケトンの還元は，実験室における多くの有用な化合物の合成反応でよく用いられる．

化学者が化合物を合成するには，さまざまな理由がある．天然に存在する化合物が有用な性質をもつが，しばしばそれが生物によってほんのわずかな量しか得られない場合がある．そのとき化学者は，その化合物をより容易に利用でき，より安価に供給するために，簡単な出発物質からその分子を合成する方法を開発する．このような例として，**ムスコン**がある．ムスコンは強い芳香をもつケトンであり，多くの香料の材料として用いられる．ムスコンは最初，雄のジャコウジカから単離されたが，現在では実験室で合成されている．ムスコンの合成における一つの段階は，ケトンの第二級アルコールへの還元である．

ムスコン muscone

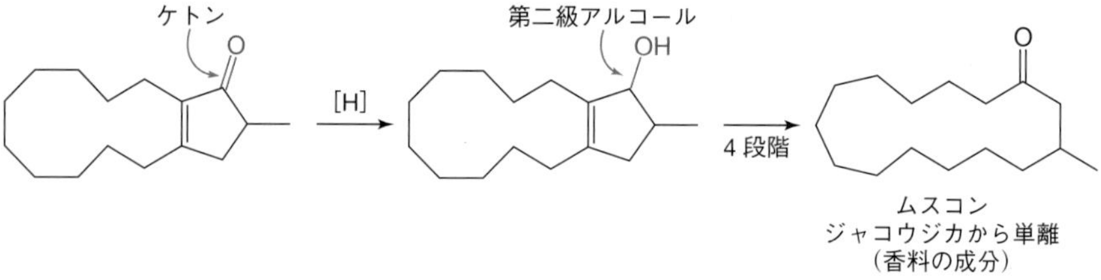

ケトン　[H]　第二級アルコール　4 段階

ムスコン
ジャコウジカから単離
(香料の成分)

また，化学者は天然に存在しない化合物を合成する場合もある．なぜならそれらは，しばしば有用な薬理作用をもつからである．たとえば，処方薬の抗うつ薬であるフルオキセチンは，天然には存在しない化合物である．実験室でのフルオキセチンの合成における一つの段階は，ケトンの第二級アルコールへの還元である．フルオキセチンは優れた薬理作用をもち，さらに実験室における合成によって容易に供給されるため，広く用いられている．

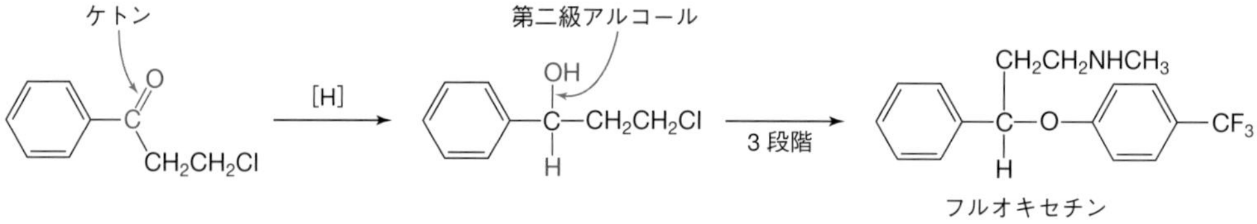

ケトン　CH_2CH_2Cl　[H]　第二級アルコール　OH　CH_2CH_2Cl　H　3 段階　$CH_2CH_2NHCH_3$　O　CF_3　H

フルオキセチン

問題 6・6　還元反応によってアルコール **A** を合成するために，出発物質として必要なカルボニル化合物の構造式を書け．**A** は 3 段階で，抗炎症薬のイブプロフェンに変換される．

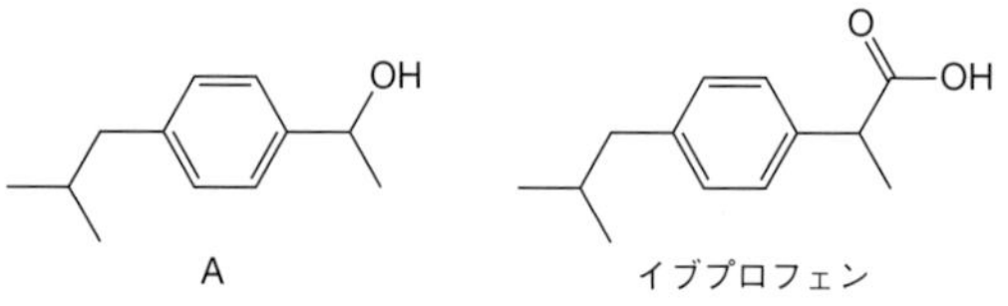

A　イブプロフェン

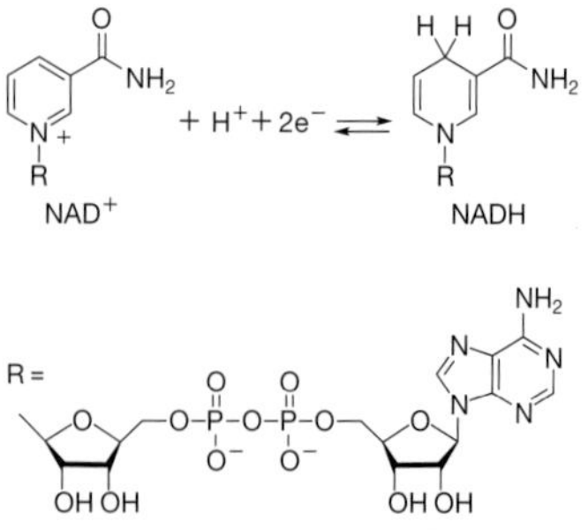

6・6C　生体内の還元反応

カルボニル基の還元は，生体内でもよくみられる反応である．生体内では還元剤に H_2 と Pd 触媒は用いない．その代わり，酵素の存在下で，**NADH** とよばれる補酵素が用いられる．酵素にはカルボニル化合物と NADH の両方が結合し，これによってそれらは互いに近接して保持され，カルボニル基への H_2 の付加が促進されてアルコールが生成する．その過程で NADH 自身は酸化されて，**NAD**$^+$ が生成する*．NAD^+ は生体系の酸化剤として働く補酵素であり，ビタミンの一種であるナイアシンから合成される．ナイアシンはダイズや他の食材から，食事によって得ることができる．

NADH ニコチンアミドアデニンジヌクレオチド（nicotinamide adenine dinucleotide）の還元型

＊ 訳注：NAD^+/NADH は次式のような反応により，酸化剤・還元剤として働く．

$NAD^+ + H^+ + 2e^- \rightleftarrows NADH$

R =

生物学的な還元

$$\mathrm{>C{=}O} + \underset{\text{補酵素}}{\mathrm{NADH}} \xrightarrow{\text{酵素}} \mathrm{-\overset{OH}{\underset{H}{C}}-} + \mathrm{NAD^+}$$

たとえば，ピルビン酸のNADHによる還元は，酵素である乳酸デヒドロゲナーゼによって触媒され，乳酸が生成する．ピルビン酸は簡単な糖であるグルコースの代謝によって得られる．

$$\underset{\text{ピルビン酸}}{\mathrm{CH_3-C(=O)-COOH}} \xrightarrow[\text{乳酸デヒドロゲナーゼ}]{\mathrm{NADH}} \underset{\text{乳酸}}{\mathrm{CH_3-\overset{OH}{\underset{H}{C}}-COOH}} + \mathrm{NAD^+}$$

6・7 視覚の化学

ヒトの目には2種類の光感応性細胞がある．一つは桿体(かんたい)細胞とよばれ，微弱な光に対する視覚の要因となる．もう一つは錐体細胞であり，色覚や明るい光における視覚に関与している．ハトのような動物は目に錐体細胞だけをもつので，色覚をもつが，薄暗いところでは視力が弱い．一方，フクロウは桿体細胞だけをもつので，色を見ることはできないが，薄暗いところでも良好な視力をもつ．桿体細胞における視覚の化学は，**11-*cis*-レチナール**というアルデヒドが担っている．

11-*cis*-レチナール 11-*cis*-retinal

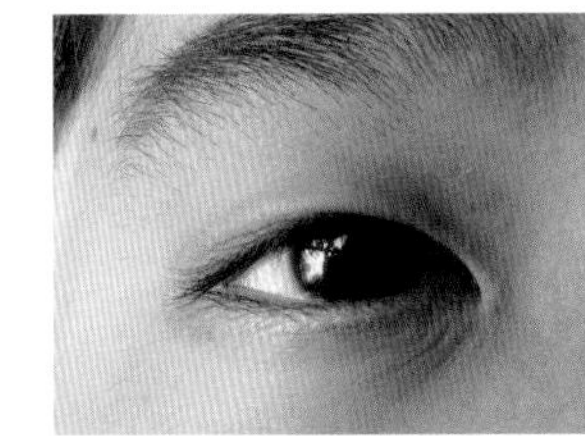

11-*cis*-レチナールは光感応性をもつアルデヒドであり，すべての脊椎動物，節足動物，および軟体動物の視覚の化学において重要な役割を果たしている．

シス形

11-*cis*-レチナール　＝　立体的な混雑

↓ 光　　　↓ 光

トランス形

全トランス形レチナール　＝　二重結合のまわりの立体的な混雑が解放される

＋

神経インパルス

11-*cis*-レチナールは安定な分子ではあるが，二重結合の一つがシス形であるため，そこで一つの二重結合の水素原子が隣接する二重結合のメチル基に接近しており，立体的な混雑が生じている．ヒトの網膜では（図6・1），11-*cis*-レチナールはオプシンというタンパク質に結合し，ロドプシンあるいは視紅とよばれる複合体を形成している．光が網膜にあたると，11位のシス形二重結合はより安定なトランス形に異性化し，全トランス形のレチナールが生成する．この過程は神経インパルスとなって脳に伝達され，それは視覚的な像へと変換される．

視覚の過程を継続するためには，全トランス形のレチナールが逆に 11-*cis*-レチナールへと変換されなければならない．この過程は，生体内の酸化（§4・5）と還元（§6・6）を含む一連の反応によって起こる．図 6・2 に示すように，まず NADH が補酵素として働き，全トランス形のレチナールにおけるアルデヒドを全トランス形のレチノール，すなわち**ビタミン A** に還元する（反応 [1]）．また，NAD^+ は，11-*cis*-

ビタミン A vitamin A

図 6・1　**視覚**．眼にある桿体細胞において，オプシンに結合した 11-*cis*-レチナールが光を吸収し，立体的に混雑した 11 位のシス形の二重結合がトランス形に異性化する．この過程によって神経インパルスが発生し，脳で視覚的な像へと変換される．

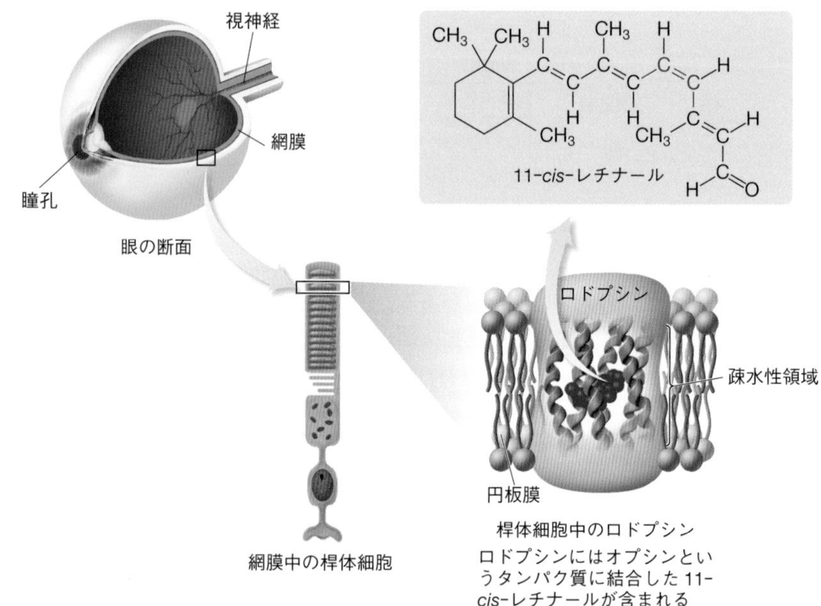

全トランス形レチナール

[1] 還元　NADH

全トランス形レチノール
ビタミン A

食事によって摂取

[2] 異性化

11-*cis*-レチノール

NAD^+　[3] 酸化

11-*cis*-レチナール

視覚に必要

図 6・2　**ビタミン A と視覚の化学**．反応 [1]（還元）：全トランス形レチナールのアルデヒド（青字で示した）が，補酵素 NADH によって第一級アルコールに還元される．生成物は全トランス形レチノールである．反応 [2]（異性化）：トランス形の二重結合（赤字で示した）がシス形に異性化し，11-*cis*-レチノールが生成する．反応 [3]（酸化）：11-*cis*-レチノールの第一級アルコール（青字で示した）が，補酵素 NAD^+ によってアルデヒドに酸化される．これによって 11-*cis*-レチナールが再生され，視覚の化学的サイクルが継続する．

レチノールを酸化して11-*cis*-レチナールへ戻す補酵素となる（反応[3]）．これによって，視覚の化学的サイクルを継続させることができる．

図6・2は，視覚におけるビタミンA（§1・7）の役割を説明している．ビタミンAは食事によって直接摂取されるか，あるいはニンジンの橙色色素であるβ-カロテンから得られる．ビタミンAは2段階で桿体細胞における視覚に必須のアルデヒドである11-*cis*-レチナールに変換される．桿体細胞は薄暗い光における視覚の要因となるので，ビタミンAの欠乏は夜盲症をひき起こす．

6・8 アセタールの生成

アルデヒドとケトンはアルコールROHと付加反応を起こし，それによってヘミアセタールとアセタールが生成する．一般にアセタールの生成は，硫酸H_2SO_4の存在下で行われる．

アセタールの生成

$$R-C(=O)-H\ (\text{あるいは}R) \underset{H_2SO_4}{\overset{R'OH}{\rightleftharpoons}} R-C(OH)(H\ (\text{あるいは}R))-OR' \underset{H_2SO_4}{\overset{R'OH}{\rightleftharpoons}} R-C(OR')(H\ (\text{あるいは}R))-OR' + H_2O$$

アルデヒドあるいはケトン　　ヘミアセタール　　アセタール

6・8A アセタールとヘミアセタール

アルデヒドあるいはケトンに対して1分子のアルコールROHが付加すると，**ヘミアセタール**が生成する．他の付加反応と同様に，C=Oの一つの結合が開裂し，二つの新たな単結合が形成される．一般に脂肪族ヘミアセタールは不安定であり，さらに第二のアルコール分子と反応して**アセタール**が生成する．

ヘミアセタール hemiacetal

アセタール acetal

- 同じ炭素に結合したヒドロキシ基OHとアルコキシ基ORをもつ化合物を**ヘミアセタール**という．
- 同じ炭素に結合した二つのアルコキシ基ORをもつ化合物を**アセタール**という．

$$-C(OH)(OR)- \qquad -C(OR)(OR)-$$

ヘミアセタール：一つのCに一つのOH基と一つのOR基が結合している

アセタール：一つのCに二つのOR基が結合している

以下に，アルコール成分としてエタノールCH_3CH_2OHを用いたアセタール生成の二つの例を示す．

$$CH_3CH_2-C(=O)-H \underset{H_2SO_4}{\overset{CH_3CH_2OH}{\rightleftharpoons}} CH_3CH_2-C(OH)(H)-OCH_2CH_3 \underset{H_2SO_4}{\overset{CH_3CH_2OH}{\rightleftharpoons}} CH_3CH_2-C(OCH_2CH_3)(H)-OCH_2CH_3 + H_2O$$

ヘミアセタール　　アセタール

$$\text{シクロペンタノン} \underset{H_2SO_4}{\overset{CH_3CH_2OH}{\rightleftharpoons}} \text{1-(HO)(}OCH_2CH_3\text{)シクロペンタン} \underset{H_2SO_4}{\overset{CH_3CH_2OH}{\rightleftharpoons}} \text{1,1-(}CH_3CH_2O\text{)(}OCH_2CH_3\text{)シクロペンタン} + H_2O$$

ヘミアセタール　　アセタール

How To　カルボニル化合物から生成するヘミアセタールとアセタールを書く方法

例　硫酸 H_2SO_4 の存在下でアセトアルデヒド CH_3CHO を 2 当量のメタノール CH_3OH と反応させたとき，生成するヘミアセタールとアセタールの構造式を書け．

段階 1　まず，1 当量のアルコール ROH を付加することによって，カルボニル基をヘミアセタールへ変換する．

- アルデヒドあるいはケトンにおける C=O の位置を特定する．
- 一つの C−O 結合を開裂させ，カルボニル炭素に OCH_3 基を置くように，二重結合に 1 当量の CH_3OH を付加させる．これによって，ヘミアセタールが生成する．

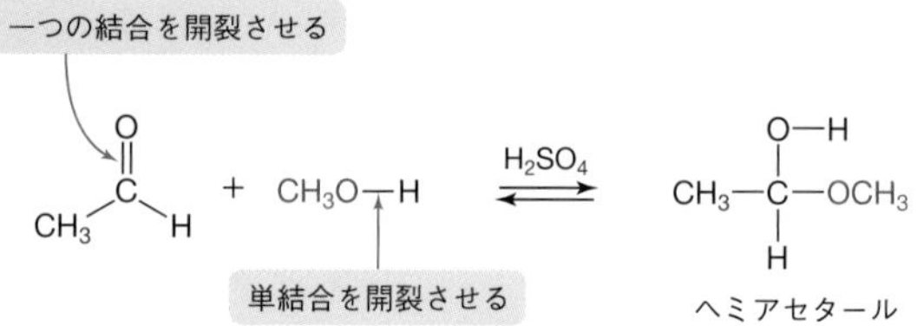

段階 2　2 当量目の ROH によって，ヘミアセタールをアセタールに変換する．

- ヘミアセタールの OH 基を OCH_3 基で置き換えると，アセタールが生成する．

$CH_3-C(OH)(H)-OCH_3 + CH_3O-H \overset{H_2SO_4}{\rightleftharpoons} CH_3-C(OCH_3)(H)-OCH_3 + H_2O$

新たな結合　単結合を開裂させる　アセタール

問題 6・7　次のそれぞれのカルボニル化合物を，硫酸 H_2SO_4 の存在下で 2 当量の（　）内に示したアルコールと反応させたとき，生成するヘミアセタールとアセタールの構造式を書け．

(a) シクロヘキサノン（CH_3OH）

(b) ベンズアルデヒド（CH_3CH_2OH）

アセタールとエーテルはいずれも C−OR 結合をもっているが，異なる化合物である．

アセタール：—C(OR)(OR)—　一つの炭素原子に二つの OR 基

エーテル：—C—O—C—　一つの酸素原子に二つの炭素原子

- アセタールは二つの OR 基に結合した一つの炭素原子をもつ．
- エーテルは二つの炭素に結合したただ一つの酸素原子をもつ．

例題 6・5　エーテル，ヘミアセタール，アセタールを識別する

次の化合物は，エーテル，ヘミアセタール，アセタールのいずれに分類されるか．

(a) $CH_3CH_2-O-CH_2CH_3$　(b) 2,2-ジメチル-1,3-ジオキソラン（CH_3, CH_3）

解答

(a) $CH_3CH_2-O-CH_2CH_3$　一つの酸素原子に二つの炭素原子　エーテル

(b) この炭素原子は二つの酸素原子に結合している　アセタール

（つづく）

問 (b) のアセタールは環の一部になっている．この化合物は二つの酸素原子に結合した一つの環炭素をもっているので，アセタールである．

練習問題 6・5 次の化合物は，エーテル，ヘミアセタール，アセタールのいずれに分類されるか．

(a) 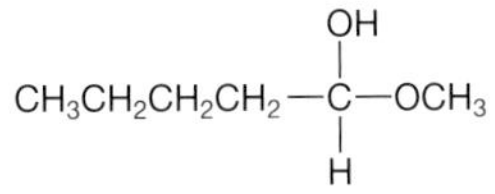 $CH_3CH_2CH_2CH_2-C(OH)(H)-OCH_3$　(b) 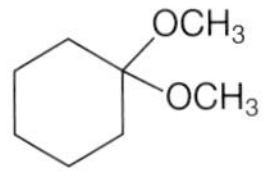 1,1-ジメトキシシクロヘキサン（シクロヘキサン環の一つの炭素に OCH_3 基が二つ結合）

6・8B 環状ヘミアセタール

鎖状のヘミアセタールは一般に不安定であるが，五員環あるいは六員環をもつ環状ヘミアセタールは安定な化合物であり，容易に単離することができる．

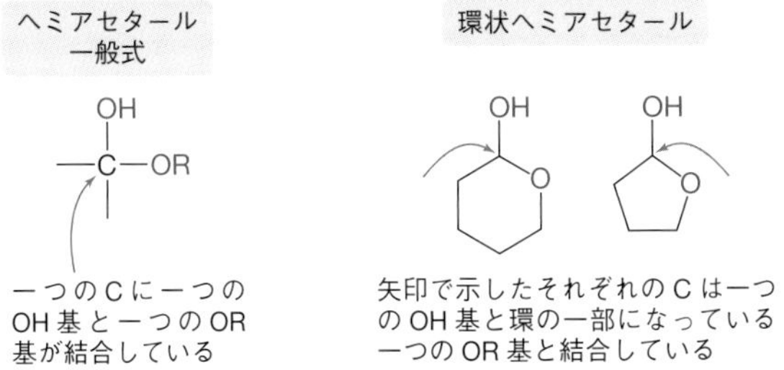

ヘミアセタール 一般式

OH | —C—OR |

一つのCに一つのOH基と一つのOR基が結合している

環状ヘミアセタール

矢印で示したそれぞれのCは一つのOH基と環の一部になっている一つのOR基と結合している

これらの環状ヘミアセタールは，ヒドロキシ基とアルデヒドあるいはケトンの両方をもつ化合物の分子内反応によって生成する．

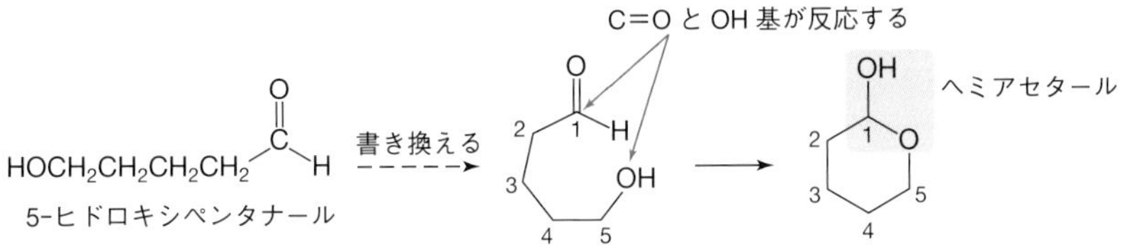

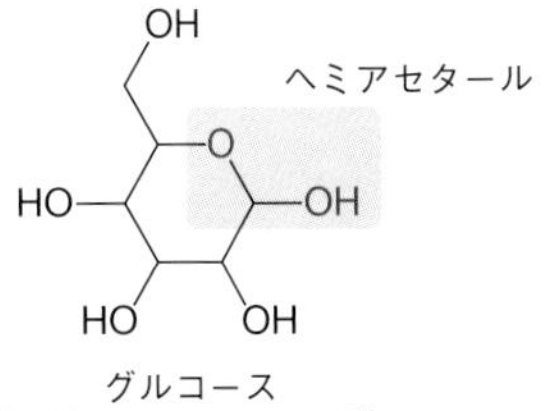

$HOCH_2CH_2CH_2CH_2CHO$ 5-ヒドロキシペンタナール --書き換える--> （C=O と OH 基が反応する）⟶ ヘミアセタール

環状ヘミアセタールは，特に炭水化物の化学において重要である．最も一般的で簡単な炭水化物であるグルコースは，おもに環状ヘミアセタールとして存在する．グルコースは5個のOH基をもつが，そのうちの一つのOH基がもう一つの酸素原子に結合している炭素原子に結合しているため，これはヘミアセタールである．グルコースにおけるそのほかのOH基は，すべて“通常の”アルコールである．

グルコース（環状ヘミアセタール型）

環状ヘミアセタールは，他のアルコールROHとの反応によって，アセタールに変換される．生成するアセタールの構造式を書くには，ヘミアセタールのOH基をアルコールのOR基で置き換えればよい．

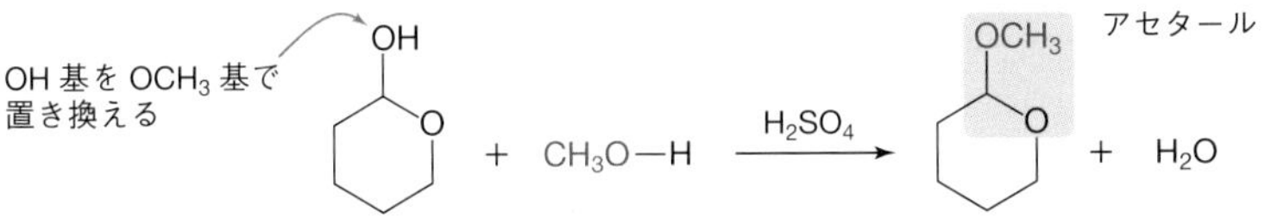

OH基を OCH_3 基で置き換える

$$\text{(環状ヘミアセタール)} + CH_3O-H \xrightarrow{H_2SO_4} \text{アセタール} + H_2O$$

生理活性をもつ分子には，アセタールや環状ヘミアセタールをもつものが多い．たとえば，牛乳に含まれるおもな炭水化物であるラクトース（乳糖）は，一つのアセタールと一つのヘミアセタールをもつ．ラクトースを消化して吸収するためにはラクターゼという酵素が必要であるが，おもにアジアとアフリカ系の多くの人々は，十分な量のラクターゼをもっていない．この状態は乳糖不耐症とよばれ，腹部のけいれんや繰返し起こる下痢と関連している．

アセタール

ラクトース　ヘミアセタール

例題 6・6　環状化合物におけるアセタール，ヘミアセタール，エーテルの位置を特定する

次の化合物におけるアセタール，ヘミアセタール，エーテルを標識せよ．

解答

- ヘミアセタールは，OH 基と環の一部である酸素原子に結合した炭素原子をもつ．
- エーテルは環の一部である二つの炭素原子に結合した酸素原子をもつ．
- アセタールは OCH_3 基と環の一部である酸素原子に結合した炭素原子をもつ．

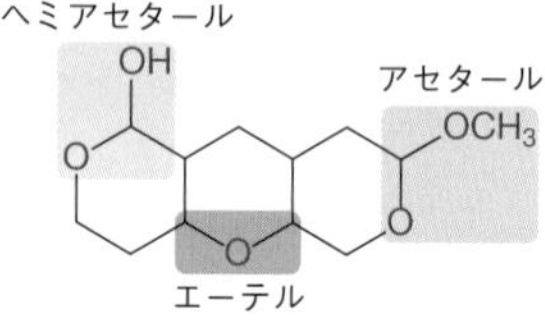

練習問題 6・6　次の図は，うっ血性心不全や他の心臓病をもつ患者に処方される天然の薬剤のジゴキシンの構造式である．ジゴキシンにおける三つのアセタールを標識せよ．

ジゴキシン

ジギタリス（キツネノテブクロ）の葉は，心臓病の薬剤として有効なジゴキシンの供給源となる．

問題 6・8　次のそれぞれの反応において，生成するアセタールの構造式を書け．

(a) （環状ヘミアセタール）—OH + CH_3CH_2OH $\xrightarrow{H_2SO_4}$

(b) （環状ヘミアセタール）—OH + （シクロヘキサノール）—OH $\xrightarrow{H_2SO_4}$

6・8C アセタールの加水分解

アセタールは安定な化合物であるが，酸の存在下で水と反応させるとアルデヒドとケトンに戻すことができる．水との反応によって結合が開裂するので，この反応は**加水分解**である．

加水分解 hydrolysis

アセタールの加水分解

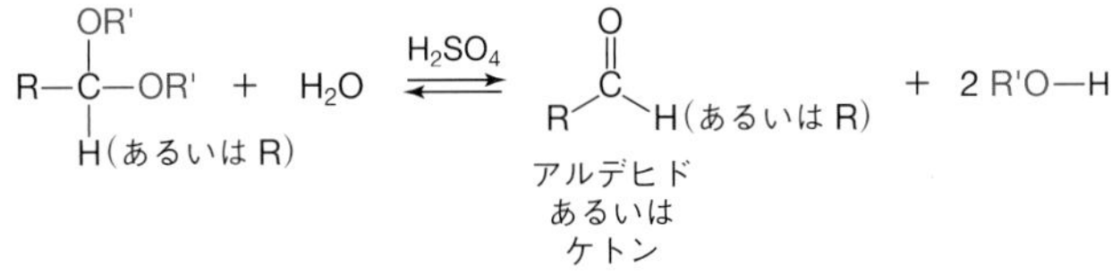

R—C(OR')(OR')—H(あるいはR) ＋ H_2O $\xrightleftharpoons{H_2SO_4}$ R—C(=O)—H(あるいはR) ＋ 2 R'O—H

アルデヒドあるいはケトン

例

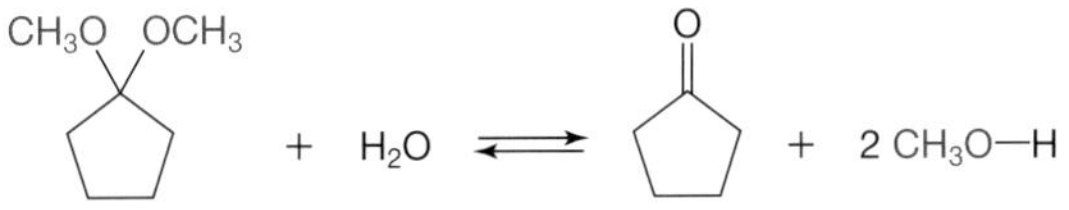

1,1-ジメトキシシクロペンタン（CH_3O, OCH_3） ＋ H_2O ⇌ シクロペンタノン ＋ 2 CH_3O—H

例題 6・7　アセタールの加水分解生成物を書く

アセタール $(CH_3CH_2)_2C(OCH_3)_2$ を H_2SO_4 の存在下で水と反応させるとき，得られる加水分解生成物の構造式を書け．

解答　アセタールの加水分解によって得られる生成物の構造式を書くには，次の方法に従う．

- 同じ炭素原子に結合した二つの C−OR 結合の位置を特定する．
- 二つの C−O 結合をカルボニル基 C=O で置き換える．
- それぞれの OR 基は，生成物のアルコール ROH 分子になる．

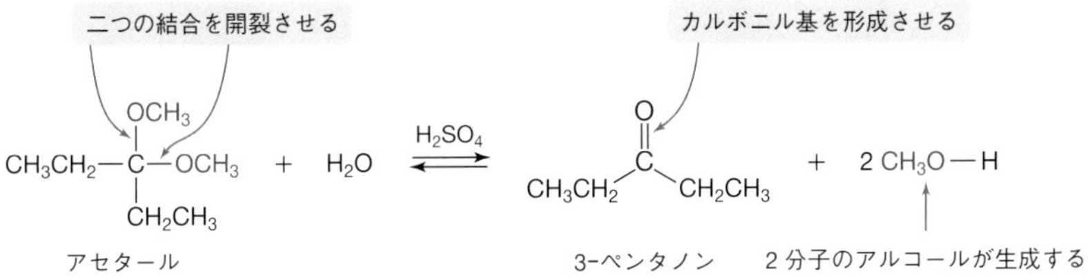

二つの結合を開裂させる　　カルボニル基を形成させる

CH_3CH_2—C(OCH_3)(OCH_3)—CH_2CH_3 ＋ H_2O $\xrightleftharpoons{H_2SO_4}$ CH_3CH_2—C(=O)—CH_2CH_3 ＋ 2 CH_3O—H

アセタール　　3-ペンタノン　　2 分子のアルコールが生成する

練習問題 6・7　次のそれぞれのアセタールの加水分解によって生成する化合物の構造式を書け．

(a) 1,1-ジエトキシシクロヘキサン（CH_3CH_2O, OCH_2CH_3）

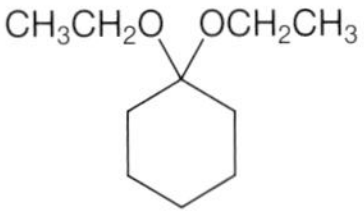

(b) シクロヘキシル—C(OCH_3)(OCH_3)—H

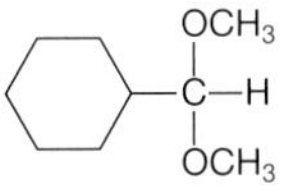

7

カルボン酸，エステル，アミド

ポリアミドであるナイロン(§7・10A)は，ロープ，布，リュックサック，熱気球，パラシュートなどきわめて多くの日用品に用いられている．ナイロン製の縫合糸は，医療に利用されている．

7章はカルボニル基 C=O を含む化合物に注目する２番目の章であり，カルボン酸，エステル，アミドについて述べる．これらはいずれも天然に広く存在し，また多くの有用な化合物が人工的に合成されている．簡単なカルボン酸は酸味と刺激臭をもち，また簡単なエステルは特徴的な芳香をもつ．天然に豊富に存在する脂質もエステルである．いくつかの有用な薬剤はアミドであり，頭髪や筋肉などを形成するタンパク質には，多数のアミド単位が含まれている．

7・1　構 造 と 結 合

カルボン酸，エステル，アミドはいずれも，炭素よりも電気陰性な原子に結合したカルボニル基 C=O をもつ化合物群に属する．

カルボン酸 carboxylic acid

COOH 基に対する carboxy という語は，C=O に対する carbonyl と OH に対する hydroxy に由来している．

- **カルボン酸**はカルボキシ基 COOH をもつ有機化合物である．

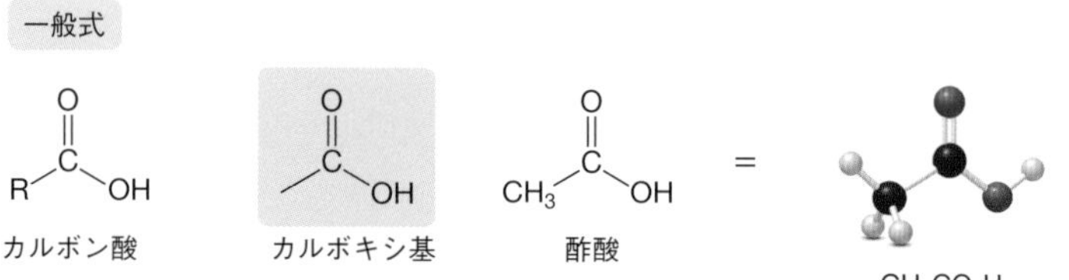

カルボン酸の構造式は RCOOH あるいは RCO_2H と略記されることが多い．しかし，その官能基の中心炭素は，一つの酸素原子と二重結合を形成し，もう一つの酸素原子とは単結合を形成していることを理解していなければならない．

エステル ester

- **エステル**はカルボニル炭素に結合したアルコキシ基 OR′ をもつカルボニル化合物である．

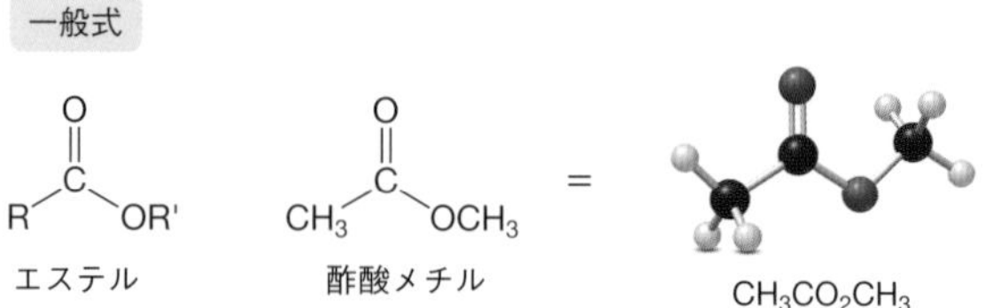

エステルの構造式はしばしば，RCOOR′ あるいは $RCO_2R′$ と略記される．

- **アミドはカルボニル炭素に結合した窒素原子をもつカルボニル化合物である．**

アミド amide

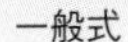

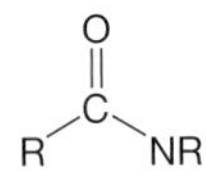

アミド
R' = H あるいはアルキル基

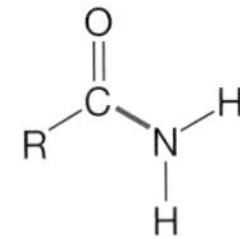

第一級アミド
一つの C−N 結合

第二級アミド
二つの C−N 結合

第三級アミド
三つの C−N 結合

アミドの窒素原子は，水素原子あるいはアルキル基と結合することができる．またアミドは，窒素原子に直接結合した炭素原子の数に依存して，第一級，第二級，第三級に分類される．

- 一つの C−N 結合をもち，一般式 $RCONH_2$ をもつアミドを第一級アミドという．
- 二つの C−N 結合をもち，一般式 RCONHR′ をもつアミドを第二級アミドという．
- 三つの C−N 結合をもち，一般式 $RCONR′_2$ をもつアミドを第三級アミドという．

エステルとアミドには環状構造をもつものが知られている．環状エステルは**ラクトン**，環状アミドは**ラクタム**という．

ラクトン lactone
ラクタム lactam

カルボニル炭素は環の一部である OR 基と結合している

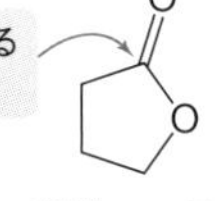

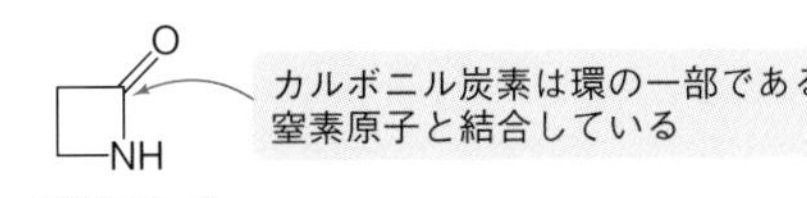

環状エステル
ラクトン

環状アミド
ラクタム

カルボン酸，エステル，アミドはいずれも，電気陰性な原子に結合した**アシル基** RCO をもつので，**アシル化合物**とよばれる．

アシル基 acyl group
アシル化合物 acyl compound

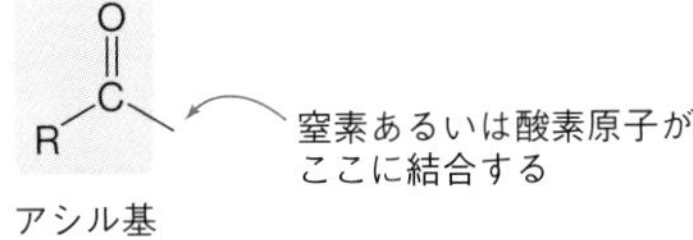

アシル基

他のカルボニル化合物と同様に，アシル化合物の最も重要な性質は次の二つである．

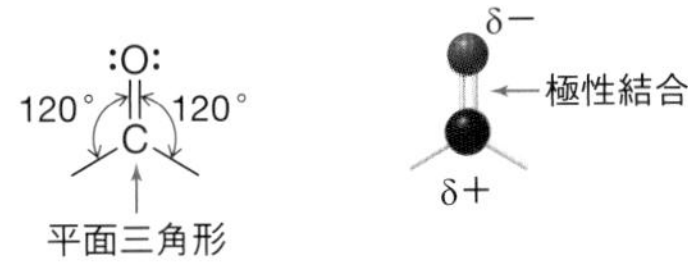

- カルボニル炭素は平面三角形であり，すべての結合角は 120° である．
- 電気陰性な酸素原子のために，カルボニル基は極性になる．カルボニル炭素が電子欠乏（δ+）であり，カルボニル酸素は電子豊富（δ−）となる．

アシル化合物の例として，ホウレンソウに含まれるシュウ酸（カルボン酸），洋ナシに含まれる酢酸プロピル（エステル），トウガラシに含まれるカプサイシン（アミド）などがある．

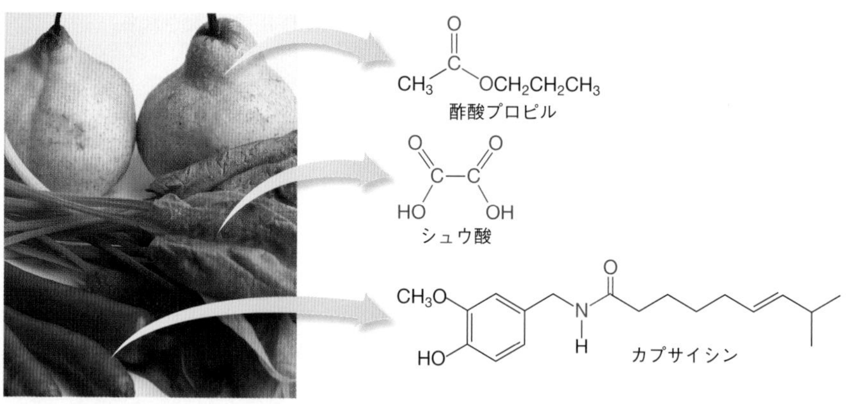

問題 7・1　以下の図は，脳の視床下部とよばれる領域で生成する甲状腺刺激ホルモン放出ホルモン（thyrotropin-releasing hormone，TRH と略記）の構造式である．TRH に含まれる四つのアミドを，それぞれ第一級，第二級，第三級に分類せよ．

問題 7・2　以下の図は，高血圧の治療に用いられる薬剤であるリシノプリルの構造式である．次の問いに答えよ．

(a) リシノプリルに含まれる官能基を標識し，それぞれの名称を記せ．

(b) リシノプリルはいくつの平面三角形炭素をもつか．

7・2 命 名 法

IUPAC 命名法に基づいてカルボン酸，エステル，アミドを命名するには，それぞれの官能基を識別する接尾語を学ばなければならない．エステルとアミドの名称はカルボン酸の名称から誘導されるので，まずカルボン酸の命名法を学ぶ必要がある．また，エステル，第二級アミド，第三級アミドでは，これらアシル化合物の名称は別べつの二つの部分から構成される．すなわち，カルボニル基を含むアシル基の名称と，酸素あるいは窒素原子に結合した一つまたは二つのアルキル基の名称である．

7・2A カルボン酸 RCOOH の命名法

- IUPAC 命名法では，カルボン酸は接尾語 “-oic acid” で識別される．

IUPAC 命名法を用いてカルボン酸を命名するには，以下の手順に従う．

1. COOH 基を含む最長の炭素鎖を見つけ，母体となるアルカンの語尾 “-e” を接尾語 “-oic acid” に変換する．日本語では対応するアルカンの名称のあとに “-酸” をつける．
2. COOH 基が C1 の位置になるように，炭素鎖に番号をつける．ただし，この番号は名称では省略する．命名法の他のすべての一般的な規則を適用する．

簡単なカルボン酸の名称には，慣用名が用いられる場合が多い．英語名では，慣用名に接尾語 “-ic acid” を用いる．次の三つのカルボン酸には，事実上いつも慣用名が用いられる．

ギ酸	酢酸	安息香酸
$HCOOH$	CH_3COOH	C_6H_5COOH
(formic acid)〔メタン酸 (methanoic acid)〕	(acetic acid)〔エタン酸 (ethanoic acid)〕	(benzoic acid)〔ベンゼンカルボン酸 (benzenecarboxylic acid)〕

[IUPAC 名を〔　〕内に示す．これらはめったに使われない]

カルボニル基に近接した炭素原子を示すために，しばしばギリシャ文字が用いられる．これらの語は，あらゆるカルボニル基に対して用いることができる．

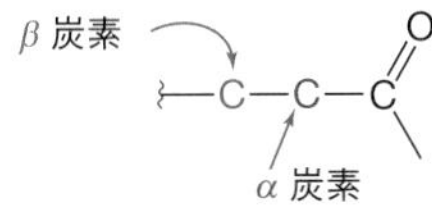

- カルボニル基に隣接した炭素を α（アルファ）炭素という．
- α 炭素に結合した炭素を β（ベータ）炭素という．

例題 7・1　カルボン酸を命名する

次のカルボン酸の名称を示せ．

$CH_3CH(CH_3)CH(CH_3)CH_2CH_2COOH$

解答

[1]　COOH 基を含む最長の炭素鎖を見つけ，命名する．

$CH_3CH(CH_3)CH(CH_3)CH_2CH_2COOH$

ヘキサン (hexane) 6 個の炭素原子 ---> ヘキサン酸 (hexanoic acid)

COOH は最長の炭素鎖の一つの炭素原子として寄与している

[2]　炭素鎖に番号をつけ，置換基を命名する．COOH 基が C1 の位置になることに注意せよ．

$\overset{5}{C}H_3\overset{}{C}H(CH_3)\overset{4}{C}H(CH_3)CH_2CH_2\overset{1}{C}OOH$

C4 と C5 に二つのメチル基

答　4,5-ジメチルヘキサン酸（4,5-dimethylhexanoic acid）

練習問題 7・1　次の化合物の IUPAC 名を示せ．

(a)　$CH_3CHClCH_2CH_2COOH$　　(b)　$(CH_3CH_2)_2CHCH_2CH(CH_2CH_3)COOH$

問題 7・3　次の名称に対応する構造式を書け．

(a)　2-ブロモブタン酸（2-bromobutanoic acid）

(b)　2-エチル-5,5-ジメチルオクタン酸（2-ethyl-5,5-dimethyloctanoic acid）

7・2B　エステル RCOOR′ の命名法

エステルの名称は，母体となるカルボン酸の名称から誘導される．慣用名のギ酸 (formic acid)，酢酸（acetic acid），安息香酸（benzoic acid）は母体となるカルボン酸の名称としても用いられるので，これらの名称はその誘導体にも同様に用いられることを覚えておいてほしい．

エステルの構造は二つの部分からなる．すなわち，カルボニル基を含むアシル基 RCO と，酸素原子に結合したアルキル基 R′ である．エステルの IUPAC 名では，それぞれの部分が別べつに命名される．日本語ではカルボン酸 RCOOH の名称のあとに，アルキル基 R′ の名称をつける．

- IUPAC 命名法では，エステルは接尾語 “-ate” によって識別される．

How To　IUPAC 命名法を用いてエステル RCO_2R' を命名する方法

例　エステル $CH_3CO_2CH_2CH_3$ の名称を示せ．

段階 1　酸素原子に結合している R′ 基を，アルキル基として命名する．

- アルキル基の名称は接尾語 "-yl" をもつが，これがエステルの IUPAC 名の最初の部分となる．この問題では，2 個の炭素からなる ethyl group（エチル基）が，エステルの酸素原子に結合している．

$CH_3C(=O)OCH_2CH_3$ ← エチル基（ethyl）

段階 2　アシル基 RCO を，母体となるカルボン酸の語尾の "-ic acid" を接尾語 "-ate" に変換することによって，命名する．

- アシル基の名称は，エステルの IUPAC 名の二番目の部分となる．
- この問題では，母体となる炭素原子 2 個のカルボン酸の名称 acetic acid が，acetate に変換される．
- 日本語ではカルボン酸の名称 "酢酸" のあとに，アルキル基の名称をつける．

$CH_3C(=O)OCH_2CH_3$

酢酸（acetic acid）に由来する ---→ 酢酸（acetate）

名称は酢酸エチル（ethyl acetate）となる．

エステルは RCOOR′ とアルキル基 R′ を最後に書くことが多い．しかし，エステルの英語名では，R′ 基の名称が最初に現れる．

問題 7・4　次のエステルの名称を示せ．

(a) $CH_3(CH_2)_4CO_2CH_3$　(b) 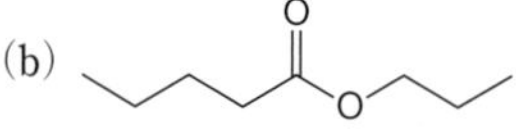

問題 7・5　次の名称に対応する構造式を示せ．

(a) プロパン酸プロピル（propyl propanoate）　(b) 安息香酸メチル（methyl benzoate）

7・2C　アミドの命名法

- IUPAC 命名法では，アミドは接尾語 "-amide" によって識別される．

すべての第一級アミドは，母体となるカルボン酸の名称の語尾 "-oic acid"（あるいは，慣用名では語尾 "-ic acid"）を，接尾語 "-amide" で置き換えることによって命名する．日本語ではカルボン酸の名称の語尾 "-酸" を，接尾語 "アミド" に置き換える．なお，ギ酸のアミド $HCONH_2$ は "ホルムアミド（formamide）"，酢酸のアミド CH_3CONH_2 は "アセトアミド（acetamide）"，安息香酸のアミド $C_6H_5CONH_2$ は "ベンズアミド（benzamide）" となる．

第一級アミドの命名法

$CH_3C(=O)NH_2$　酢酸（acetic acid）に由来する ---→ アセトアミド（acetamide）

$C_6H_5C(=O)NH_2$　安息香酸（benzoic acid）に由来する ---→ ベンズアミド（benzamide）

第二級あるいは第三級アミドの構造は二つの部分からなる．すなわち，カルボニル基を含むアシル基 RCO と，窒素原子に結合した一つあるいは二つのアルキル基である．

How To　第二級あるいは第三級アミドを命名する方法

例　次のアミドの名称を示せ．

(a) $HC(=O)NHCH_2CH_3$　(b) $C_6H_5C(=O)N(CH_3)_2$

段階 1　アミドの窒素原子に結合している一つあるいは二つのアルキル基を命名する．それぞれのアルキル基の名称の前に，接頭語 "*N*-" をつける．

- アルキル基の名称は，アミドの名称の最初の部分となる．
- 第三級アミドについては，窒素原子に結合した二つのアルキ

（つづく）

ル基が同一であれば，接頭語“di-”（日本語では“ジ”）を用いる．二つのアルキル基が異なる場合は，それらの名称をアルファベット順に並べる．二つのアルキル基が同一であっても，それぞれのアルキル基に対して一つの“*N*-”が必要となる．

(a) エチル基（ethyl）

• 化合物は一つのエチル基をもつ第二級アミドである．
→ *N*-ethyl（*N*-エチル）

(b) 二つのメチル基（methyl）

• 化合物は二つのメチル基をもつ第三級アミドである．
• 名称の最初に，接頭語“di-”と二つの“*N*-”をつける．
→ *N*,*N*-dimethyl（*N*,*N*-ジメチル）

段階 2 接尾語“-amide”をつけて，アシル基 RCO を命名する．

(a)

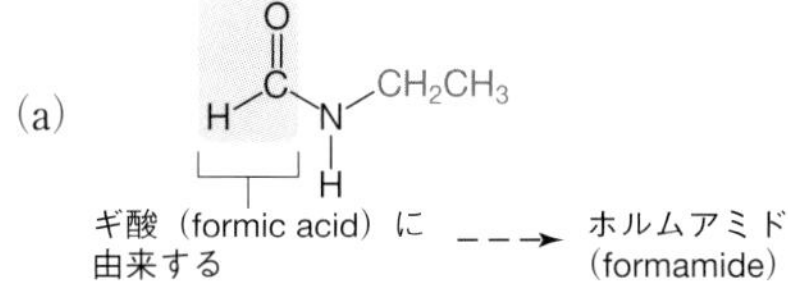

• 母体となるカルボン酸の語尾“-ic acid”あるいは“-oic acid”を，接尾語“-amide”に変換する．日本語ではカルボン酸の名称の語尾“-酸”を，接尾語“アミド”に置き換える．ギ酸では“ホルムアミド”となる．
• 二つの部分の名称をつなげることによって，アミドの名称とする．
名称は *N*-エチルホルムアミド（*N*-ethylformamide）となる．

(b)

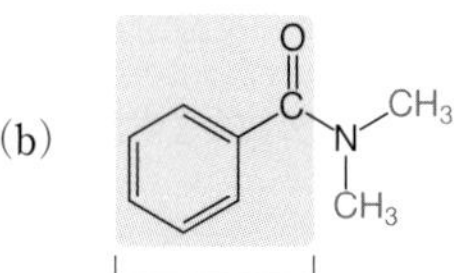

• 母体となるカルボン酸の名称 benzoic acid を benzamide に変換する．日本語では“ベンズアミド”となる．
• 二つの部分の名称をつなげることによって，アミドの名称とする．
名称は *N*,*N*-ジメチルベンズアミド（*N*,*N*-dimethylbenzamide）となる．

問題 7・6 次のアミドの名称を示せ．

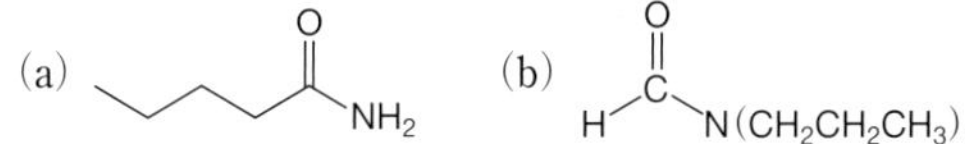

問題 7・7 次のアミドに対応する構造式を書け．
(a) *N*-エチルヘキサンアミド（*N*-ethylhexanamide）
(b) *N*,*N*-ジメチルアセトアミド（*N*,*N*-dimethylacetamide）

7・3 物理的性質

カルボン酸，エステル，アミドはいずれも，極性のカルボニル基をもつので極性化合物である．また，これらの化合物に含まれる C−O 結合，O−H 結合，C−N 結合，N−H 結合はすべて極性結合であり，それぞれの化合物の正味の双極子に寄与する．

さらにカルボン酸は電気陰性の酸素原子に結合した水素原子をもつので，分子間で水素結合を形成する．図 7・1 に示すように，カルボン酸はしばしば，二つの分子間水素結合によって互いに結びつけられた**二量体**として存在する．二量体では，一つの分子のカルボニル酸素が，もう一つの分子の水素原子と結合している．

二量体 dimer

水素結合

水素結合

図 7・1 二つの分子間水素結合によって互いに結びつけられた 2 分子の酢酸 CH_3COOH

これによって，次のような結果となる．

- 類似の分子量をもつ化合物で比較すると，カルボン酸はエステルよりも強い分子間力をもつため，沸点と融点はカルボン酸の方が高い．

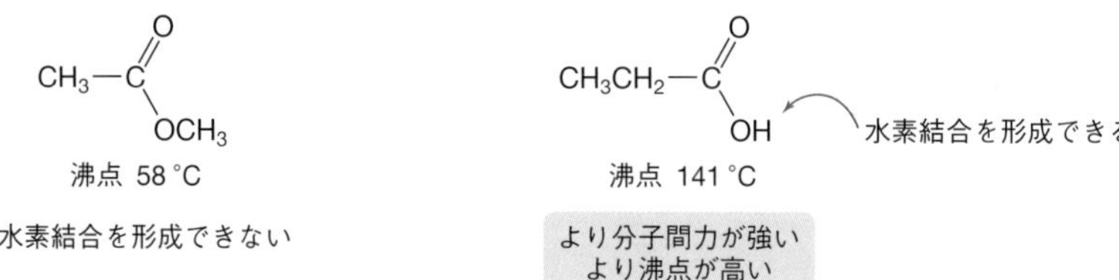

また，カルボン酸とアルコールはともに水素結合を形成するが，カルボン酸の方がアルコールよりも分子間力が強い．これは，カルボン酸では2分子が二つの分子間水素結合によって互いに結びつけられているのに対して，二つのアルコール分子間には，一つの水素結合だけが可能なためである（§4・2）．その結果，次のようになる．

- カルボン酸は，類似の分子量をもつアルコールよりも，沸点と融点が高い．

$CH_3CH_2CH_2OH$
1-プロパノール
沸点 97 °C

CH_3COOH
酢酸
沸点 118 °C
より多くの水素結合を形成できる
より沸点が高い

第一級および第二級アミドはN−H結合をもつので，図7・2に示すように，二つのアミド分子間で水素結合を形成することができる．このため，第一級および第二級アミドにおける分子間力は，分子間で水素結合を形成することができない第三級アミドやエステルよりも強くなる．その結果，次のようになる．

図 7・2　2分子の CH_3CONH_2 における分子間水素結合

水素結合

- 第一級および第二級アミドは，類似の分子量をもつエステルや第三級アミドよりも沸点や融点が高い．

CH_3COOCH_3
エステル
沸点 58 °C

$HCON(CH_3)_2$
第三級アミド
沸点 153 °C

$CH_3CH_2CONH_2$
第一級アミド
沸点 213 °C
水素結合を形成できる
より分子間力が強い
より沸点が高い

問題 7・8　次のそれぞれの組における化合物のうち，沸点が高いものはどちらか．
(a) CH_3CO_2H と CH_3CH_2CHO
(b) $CH_3CH_2CH_2CH_2CONH_2$ と $CH_3CH_2OCOCH_2CH_3$

他の酸素を含む化合物と同様に，炭素数が6個よりも少ないカルボン酸，エステル，アミドは水に溶ける．しかし，それよりも大きい分子量をもつアシル化合物は水に溶けない．これは，分子の無極性部分，すなわちC−C結合やC−H結合からなる部分が，極性のアシル基よりも支配的になるためである．

スキンケア製品

スキンケア製品は肌の表面を滑らかにし，小じわを取除くとされている．いくつかのスキンケア製品にはα-ヒドロキシ酸，すなわちカルボキシ基のα炭素にヒドロキシ基をもつカルボン酸が含まれている．一般的なα-ヒドロキシ酸として，グリコール酸と乳酸の二つがある．グリコール酸は天然に存在し，サトウキビなどに含まれる．乳酸はヨーグルトや乳酸菌飲料に特有の風味を与えている．

α-ヒドロキシ酸は皮膚細胞の外層と反応し，それによって細胞は接着が緩くなり剥離する．このようにして，スキンケア製品は実際に老化の過程を逆行させるわけではなく，柔軟さを失って年齢による小さいしみが生じた古い皮膚の層を除去するのである．しかし，それによってしばらくの間，肌は若々しい外観を与えられる．

一般式

α炭素

α-ヒドロキシ酸　グリコール酸　乳酸

問題 7・9　次のそれぞれの化合物のうち，α-ヒドロキシ酸はどれか．

(a) 酒石酸（ブドウから単離）

(b) CH_3CHCH_2COOH（3位にOH）　3-ヒドロキシブタン酸（ポリマー合成の出発物質）

(c) サリチル酸（セイヨウナツユキソウから単離）

7・4 興味深いカルボン酸

簡単なカルボン酸は刺激性の，あるいは不快なにおいをもつ．

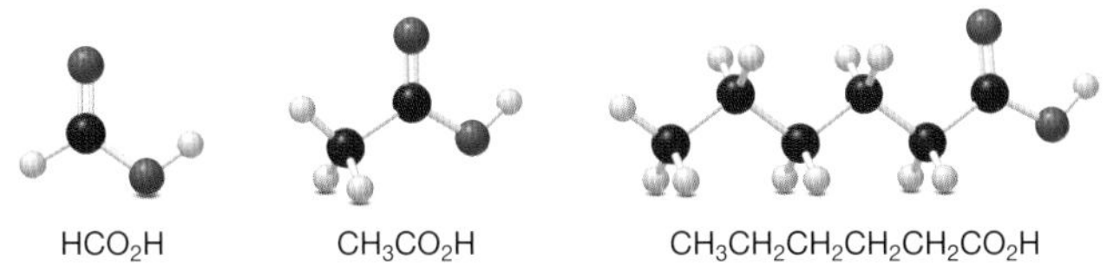

ギ酸 HCO_2H はある種のアリに刺されたときの痛みの原因となる．

酢酸 CH_3CO_2H は食酢の酸味成分である．“まずい”ワインが酸っぱいのは，エタノール CH_3CH_2OH の空気酸化によって生成した酢酸によるものである．

ヘキサン酸 $CH_3(CH_2)_4COOH$ は，汚れた靴下やロッカールームを連想させる悪臭をもつ．またこの化合物は，イチョウの種子の不快なにおいの原因でもある．ヘキサン酸の慣用名はカプロン酸（caproic acid）であり，ヤギを意味するラテン語の caper に由来している．

イチョウは2億8千万年以上も前から存在している．イチョウの抽出物は古くから中国や日本，インドにおいて，医療や料理に用いられている．

アスピリンと抗炎症薬

一般に鎮痛薬として用いられる三つの薬剤，アスピリン，イブプロフェン，ナプロキセンは抗炎症薬でもあるが，これらはいずれもカルボキシ基をもっている．

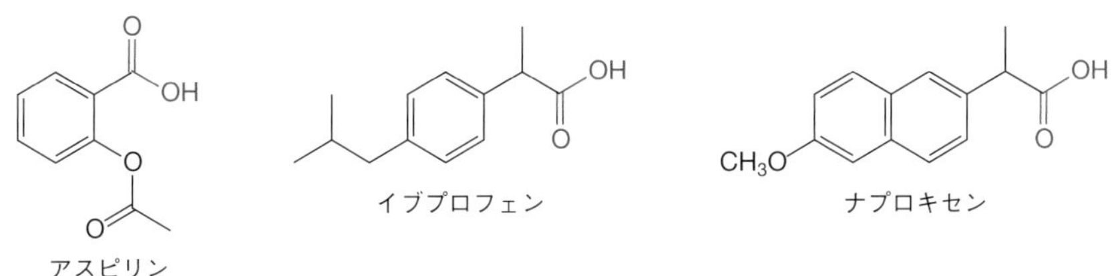

アスピリン　イブプロフェン　ナプロキセン

アスピリンは最も広く用いられている鎮痛薬，抗炎症薬であり，1800年代後半から売られていたが，その作用機構は1970年代まで不明のままであった．その当時，アスピリンは**プロスタグランジン**という20個の炭素原子からなるカルボン酸の合成を阻害することが明らかにされた．プロスタグランジンは，痛みや炎症などさまざまな生理的機能の発現の要因となる化合物である．

アスピリン aspirin

プロスタグランジン prostaglandin

プロスタグランジンは細胞に貯蔵されずに，四つのシス形二重結合をもつ不飽和脂肪酸のアラキドン酸から必要に応じて合成される．アスピリンが痛みをやわらげ炎症を抑えるのは，これらの原因となるプロスタグランジンが，アラキドン酸から合成される過程を阻害するためである．

O
OH

アラキドン酸

アスピリンはこの過程を阻害する

O
OH
HO
HO
OH

PGF₂α や類縁の化合物が痛みや炎症をひき起こす

$PGF_{2\alpha}$
プロスタグランジンの一種

ベイン John Vane
サムエルソン Bengt Samuelsson
ベルイストレーム Sune Bergström

1982 年のノーベル生理学・医学賞は，プロスタグランジン合成の詳細を解明し，アスピリンの作用機構を明らかにした業績により，ベイン，サムエルソン，ベルイストレームに授与された．

7・5　興味深いエステルとアミド

§7・9 で学ぶように，エステルは多くの脂質に含まれる一般的な官能基である．

低分子量のエステルには，非常に特徴的で，心地よいにおいをもつものが多い．例として，マンゴーに含まれるブタン酸エチル，アンズに含まれるブタン酸ペンチル，冬緑油の成分であるサリチル酸メチルなどがある．

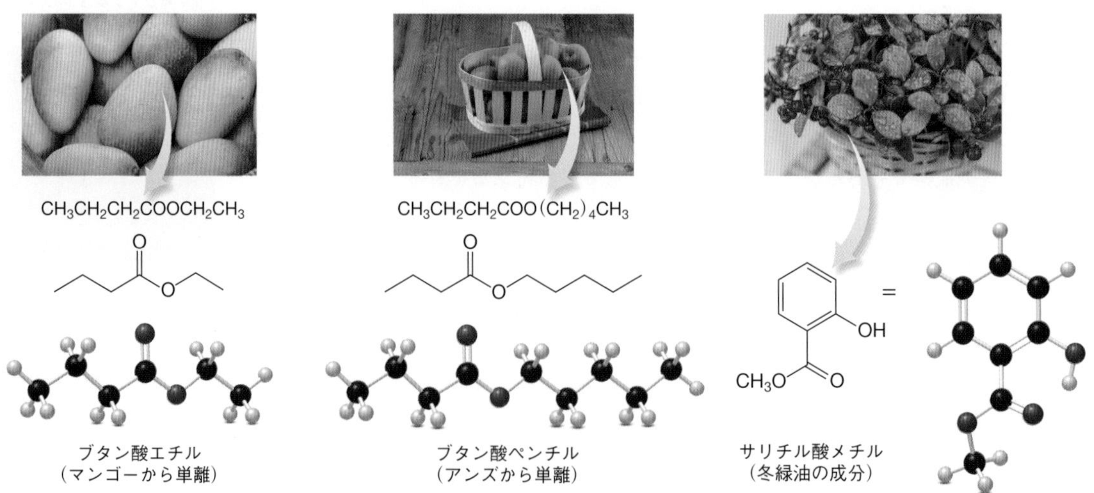

ブタン酸エチル（マンゴーから単離）　ブタン酸ペンチル（アンズから単離）　サリチル酸メチル（冬緑油の成分）

メラトニン melatonin

メラトニンは脳の松果体という器官で合成されるアミドであり，睡眠をひき起こす物質と考えられている．体内のメラトニン濃度は，眼に届く光が少ないときに増大し，夜明けとともに急速に減少する．このため，メラトニンは時差ぼけに悩む旅行者や，弱い睡眠障害をもつ人のための補助薬として広く用いられる．

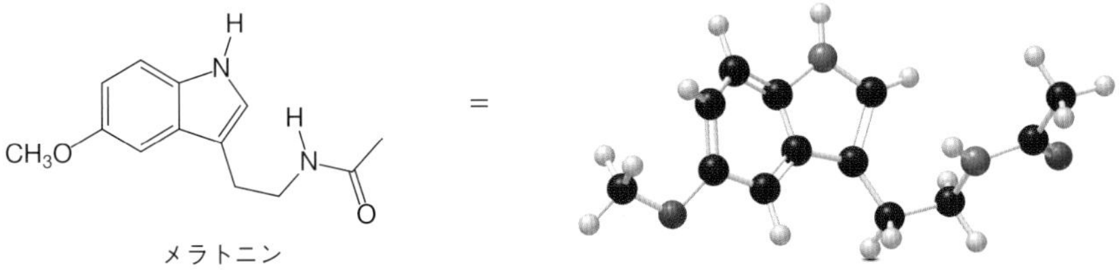

メラトニン

有用な薬剤には，エステルあるいはアミドであるものが多い．たとえば，経口局所麻酔薬の有効成分である**ベンゾカイン**はエステルである．また，痛みや熱を除去する作用をもつ**アセトアミノフェン**はアミドである．アセトアミノフェンが大量に投与されると肝臓障害が起こる危険性があるので，推奨された投与量には慎重に従わなければならない．

ベンゾカイン benzocaine
アセトアミノフェン acetaminophen

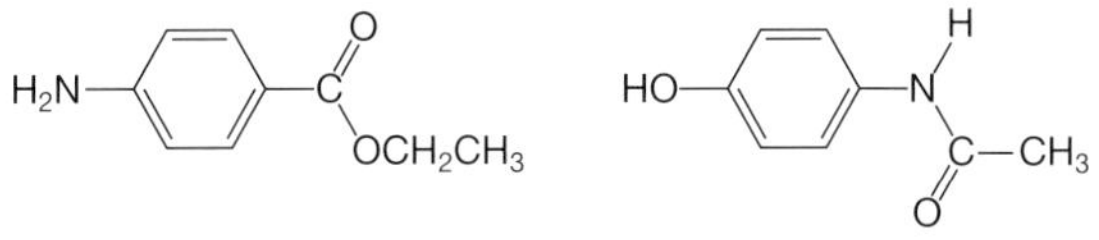

ベンゾカイン（局所麻酔薬）　アセトアミノフェン（ある種の鎮痛薬の有効成分）

7・6 カルボン酸の酸性

その名称が示すように，カルボン酸は酸である．すなわち，カルボン酸はプロトン供与体となる．カルボン酸を水に溶かすと，酸塩基平衡が成立する．カルボン酸は水 H_2O にプロトン H^+ を供与して，その共役塩基である**カルボキシラートイオン**が生成する．一方，H_2O は H^+ を獲得して，その共役酸 H_3O^+ が生成する．

カルボキシラートイオン carboxylate ion

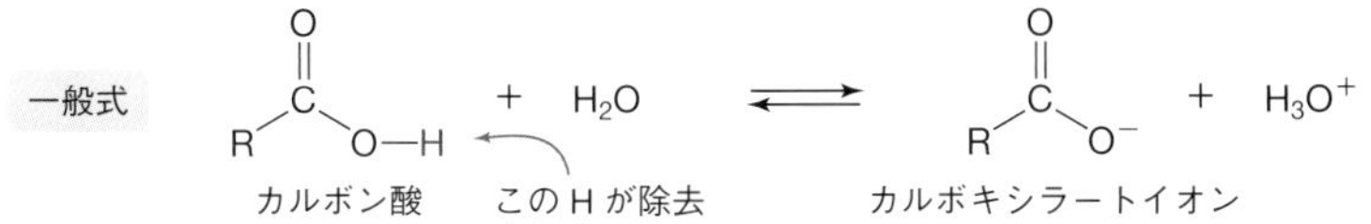

一般式

$$RCOOH + H_2O \rightleftharpoons RCOO^- + H_3O^+$$

カルボン酸　このHが除去される　カルボキシラートイオン

カルボン酸は有機化合物の他の化合物群よりも酸性が強いが，HCl や H_2SO_4 のような無機酸と比較すると弱い酸である．カルボン酸の酸解離定数 K_a の典型的な値は，10^{-4} から 10^{-5} の範囲にある．すなわち，カルボン酸は水溶液中では，わずかな割合がイオン化しているにすぎない．たとえば，酢酸を水に溶かすと，低濃度の酢酸イオンと H_3O^+ が生成する．

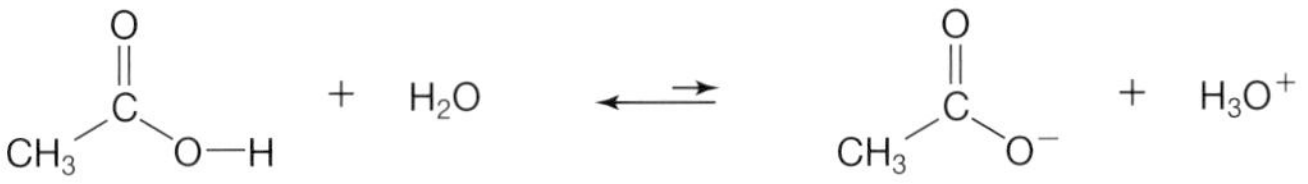

$$CH_3COOH + H_2O \rightleftharpoons CH_3COO^- + H_3O^+$$

酢酸　酢酸イオン

7・6A 塩基との反応

カルボン酸は水酸化ナトリウム NaOH のような塩基と反応し，水に可溶な塩を生成する．この反応では，酸塩基平衡が右方向へ移動し，実質的にすべてのカルボン酸がカルボキシラートイオンに変換される．

$$\mathrm{CH_3C(=O)O{-}H} + \mathrm{Na^+\ OH^-} \longrightarrow \mathrm{CH_3C(=O)O^-\ Na^+} + \mathrm{H{-}O{-}H}$$

酢酸　　塩基　　酢酸ナトリウム

このHが酸から塩基へ移動する

- 酢酸 CH_3COOH からプロトン H^+ が除去されて，その共役塩基である酢酸イオン CH_3COO^- が生成する．酢酸イオンは溶液中で，そのナトリウム塩である酢酸ナトリウムとして存在する．
- 水酸化物イオン OH^- は H^+ を獲得して，電気的に中性の H_2O が生成する．

同様の酸塩基反応は，水酸化カリウム KOH など他の水酸化物塩基，および炭酸水素ナトリウム $NaHCO_3$ や炭酸ナトリウム Na_2CO_3 に対しても起こる．それぞれの反応では，H^+ が酸 RCOOH から塩基へと移動する．

例題 7・2　カルボン酸と塩基との反応による生成物を書く

プロパン酸 CH_3CH_2COOH が水酸化カリウム KOH と反応したとき，生成する化合物の構造式を書け．

解答

$$\mathrm{CH_3CH_2C(=O)O{-}H} + \mathrm{K^+\ OH^-} \longrightarrow \mathrm{CH_3CH_2C(=O)O^-\ K^+} + \mathrm{H{-}O{-}H}$$

プロパン酸　　塩基　　カルボキシラートイオンはカリウム塩を形成する

このHが酸から塩基へ移動する

このように，CH_3CH_2COOH は H^+ を失って $CH_3CH_2COO^-$ が生成し，それはカリウム塩 $CH_3CH_2COO^-K^+$ として存在する．水酸化物イオン OH^- は H^+ を獲得して，H_2O が生成する．

練習問題 7・2　次のそれぞれの酸塩基反応によって生成する化合物の構造式を書け．

(a) $\mathrm{C_6H_{11}{-}C(=O)OH}$（シクロヘキサン環）$+ \mathrm{NaOH} \longrightarrow$　　(b) $\mathrm{CH_3CH_2CH_2C(=O)OH} + \mathrm{Na_2CO_3} \longrightarrow$

7・6B　カルボキシラートイオンとカルボン酸塩

酸塩基反応によって生成するカルボン酸塩は，水に可溶なイオン化合物である．このため，オクタン酸のような水に溶けないカルボン酸は，水酸化ナトリウム NaOH と反応させることによって，水に溶けるナトリウム塩に変換することができる．§7・7で学ぶように，この反応は，カルボキシ基をもつ薬剤の溶解性を決める際に重要となる．

$$\mathrm{CH_3(CH_2)_6C(=O)O{-}H} + \mathrm{Na^+\ OH^-} \longrightarrow \mathrm{CH_3(CH_2)_6C(=O)O^-\ Na^+} + \mathrm{H{-}O{-}H}$$

オクタン酸　　塩基　　オクタン酸ナトリウム

この酸は5個以上の炭素原子をもつので，水に溶けない

イオン化合物であり，水に溶ける

例題 7・3 カルボン酸とカルボン酸塩の水に対する溶解性を推定する

次のそれぞれの化合物を，水に可溶あるいは不溶に分類せよ．

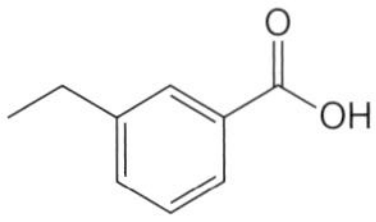

A 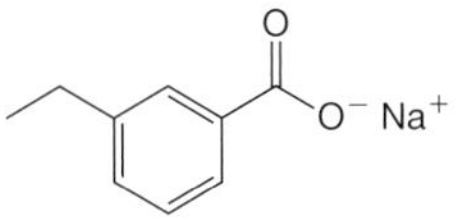 B 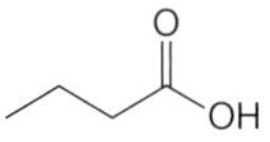 C

解答

- A は 9 個の炭素原子をもつカルボン酸であるので，水に溶けない．
- B はカルボン酸塩であるので，水に溶ける．
- C は 4 個の炭素原子をもつ分子量の低いカルボン酸であるので，水に溶ける．

練習問題 7・3 次のそれぞれの組における化合物のうち，水に対する溶解性が高いものはどちらか．

(a) $CH_3(CH_2)_3CO_2H$ と $CH_3(CH_2)_6CO_2H$

(b) $CH_3(CH_2)_6CO_2H$ と $CH_3(CH_2)_6CO_2^-\ Li^+$

(c) $CH_3(CH_2)_3CO_2H$ と CH_3CO_2H

カルボン酸の金属塩は，三つの部分を組合わせることによって命名される．すなわち，金属イオンの名称，母体となるカルボン酸の炭素数を示す母体名，およびこの化学種が塩であることを示す接尾語である．接尾語は，母体となるカルボン酸の語尾“-ic acid”を，“-ate”に変換することによって得られる．日本語では，最初に母体となるカルボン酸の名称をよび，金属イオンの名称を続ける．

金属イオンの名称 ＋ 母体名 ＋ -ate（接尾語）

例題 7・4 カルボン酸の塩を命名する

次の塩の名称を示せ．

(a) $CH_3COO^-\ Na^+$ (b) $CH_3CH_2COO^-\ K^+$

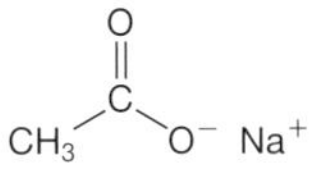

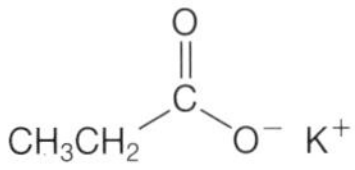

解答

(a) $CH_3COO^-\ Na^+$

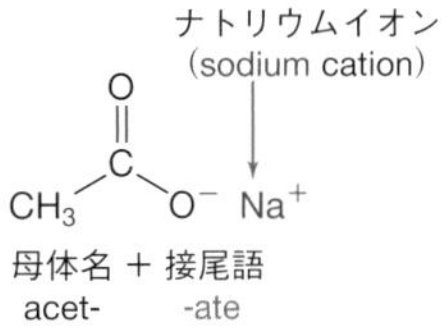

ナトリウムイオン (sodium cation)

母体名 ＋ 接尾語

acet- -ate

- 最初の部分は金属イオンの名称であり，sodium（ナトリウム）となる．
- 母体名はこの場合，慣用名の acetic acid（酢酸）が用いられる．語尾“-ic acid”を“-ate”に変換し，acetate となる．
- 日本語ではカルボン酸の名称“酢酸”のあとに，金属イオンの名称をつける．

答 酢酸ナトリウム（sodium acetate）

(b) $CH_3CH_2COO^-\ K^+$

カリウムイオン (potassium cation)

母体名 ＋ 接尾語

propano- -ate

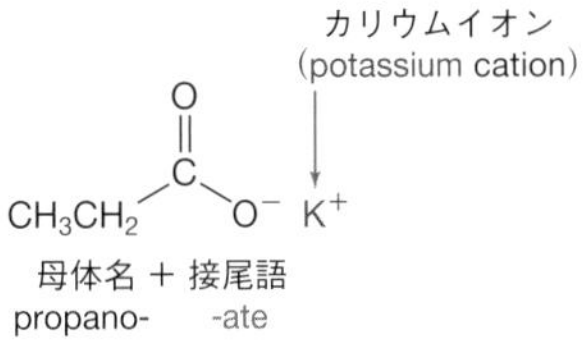

- 最初の部分は金属イオンの名称であり，potassium（カリウム）となる．
- 母体名はこの場合，IUPAC 名の propanoic acid（プロパン酸）が用いられる．語尾“-ic acid”を“-ate”に変換し，propanoate となる．
- 日本語ではカルボン酸の名称“プロパン酸”のあとに，金属イオンの名称をつける．

答 プロパン酸カリウム（potassium propanoate）

練習問題 7・4 次のカルボン酸塩を命名せよ．

(a) $CH_3CH_2CH_2CO_2^-\ Na^+$ (b) $C_6H_5\text{—}COO^-\ Li^+$

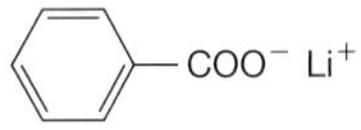

一般に，カルボン酸塩は防腐剤として利用されている．**安息香酸ナトリウム**は菌類の成長を阻害する作用をもち，清涼飲料水に防腐剤として添加される．また，ソルビ

安息香酸ナトリウム sodium benzoate

プロパン酸ナトリウムやプロパン酸カルシウムは，包装されたパンにかびが生えないようにするための防腐剤として用いられる．

ン酸カリウムはパンや焼き菓子など，さまざまな食料品の添加物として用いられ，それらの賞味期限を延ばす効果をもつ．これらの塩は微生物や菌類を殺さないが，食品の pH を上昇させることにより，微生物がさらに成長することを抑制する．

$C_6H_5COO^-\ Na^+$　　安息香酸ナトリウム

$CH_3CH{=}CHCH{=}CHCOO^-\ K^+$　　ソルビン酸カリウム

7・6C　セッケンが汚れを落とすしくみ

人類によってセッケンが用いられてから，2000 年ほどになる．歴史的な記録によると，セッケンは 1 世紀にはすでに製造されており，ポンペイにはセッケン工場があったとされる．それ以前には，人類は水中の石のうえで衣服をこすり合わせたり，ある種の植物の根や樹皮，葉からセッケン状の泡をつくることにより，衣服をきれいにしていた．これらの植物がつくる天然物質は saponins とよばれ，その振舞いは，現在のセッケンときわめてよく似たものであった．

セッケンは，多数の炭素原子からなる長い炭化水素鎖をもつカルボン酸の塩である．セッケンは次の二つの部分からなる．

極性頭部 polar head
無極性尾部 nonpolar tail

- **極性頭部**とよばれるイオン性の末端
- **無極性尾部**とよばれる無極性の C−C 結合や C−H 結合からなる炭素鎖

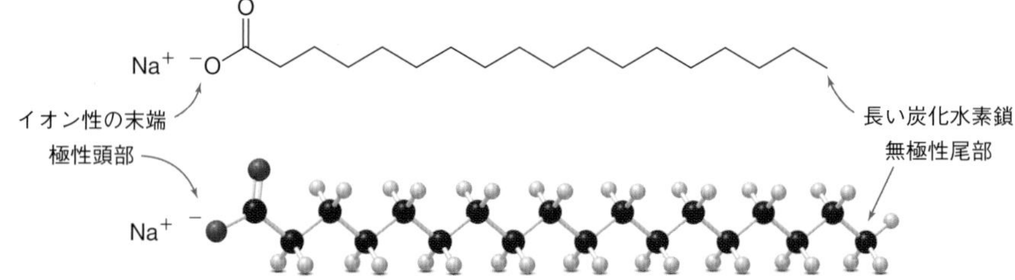

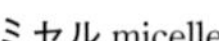
ミセル micelle

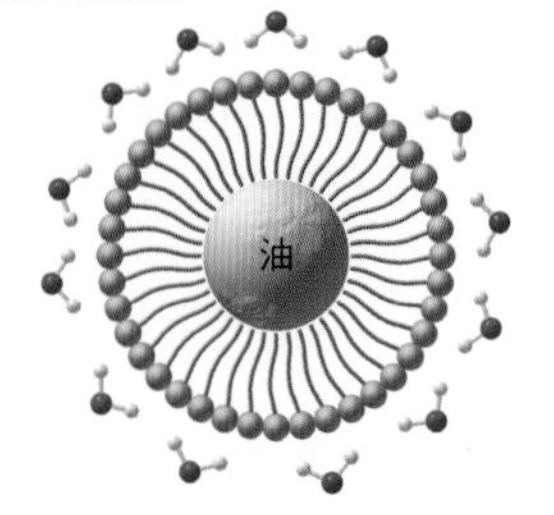

内部に油の粒子を溶解させたセッケンのミセルの断面

すべてのセッケンはカルボキシラートイオンの金属塩である．セッケンの銘柄によるおもな違いは，色調のための色素や芳香を与える香料，滑らかにするための油など，添加される他の成分による．それらによってセッケンの洗浄作用は変化しない．

図 7・3 に示すように，セッケンを水に溶かすと，表面に極性頭部をもち，内部に無極性尾部が詰め込まれた球状の粒子を形成する．このような球状の粒子を**ミセル**という．この配列では，イオン性の極性頭部が極性溶媒である水と相互作用できるため，これによって，セッケンの無極性で“油っぽい”炭化水素部分が，水溶液中に引込まれる．

どのようにしてセッケンは，グリースや油のような汚れを水に溶かすのだろうか．汚れはほとんど無極性の炭化水素からなるので，極性溶媒の水だけではそれを溶かすことはできない．しかし，セッケンと水を混合すると，炭化水素鎖からなる無極性尾部によって，ミセルの内部に汚れを溶かすことができる．セッケン分子の極性頭部はミセルの表面上に残り，水と相互作用する．一方，セッケン分子の無極性尾部は，極性頭部の置換基によって水から十分に隔てられているので，ミセルは水に溶ける．このため，汚れは衣服の繊維から引離され，水とともに排水溝へと流れ去るのである．このようにしてセッケンは，一見すると不可能に思われる仕事をする．すなわち，セッケンは無極性の炭化水素からなる汚れを，極性溶媒である水に溶かすことによって皮膚や衣服から除去する．

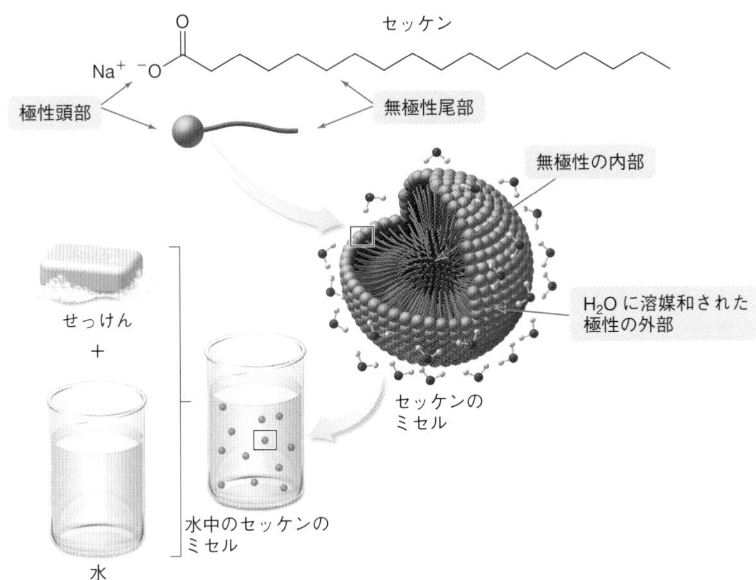

図 7・3　**水中におけるセッケンの溶解**．セッケンを水に溶かすと，内部に無極性尾部をもち，表面に極性頭部をもつ球状の粒子が生成する．

7・7 アスピリン

アスピリンは最も広く用いられている市販薬の一つである．アスピリンを含む鎮痛薬のいずれを購入しても，その有効成分は同一の**アセチルサリチル酸**である．アスピリンは合成化合物であり，天然には存在しない．しかし，その構造はヤナギの樹皮に含まれるサリシンやセイヨウナツユキソウの花にみられるサリチル酸と類似している．

アセチルサリチル酸 acetylsalicylic acid

現代におけるアスピリンの歴史は1763年にさかのぼる．この年にヤナギの樹皮をよくかむと鎮痛効果が得られることが報告されている．現在では，ヤナギの樹皮には，アスピリンに構造がよく似たサリシンが含まれていることが知られている．

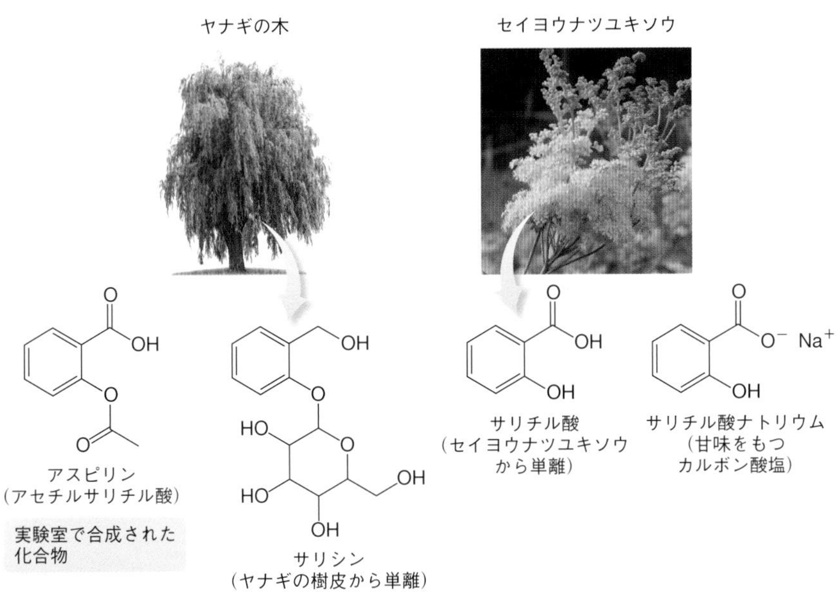

19 世紀には，サリチル酸やそのナトリウム塩であるサリチル酸ナトリウムが痛みを除くための薬剤として用いられていたが，どちらも好ましくない副作用があった．サリチル酸は口腔や胃の粘膜に炎症を起こし，一方，サリチル酸ナトリウムは，ほとんどの患者にとっては甘すぎて服用できなかった．このため，このような欠点をもた

ない関連化合物の探索が進められた．

ホフマン Felix Hoffmann

1899 年，バイエル社の社員であったドイツの化学者ホフマンはアセチルサリチル酸の経済的な工業的製法を開発し，これによって一般大衆がアスピリンを購入できるようになった．ホフマンの仕事には彼の個人的な動機があった．彼の父親はリウマチ性関節炎を患っていたが，サリチル酸ナトリウムの甘味に耐えることができなかったのである．

アスピリンは最初に，鎮痛薬，解熱薬，および抗炎症薬として医療に用いられた．今日では一般に，抗血小板薬，すなわち動脈内で血液が凝固することを妨げる薬剤としても用いられる．このため，アスピリンは心臓まひや心臓発作の治療や予防にも適用される．

他のカルボン酸と同様に，アスピリンはプロトン供与体である．アスピリンが水に溶けると酸塩基平衡が成立し，カルボキシ基 COOH はプロトンを供与して，その共役塩基であるカルボキシラートイオンが生成する．アスピリンは弱酸であるため，水中で解離しているカルボキシ基の比率はほんのわずかに過ぎない．

アスピリン ＋ H_2O ⇌ カルボキシラートイオン ＋ H_3O^+

このＨが除去される

問題 7・10　以下の図は，鎮痛薬として用いられるもう一つのカルボン酸であるイブプロフェンの構造式である．次の問いに答えよ．

イブプロフェン

(a) イブプロフェンを水酸化ナトリウム NaOH と反応させたとき，起こる酸塩基反応の反応式を書け．
(b) イブプロフェンは胃において，中性形あるいはイオン形のどちらの形態で存在するか．
(c) イブプロフェンは腸ではどのような形態で存在するか．

アスピリンを摂取すると，それはまず胃に入り，それから腸へと移動する．胃の酸性の環境では，アスピリンは中性形のままでいる．しかし，小腸の塩基性の環境へ移動すると，図 7・4 に示すように，アスピリンはそのカルボキシラートイオンへと変換される．こうして，小腸ではアスピリンはおもにイオン形で存在する．

酸塩基反応が重要であるのはなぜだろうか．アスピリンが電気的に中性の酸であるか，あるいはイオン性の共役塩基であるかは，身体全体への輸送や，細胞膜の透過しやすさに影響を及ぼす．イオン形のアスピリンは血液のような水性の環境に容易に溶解するので，血流によって組織へと運ばれる．しかし，アスピリンが標的とする位置

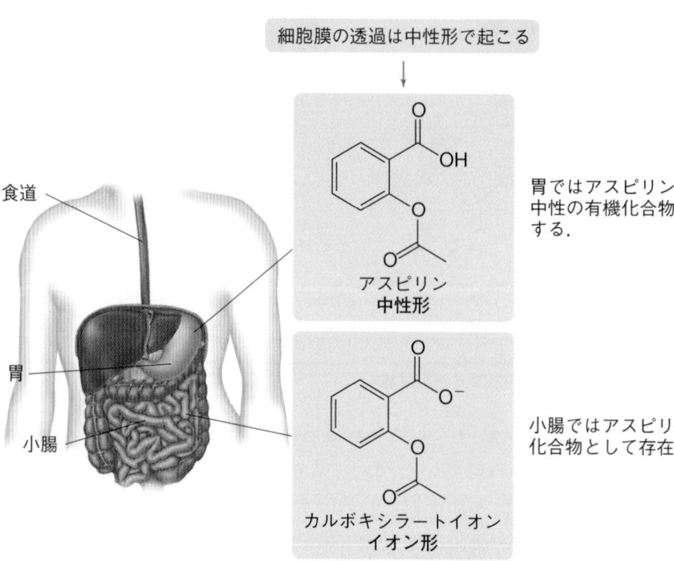

図 7・4　アスピリンにおける酸塩基の化学

に到達すると，細胞膜を透過して鎮痛薬や抗炎症薬として作用するために，その共役塩基は，再びプロトン化されて中性形に戻らなければならない．

7・8 カルボン酸のエステルやアミドへの変換

すべてのアシル化合物は，一般的な反応様式の一つである**置換反応**をする．アシル化合物 RCOZ の置換反応では，カルボニル炭素に結合した電気陰性原子を含む置換基 Z が，他の原子あるいは原子団 Y によって置き換えられる．

置換反応 substitution reaction

置換反応

$$RC(=O)Z + H{-}Y \longrightarrow RC(=O)Y + H{-}Z$$

Z が Y に置き換わる

Z = OH, OR', NR'$_2$　　Y = OH, OR', NR'$_2$

たとえば，カルボン酸がアルコールと反応するとエステルが生成し，アンモニアと反応するとアミドが生成する．

反応矢印の上に書かれたギリシャ文字の Δ（“デルタ”と読む）は，反応に加熱を必要とすることを表している．

エステルの生成

$$RC(=O)OH + H{-}OR' \underset{}{\overset{H_2SO_4}{\rightleftharpoons}} RC(=O)OR' + H{-}OH$$

カルボン酸　アルコール　エステル

OH が OR' に置き換わる

アミドの生成

$$RC(=O)OH + H{-}NH_2 \xrightarrow{\Delta} RC(=O)NH_2 + H{-}OH$$

カルボン酸　アンモニア　アミド

OH が NH_2 に置き換わる

7・8A エステルの生成

カルボン酸 RCOOH を酸触媒の存在下で，アルコール R′OH と処理すると，エステル RCOOR′ が生成する．この反応を**フィッシャーエステル化反応**という．この反応では，出発物質のカルボン酸の OH 基がアルコールの OR′ 基によって置き換えられるので，エステル化反応は置換反応である．

フィッシャーエステル化反応 Fischer esterification

エステルの一種である酢酸エチルは，きわめて特徴的なにおいをもち，有機溶媒として一般に用いられているほか，アセトンを含まないマニキュア液に利用されている．

フィッシャーエステル化反応

$$CH_3C(=O)OH + H{-}OCH_2CH_3 \overset{H_2SO_4}{\rightleftharpoons} CH_3C(=O)OCH_2CH_3 + H{-}OH$$

酢酸　エタノール　酢酸エチル

$$C_6H_5C(=O)OH + H{-}OCH_3 \overset{H_2SO_4}{\rightleftharpoons} C_6H_5C(=O)OCH_3 + H{-}OH$$

安息香酸　メタノール　安息香酸メチル

この反応は平衡反応である．ルシャトリエの原理に従って，この反応は過剰のアルコールを用いるか，あるいは水 H_2O を生成するとともに除去することにより，右方向へ移動させることができる．H_2O の構成元素が何に由来するかに注意してほしい．H_2O の OH 基はカルボン酸に由来し，残りの一つの水素原子はアルコール R′OH の水素に由来する．

例題 7・5　フィッシャーエステル化反応の生成物を書く

H_2SO_4 の存在下で，プロパン酸 CH_3CH_2COOH をメタノール CH_3OH と反応させたとき，生成するエステルの構造式を書け．

解答　プロパン酸の OH 基をメタノールの OCH_3 基で置き換えると，エステルが生成する．

新たな C−O 結合

$CH_3CH_2C(=O)OH$ + H−OCH_3 ⇄(H_2SO_4) $CH_3CH_2C(=O)OCH_3$ + H−OH

OH が OCH_3 に置き換わる

練習問題 7・5　硫酸 H_2SO_4 の存在下で，次のカルボン酸をエタノール CH_3CH_2OH と反応させたとき，生成するエステルの構造式を書け．

(a) HCO_2H　(b) シクロヘキシル−CO_2H

フィッシャーエステル化反応は，サリチル酸からアスピリンを合成する際に用いることができる．

サリチル酸 + 酢酸 ⇄(H_2SO_4) アスピリン + H−OH

新たな C−O 結合

サリチル酸　酢酸　アスピリン

問題 7・11　次の反応における **A** として適切な化合物の構造式を書け．なお，化合物 **A** は一段階で雌のチャバネゴキブリ *Blattella germanica* の性フェロモンであるブラテラキノンに変換される．

ブラテラキノンは雌のチャバネゴキブリの性フェロモンである（問題 7・11）．実験室においてこの化合物が容易に合成できるようになったことは，フェロモンを餌にした“わな”を用いて，ゴキブリの個体数を制御できる新たな可能性を開いた．

(2,5-ジメトキシベンジルアルコール) + 3-メチルブタン酸 →(H_2SO_4) **A** → ブラテラキノン

7・8B　アミドの生成

カルボン酸 RCOOH をアンモニア NH_3，あるいはアミン $R'NH_2$ または R'_2NH とともに加熱すると，アミドが生成する．この反応ではカルボン酸の OH 基が窒素を含む置換基によって置き換えられるので，アミドの生成反応は置換反応である．

アミドの生成

RC(=O)OH + H−N(R')−R' →(Δ) RC(=O)NR'$_2$ + H−OH

カルボン酸　R' = H あるいはアルキル基　アミド

窒素化合物の種類によって，生成するアミドの種類が決まる．

- RCOOH と NH_3 との反応では，第一級アミド $RCONH_2$ が生成する．
- RCOOH と $R'NH_2$ との反応では，第二級アミド RCONHR′が生成する．
- RCOOH と R'_2NH との反応では，第三級アミド $RCONR'_2$ が生成する．

$$CH_3COOH + H{-}NH_2 \xrightarrow{\Delta} CH_3CONH_2 + H{-}OH$$

酢酸　アンモニア　第一級アミド

$$CH_3COOH + H{-}NH{-}CH_3 \xrightarrow{\Delta} CH_3CONHCH_3 + H{-}OH$$

酢酸　メチルアミン　第二級アミド

$$CH_3COOH + H{-}N(CH_3){-}CH_3 \xrightarrow{\Delta} CH_3CON(CH_3)_2 + H{-}OH$$

酢酸　ジメチルアミン　第三級アミド

この反応によって，さまざまな有用なアミドを合成することができる．たとえば，カルボン酸 **X** をジエチルアミンとともに加熱すると，第三級アミドである *N*,*N*-ジエチル-*m*-トルアミドが生成する．この化合物は一般に DEET とよばれ，最も広く用いられている防虫剤の有効成分である．DEET は蚊やノミ，ダニに対して効果的に働く．

ウェストナイル熱やライム病など昆虫が媒介する病気の流行により，DEET を含む防虫剤が，特に用いられるようになった．DEET は昆虫を殺すのではなく，昆虫を追い払う作用をもつ．昆虫は DEET によってなぜか混乱し，人体の周囲にある暖かく湿った空気を感じることができなくなるものと考えられている．

$$\text{X} + H{-}N(CH_2CH_3)_2 \xrightarrow{\Delta} \text{DEET} + H_2O$$

X　ジエチルアミン　*N*,*N*-ジエチル-*m*-トルアミド (DEET)

例題 7・6 カルボン酸とアミンとの反応生成物を書く

プロパン酸 CH_3CH_2COOH をエチルアミン $CH_3CH_2NH_2$ とともに加熱したとき，生成するアミドの構造式を書け．

解答 RCOOH と，窒素原子にアルキル基を一つもつアミン $R'NH_2$ との反応により，第二級アミド RCONHR′ が生成する．

$$CH_3CH_2COOH + H{-}NH{-}CH_2CH_3 \xrightarrow{\Delta} CH_3CH_2CONHCH_2CH_3 + H{-}OH$$

エチルアミン　第二級アミド

新たな C−N 結合

OH が $NHCH_2CH_3$ に置き換わる

練習問題 7・6 カルボン酸 $CH_3CH_2CH_2CH_2COOH$ を次のそれぞれの化合物と反応させたとき，生成するアミドの構造式を書け．

(a) $(CH_3)_2NH$　(b) シクロヘキシル−NH_2

問題 7・12　右の図は鎮痛薬フェナセチンの構造式である．この化合物を合成するために必要なカルボン酸とアミンの構造式を書け．

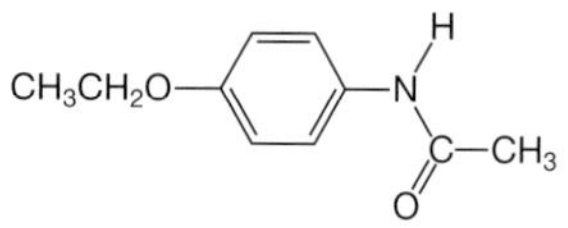

$CH_3CH_2O-C_6H_4-N(H)-C(=O)-CH_3$

7・9　エステルとアミドの加水分解

エステルとアミドもまた，カルボニル炭素で置換反応を起こす．たとえば，エステルとアミドは水と反応して，カルボン酸を生成する．この反応では水との反応によって結合が開裂するので，この反応は加水分解の一つの例である．

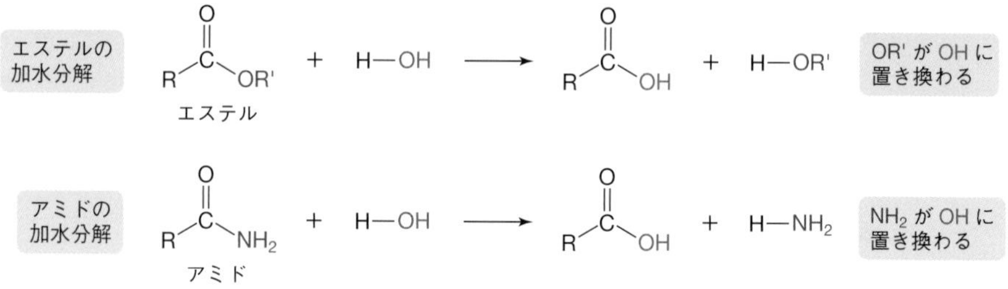

エステルの加水分解：$RC(=O)OR' + H-OH \longrightarrow RC(=O)OH + H-OR'$　（エステル）　OR′ が OH に置き換わる

アミドの加水分解：$RC(=O)NH_2 + H-OH \longrightarrow RC(=O)OH + H-NH_2$　（アミド）　NH_2 が OH に置き換わる

7・9A　エステルの加水分解

エステルは，水と酸あるいは塩基の存在下で加水分解される．酸触媒の存在下でエステル RCOOR′ を水と反応させると，カルボン酸 RCOOH とアルコール R′OH が生成する．酸性水溶液中のエステルの加水分解は平衡反応であり，大過剰の水を用いることによって平衡を右方向へ移動させる．

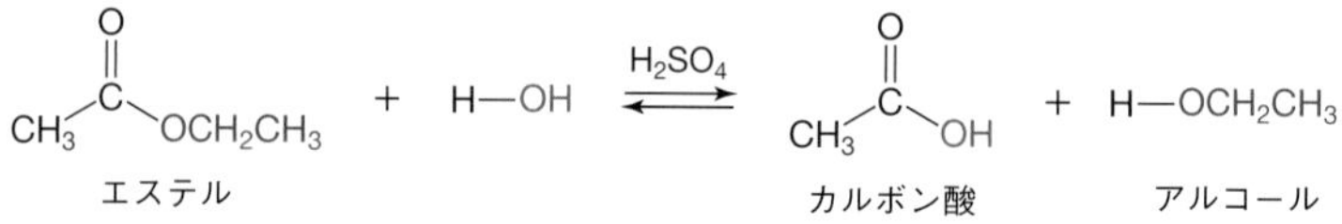

$$CH_3C(=O)OCH_2CH_3 + H-OH \overset{H_2SO_4}{\rightleftharpoons} CH_3C(=O)OH + H-OCH_2CH_3$$

エステル　　カルボン酸　　アルコール

けん化 saponification

エステルは塩基性水溶液中で加水分解され，カルボキシラートイオンとアルコールが生成する．塩基性条件下におけるエステルの加水分解を**けん化**という．

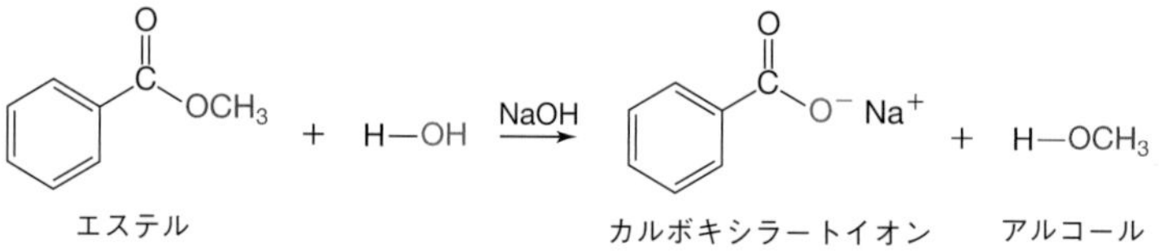

$$C_6H_5C(=O)OCH_3 + H-OH \xrightarrow{NaOH} C_6H_5C(=O)O^-\ Na^+ + H-OCH_3$$

エステル　　カルボキシラートイオン　　アルコール

例題 7・7　酸性水溶液中のエステルの加水分解生成物を書く

硫酸 H_2SO_4 の存在下で，プロパン酸エチル $CH_3CH_2CO_2CH_2CH_3$ を加水分解したとき，生成する化合物の構造式を書け．

解答　プロパン酸エチルの OCH_2CH_3 基を水の OH 基で置き換えることにより，プロパン酸 $CH_3CH_2CO_2H$ とエタノール CH_3CH_2OH が生成する．

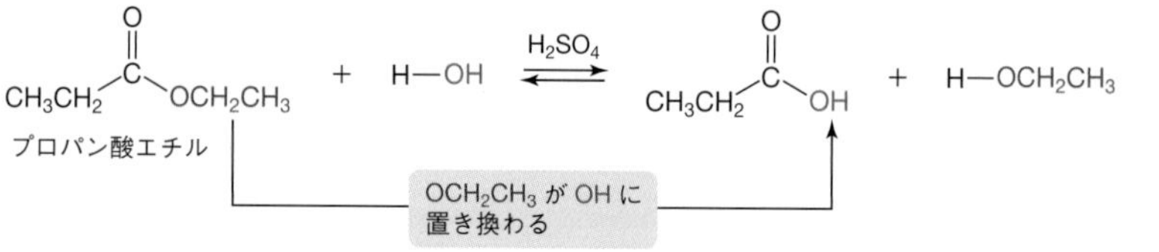

$$CH_3CH_2C(=O)OCH_2CH_3 + H-OH \overset{H_2SO_4}{\rightleftharpoons} CH_3CH_2C(=O)OH + H-OCH_2CH_3$$

プロパン酸エチル　　OCH_2CH_3 が OH に置き換わる

（つづく）

練習問題 7・7 次のそれぞれのエステルを硫酸 H_2SO_4 の存在下で水と反応させたとき，生成する化合物の構造式を書け．また，水酸化ナトリウム NaOH の水溶液中で加水分解したとき，生成する化合物の構造式を書け．

(a) 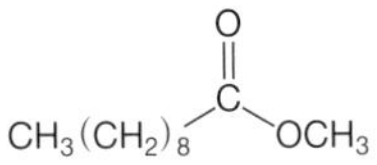 $CH_3(CH_2)_8C(=O)OCH_3$　(b) 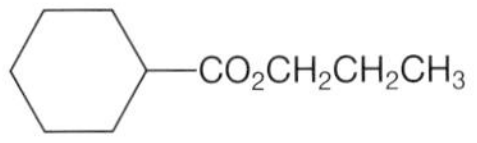 シクロヘキシル$-CO_2CH_2CH_2CH_3$

問題 7・13 以下の図はコカノキ *Erythroxylon coca* と，その葉から得られる中毒性の高い薬剤コカインの構造式である．酸性水溶液中でコカインに含まれる二つのエステルを加水分解したとき，生成する化合物の構造式を書け．

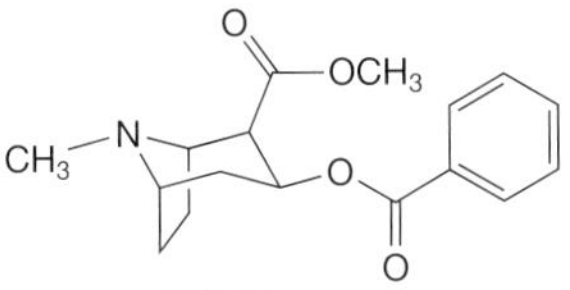

コカイン

7・9B アミドの加水分解

置換反応におけるアミドの反応性は，エステルよりもずっと低い．それでも，強い反応条件において酸あるいは塩基の存在下で水と反応させると，アミドを加水分解させることができる．たとえば，酸触媒 HCl の存在下でアミド RCONHR′ を水と反応させると，カルボン酸 RCOOH とアミンの塩 $R'NH_3^+ Cl^-$ が生成する．

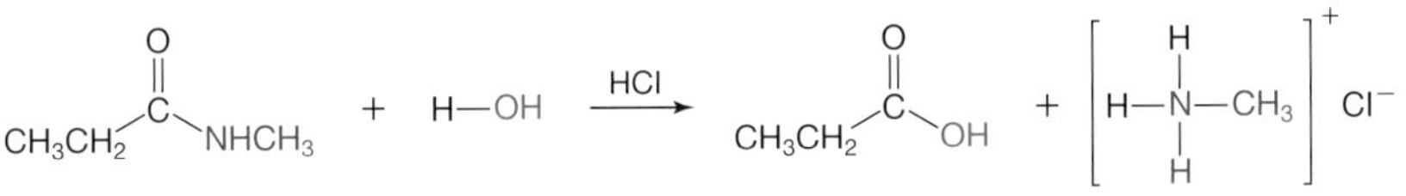

$$CH_3CH_2C(=O)NHCH_3 + H{-}OH \xrightarrow{HCl} CH_3CH_2C(=O)OH + [H_3N{-}CH_3]^+ Cl^-$$

アミド　カルボン酸　アンモニウム塩

また，アミドも塩基性水溶液中で加水分解され，カルボキシラートイオンとアンモニア NH_3 あるいはアミンが生成する．

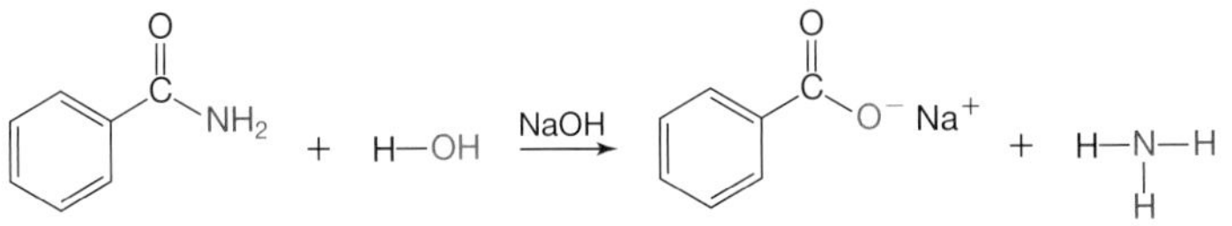

$$C_6H_5C(=O)NH_2 + H{-}OH \xrightarrow{NaOH} C_6H_5C(=O)O^- \ Na^+ + H{-}NH{-}H$$

アミド　カルボキシラートイオン　アンモニア

アミド結合の反応性が比較的乏しいことは，生体のタンパク質において重要な意味をもつ．タンパク質はアミド結合によって連結したポリマーである．タンパク質は酸や塩基が存在しなければ水中で安定であり，そのため細胞中で分解することなく，さまざまな機能を行うことができる．タンパク質のアミド結合を加水分解するには，さまざまな特定の酵素が必要となる．

例題 7・8 塩基性水溶液中のアミドの加水分解生成物を書く

水酸化ナトリウム NaOH の存在下で，*N*-メチルアセトアミド $CH_3CONHCH_3$ を加水分解したとき，生成する化合物の構造式を書け．

解答 *N*-メチルアセトアミドの $NHCH_3$ 基が負電荷をもつ酸素原子と置き換わることに

（つづく）

より，酢酸ナトリウム $CH_3CO_2^-Na^+$ とメチルアミン CH_3NH_2 が生成する．

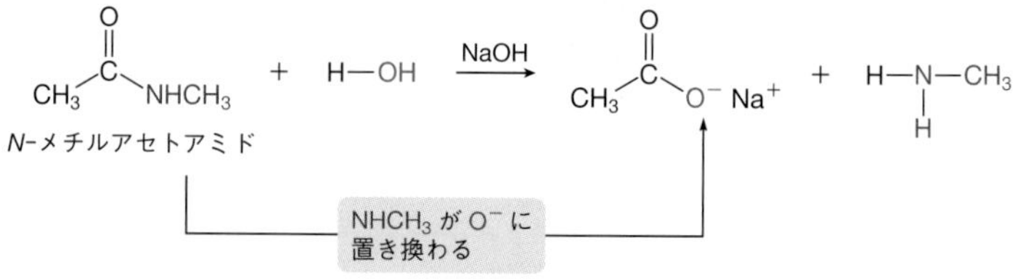

$$CH_3C(=O)NHCH_3 + H{-}OH \xrightarrow{NaOH} CH_3C(=O)O^-\ Na^+ + H{-}N(H){-}CH_3$$

N-メチルアセトアミド

NHCH₃ が O⁻ に置き換わる

練習問題 7・8　次のそれぞれのアミドを硫酸 H_2SO_4 の存在下で水と反応させたとき，生成する化合物の構造式を書け．また，水と水酸化ナトリウム NaOH と反応させたとき，生成する化合物の構造式を書け．

(a) 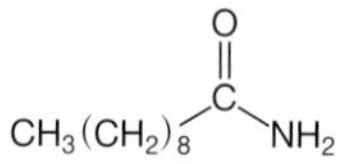 $CH_3(CH_2)_8C(=O)NH_2$　(b) 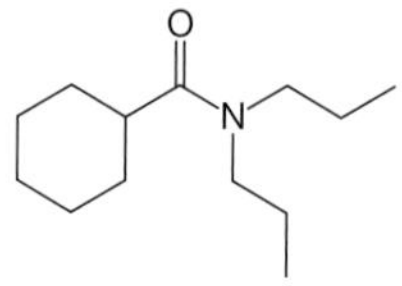 シクロヘキシル–C(=O)–N(CH₂CH₂CH₃)₂

7・9C　脂質とその加水分解

トリグリセリド triglyceride，トリアシルグリセロールともいう

脂質 lipid

天然に最も豊富に存在するエステルは，トリグリセリドである．**トリグリセリド**は三つのエステル基をもち，それぞれはカルボニル基に結合した長い炭素鎖（R, R′, R″ と略記する）をもっている．トリグリセリドは**脂質**，すなわち生体内にみられる水に溶けない有機化合物の一種である．動物性脂肪や植物性油は，トリグリセリドから構成される．

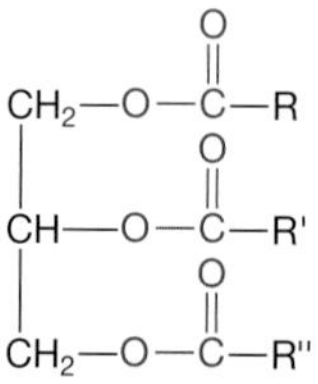

$$\begin{array}{l} CH_2{-}O{-}C(=O){-}R \\ CH{-}O{-}C(=O){-}R' \\ CH_2{-}O{-}C(=O){-}R'' \end{array}$$

トリグリセリド

R, R′, R″ 基は 11〜19 個の炭素原子をもつ
[三つのエステル基は赤字で示してある]

リパーゼ lipase

問題 7・14　次の構造式をもつトリグリセリドが水と硫酸 H_2SO_4 によって加水分解されたとき，生成する化合物の構造式を書け．

$$\begin{array}{l} CH_2{-}O{-}C(=O){-}(CH_2)_{10}CH_3 \\ CH{-}O{-}C(=O){-}(CH_2)_{12}CH_3 \\ CH_2{-}O{-}C(=O){-}(CH_2)_{14}CH_3 \end{array}$$

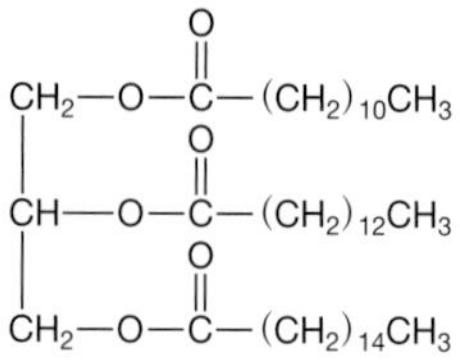

動物はエネルギーを，皮膚の表面下にある脂肪細胞の層に保持したトリグリセリドの形態で蓄積する．この脂肪は生体器官を保護し，また長い期間にわたる代謝に必要なエネルギーを供給するために役立つ．トリグリセリドの代謝における最初の段階はエステル結合の加水分解であり，これによってグリセリンと三つの脂肪酸，すなわち長鎖をもつカルボン酸が生成する．この反応は単なるエステルの加水分解である．細胞ではこの反応は，**リパーゼ**とよばれる酵素によって行われる．

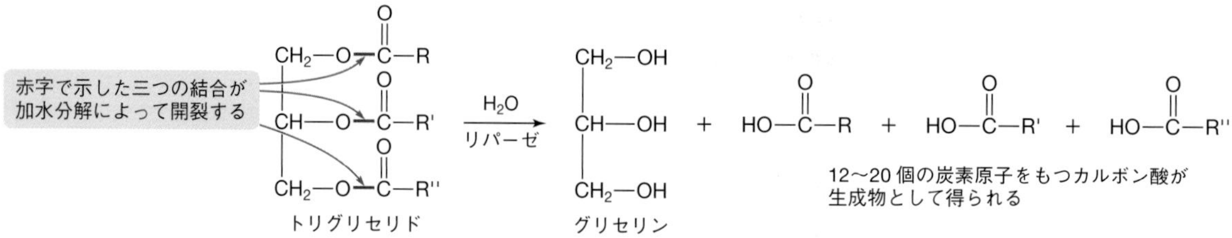

赤字で示した三つの結合が加水分解によって開裂する

$$\text{トリグリセリド} \xrightarrow[\text{リパーゼ}]{H_2O} \begin{array}{l} CH_2{-}OH \\ CH{-}OH \\ CH_2{-}OH \end{array} + HO{-}C(=O){-}R + HO{-}C(=O){-}R' + HO{-}C(=O){-}R''$$

トリグリセリド　グリセリン

12〜20 個の炭素原子をもつカルボン酸が生成物として得られる

人工油脂オレストラ

加水分解で生成した脂肪酸はつづいて酸化され，CO_2 と H_2O とともに多量のエネルギーを与える．脂肪含有量の高い食事をとると，多量の脂肪が蓄積することになり，ついには太り過ぎをひき起こす．一般のスナック食品に含まれるエネルギーを低下させるために，最近ではトリグリセリドを**オレストラ**（olestra）のような“にせ脂質”で置き換えることが試みられている（下図）．

オレストラは，砂糖に含まれる甘味をもつ炭水化物であるスクロースを骨格として，長鎖カルボン酸からなる多くのエステル基（赤字で示す）をもつ化合物である．オレストラは脂肪や油に含まれるトリグリセリドと類似した多くの性質をもっている．しかし，オレストラは密集した多くのエステル基をもっており，それらはあまりに込み合っているため加水分解されない．その結果，オレストラは代謝されることなくそのまま体内を通過するので，摂取しても全くエネルギーを与えない．

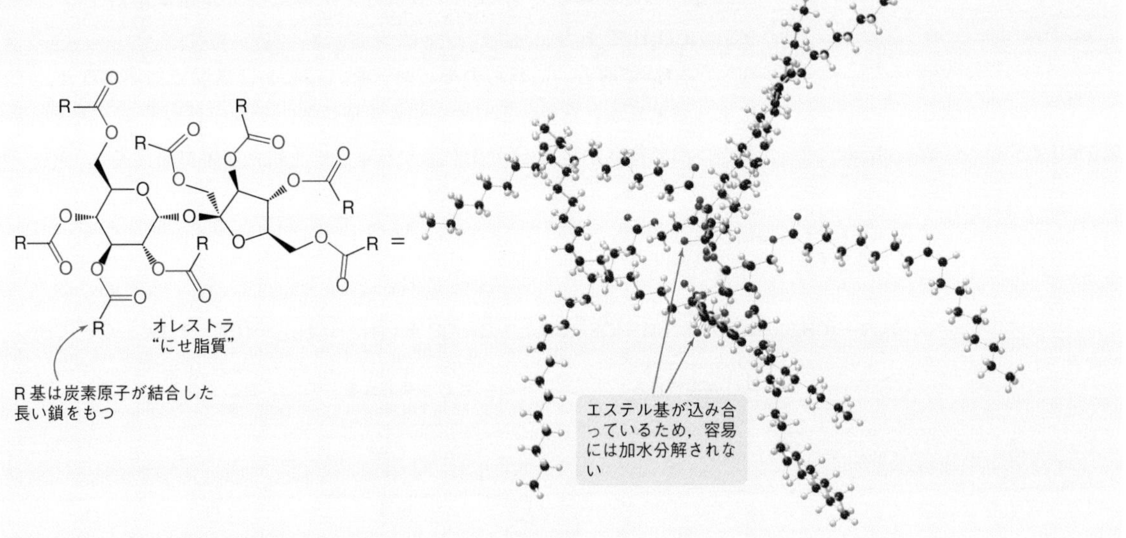

7・10　現代社会の合成ポリマー：ポリアミドとポリエステル

すべての天然繊維および合成繊維はポリマーである．天然繊維は植物あるいは動物から得られ，その起源によって，繊維の化学的構造の基本的な性質が決まる．羊毛や絹のような動物から得られる繊維はタンパク質であり，多くのアミド結合によって連結されたポリマーである．

$$\sim\mathrm{CH(R)-C(=O)-NH-CH(R)-C(=O)-NH-CH(R)-C(=O)-NH}\sim$$

羊毛や絹は多数のアミド結合（赤字で示してある）をもつポリマーである

有機化学の実用的な応用における重要なものの一つが，合成繊維の合成である．それらの多くは天然繊維とは性質が異なり，しばしば天然繊維よりも優れた性質をもっている．合成ポリマーは一般に，ポリアミドとポリエステルの二つに分類される．

1938年にデュポン社は，最初のナイロン製造工場を建設した．ナイロンは最初はパラシュートをつくるために軍隊で使われたが，第二次世界大戦後すぐに，多くの日用品における絹の代替として用いられた．

7・10A　ナイロン：ポリアミド

絹に似た性質をもつ合成繊維の開発研究から，**ナイロン**が発見された．ナイロンは

ナイロン nylon

ポリアミド polyamide

ポリアミドの一種である．ナイロンにはいくつかの種類があるが，最もよく知られているものはナイロン 6,6 である．

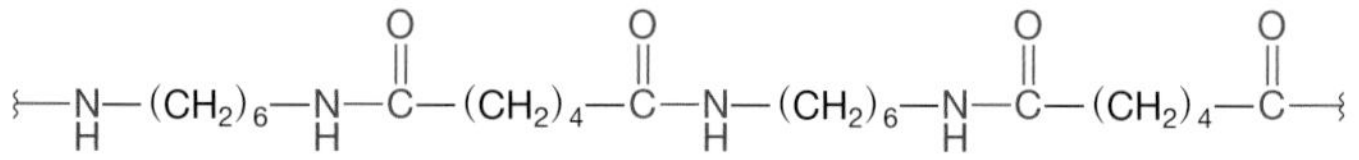

$$\sim\!\!-\underset{\text{H}}{\text{N}}-(\text{CH}_2)_6-\underset{\text{H}}{\text{N}}-\overset{\text{O}}{\overset{\|}{\text{C}}}-(\text{CH}_2)_4-\overset{\text{O}}{\overset{\|}{\text{C}}}-\underset{\text{H}}{\text{N}}-(\text{CH}_2)_6-\underset{\text{H}}{\text{N}}-\overset{\text{O}}{\overset{\|}{\text{C}}}-(\text{CH}_2)_4-\overset{\text{O}}{\overset{\|}{\text{C}}}-\!\!\sim$$

ナイロン 6,6
［アミド結合は赤字で示してある］

ポリマーについては最初に §3・6 で詳しく説明した．

ナイロン 6,6 を合成するには，2 種類のモノマーが必要である．それぞれのモノマーは 6 個の炭素をもっており，これがその名称の由来となっている．さらに，それぞれは二つの置換基をもつ．一つのモノマーはジカルボン酸のアジピン酸 $HO_2C(CH_2)_4CO_2H$ であり，もう一つはジアミンのヘキサメチレンジアミン $H_2N(CH_2)_6NH_2$ である．これらのモノマーをいっしょに高温で加熱すると，アミド結合によって連結された長いポリマー鎖が形成する．それぞれのアミド結合が形成されるとき，出発物質から H_2O 分子が失われる．ナイロンは**縮合ポリマー**の例である．

縮合ポリマー condensation polymer

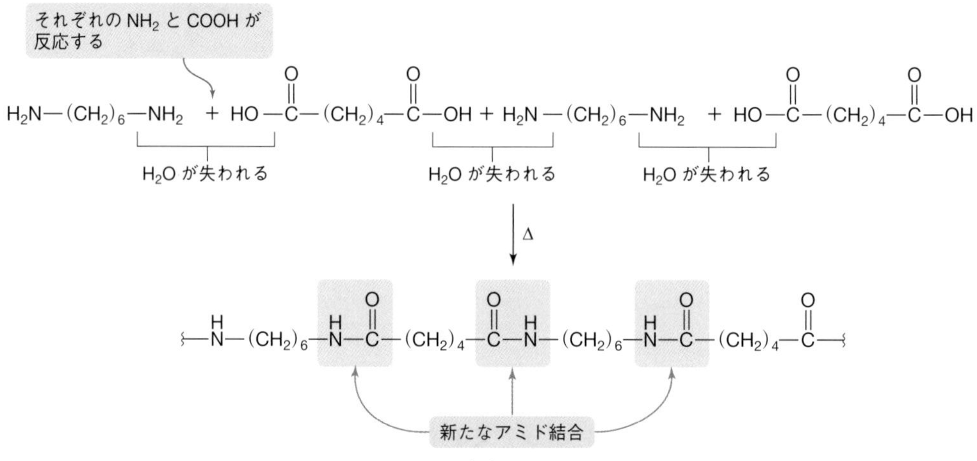

ナイロン 6,6

- 二つの置換基をもつモノマーが，水のような小さい分子を失うことによって結合を形成し，これによって生成するポリマーを**縮合ポリマー**という．

ケブラー Kevlar

ケブラーは，テレフタル酸と 1,4-ジアミノベンゼンから生成するポリアミドである．ポリマー骨格に含まれる芳香環によって，ポリマー鎖はナイロン 6,6 よりも柔軟でなくなるため，ケブラーはきわめて強固な物質となる．このため，ケブラーは類似の強度をもつ他の物質に比べて重量が軽いという特徴をもち，防弾チョッキ，軍隊用ヘルメット，消防士が用いる防護服など多くの製品に用いられている．

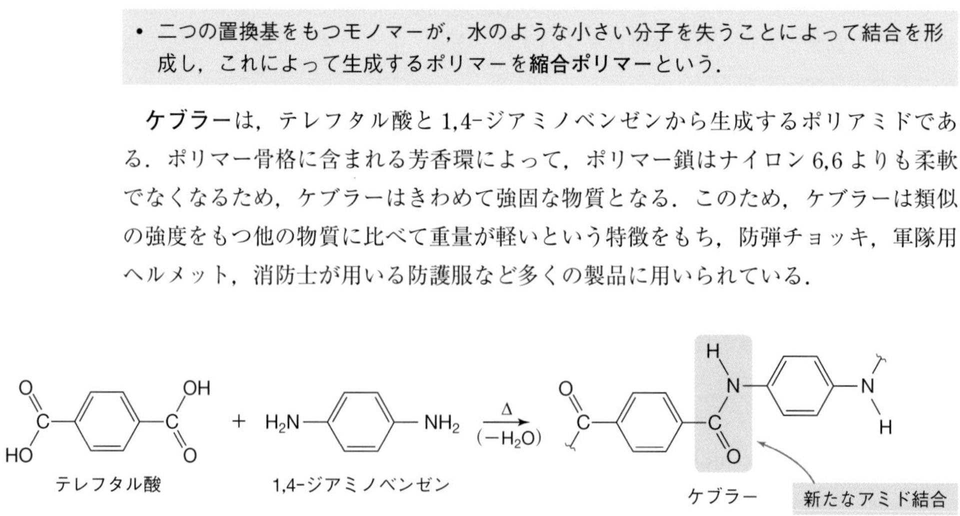

例題 7・9 ポリアミドの合成に必要なジアミンとジカルボン酸を決定する

次のポリアミド**A**を合成するために必要なジアミンとジカルボン酸の構造式を書け．

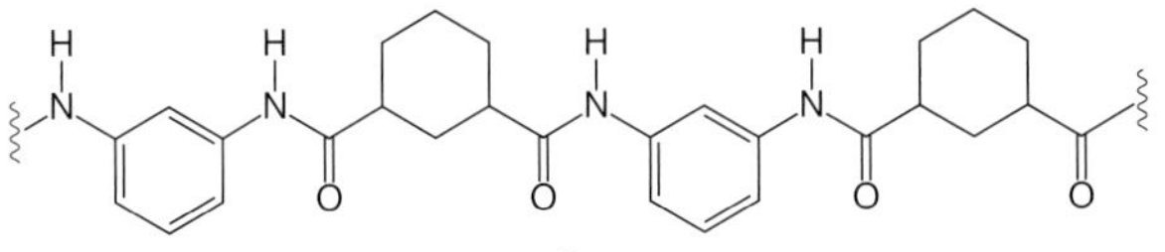

A

解答

• アミドのN−C結合をN−H結合とHO−C結合に置き換えることによって，それぞれアミンとカルボン酸を生成させる．

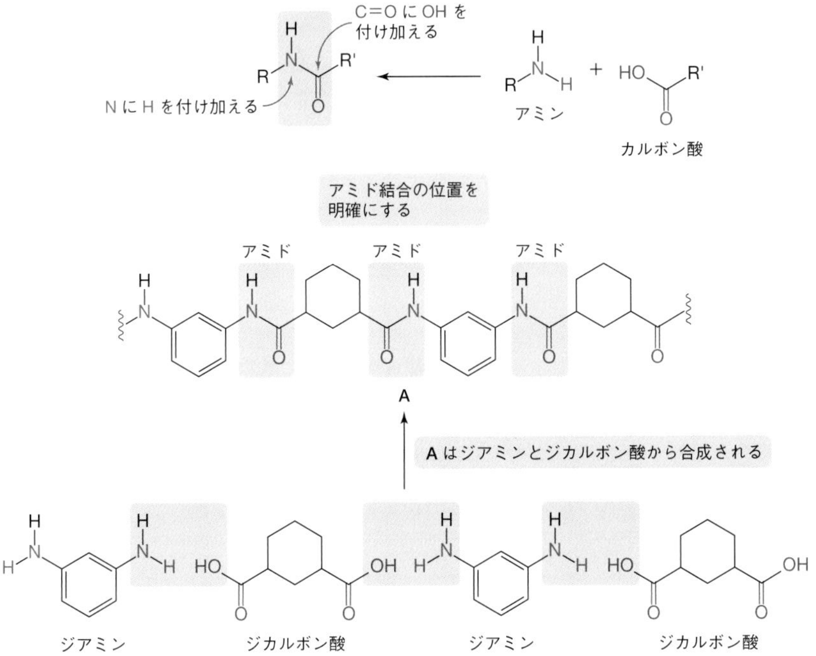

C=OにOHを付け加える

NにHを付け加える

アミン

カルボン酸

アミド結合の位置を明確にする

アミド　アミド　アミド

A

Aはジアミンとジカルボン酸から合成される

ジアミン　ジカルボン酸　ジアミン　ジカルボン酸

練習問題 7・9　次の図はナイロン6,10の構造式である．この化合物を合成するために必要な2種類のモノマーの構造式を書け．

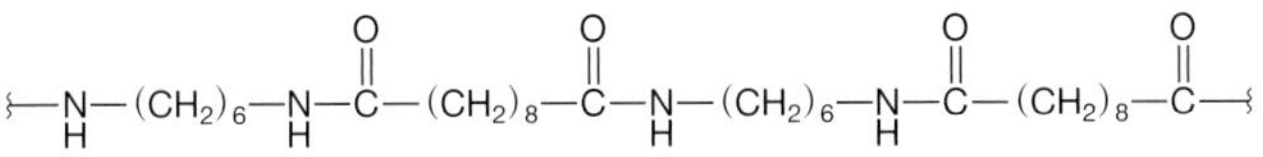

$$-NH-(CH_2)_6-NH-C(=O)-(CH_2)_8-C(=O)-NH-(CH_2)_6-NH-C(=O)-(CH_2)_8-C(=O)-$$

ナイロン6,10

7・10B ポリエステル

縮合ポリマーの第二の種類は**ポリエステル**である．最もふつうのポリエステルは**ポリエチレンテレフタラート**である．清涼飲料水のプラスチック製の瓶はPETでできている．

ポリエステル polyester

ポリエチレンテレフタラート polyethylene terephthalate，**PET**と略称

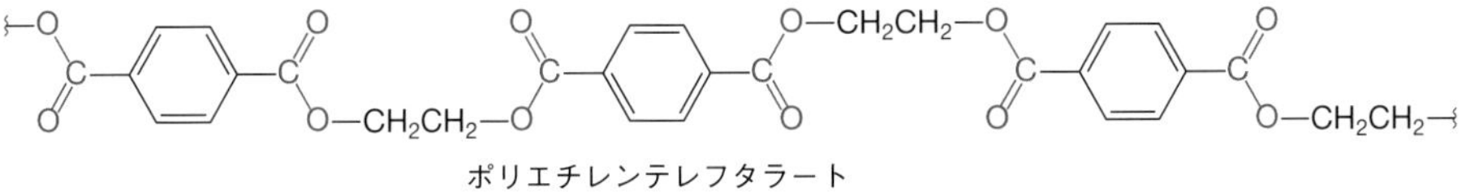

ポリエチレンテレフタラート
PET
（エステル結合は赤字で示してある）

PETを合成する方法の一つは，ジカルボン酸のテレフタル酸と，ジアルコールのエチレングリコール $HOCH_2CH_2OH$ とのフィッシャーエステル化反応である．

それぞれのOHとCOOHが反応する

H_2O が失われる

HO　O　C　C　OH　O　+　$HOCH_2CH_2OH$　+　HO　O　C　C　O　OH　+　$HOCH_2CH_2OH$

テレフタル酸

H_2O が失われる

酸触媒

H_2O が失われる

O　O　C　C　O　O―CH_2CH_2―O　O　C　C　O　O―CH_2CH_2

ポリエチレンテレフタラート
PET

これらのポリマーは容易に，また安価に製造され，さらに強固で化学的に安定な物質を形成するので，衣服，フィルム，タイヤ，プラスチック製の飲料瓶などに用いられている．またポリエステル繊維は，人工心臓弁や代用血管にも使用されている．

問題 7・15　コーデルは1,4-ジ(ヒドロキシメチル)シクロヘキサンとテレフタル酸から合成されるポリエステルである．コーデルの構造式を書け．また，コーデルからつくられる布は，硬く，しわが寄りにくい理由を推定せよ．

$HOCH_2$―　―CH_2OH　+　O　O　C　C　HO　OH

1,4-ジ(ヒドロキシメチル)シクロヘキサン　　テレフタル酸

PETのリサイクル

ポリマーが日用品のための物質としてよく用いられるのは，ポリマーが耐久性，強度，低い反応性など，望ましい性質をもつためである．しかしこれらの性質は，同時に環境問題の原因にもなる．多くのポリマーは容易に分解しないため，その結果として，毎年多量のポリマーがごみ処理地に行き着くことになる．ポリマーによる廃棄物問題をなくすために有用な方法の一つは，ポリマーのリサイクルである．

リサイクルされたポリマーはまだ少量の接着剤や他の物質で汚染されているため，これらのリサイクルポリマーは一般に，食物や飲料品を保存するためには用いられない．リサイクルされたPETは，フリース衣料や敷物のための繊維の製造に利用される．

またPETは，それが合成されたモノマーに戻すことができる．たとえば，PETを酸の存在下で水とともに加熱すると，ポリマー鎖のエステル結合が開裂し，エチレングリコールとテレフタル酸が生成する．そしてこれらのモノマーは，さらにPETを製造するための出発物質として用いられる．

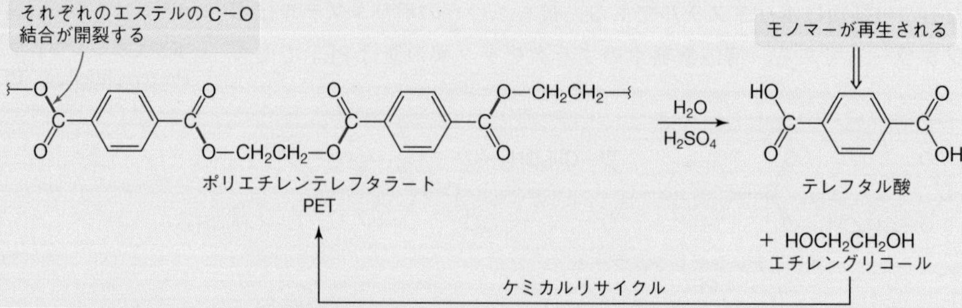

溶ける縫合糸

PET は安定な物質であるが，ポリエステルには，容易に加水分解されるものもある．このようなポリエステルは，ゆっくりと分解することが有用な特性となる応用にとって都合がよい．このような例の一つは，2 種類の α-ヒドロキシ酸，すなわちグリコール酸 $HOCH_2COOH$ と乳酸 $CH_3CH(OH)COOH$ から生成される分解性ポリマーである．

グリコール酸と乳酸が結合するときには，一方の α-ヒドロキシ酸のヒドロキシ基ともう一方の α-ヒドロキシ酸のカルボキシ基が反応する．生成するポリマーは，外科医によって溶ける縫合糸として用いられる．ポリマーは数週間の間に，それが合成されたモノマーに加水分解され，それらは体内で容易に代謝される．これらの縫合糸は，体内において傷あとが回復する間，組織を固定しておくために用いられる．

一方の酸の C=O ともう一方の酸の OH 基が結合する

グリコール酸　乳酸

新たな C−O 結合

溶ける縫合糸に用いられる

7・11 ペニシリン

21 世紀では，病原菌が感染した切り傷やすり傷によって命が脅かされるのを想像することはむずかしい．しかし，20 世紀初頭に抗生物質が発見されるまでは，それは全くの真実であった．

ペニシリンが抗生物質となることは，1928 年にフレミングによって最初に発見された．彼は *Penicillium* に属するある種のかびが，微生物の成長を阻害することに気づいた．数年間の実験の後，かびから単離されたペニシリンが 1942 年に初めて，連鎖球菌感染症にかかった女性患者の治療に用いられた．1944 年までは，第二次世界大戦で負傷した多くの兵士の治療に必要とされたことから，ペニシリンの製造は米国政府によって高い優先権を与えられた．

ペニシリンは関連する抗生物質の一群に対する名称である．すべてのペニシリンは二つのアミド基をもつ．一つのアミド基は四員環の一部であり，この構造を **β-ラクタム**という．もう一つのアミド基は，β-ラクタムのカルボニル基の α 炭素に結合している．それぞれのペニシリンは，アミド側鎖における置換基 R の種類が異なっている．以下に示すペニシリン G は，最初に発見されたペニシリンである．また，アモキシシリンは現在一般に使用されているもう一つのペニシリンの例である．

ペニシリンはその構造が明確に決定される前に，第二次世界大戦において負傷した兵士を治療するために用いられた．

ペニシリン penicillin

フレミング Alexander Fleming

β-ラクタム β-lactam

ペニシリンの一般式

α 炭素　β-ラクタム

ペニシリン G

アモキシシリン

ペニシリンは哺乳類の細胞には何の効果も与えない．それは，哺乳類の細胞が脂質二重膜からなるしなやかな膜で取囲まれており，細胞壁をもたないためである．

哺乳類の細胞とは異なって，微生物の細胞はかなり堅固な細胞壁で取囲まれており，それが微生物に多くの異なる環境で生活することを可能にしている．ペニシリンは微生物の細胞壁の合成を阻害する．ペニシリンは，β-ラクタム部分のアミド基で起こる置換反応によって，微生物を殺す．β-ラクタムは通常のアミドよりも反応性が高い．これは，四員環では結合角が90° でなければならないため，この特徴が環を不安定にするからである．ペニシリンのβ-ラクタム環が細胞壁の合成に必要な酵素と反応し，これによって酵素が不活性化する．微生物は細胞壁を形成することができず，死に至るのである．

問題 7・16　以下の図における**A**から**B**への過程は，ペニシリンが微生物の細胞壁の合成に必要な酵素を不活性化する機構を示したものである．次の問いに答えよ．

(a) **A**にはあるが**B**には存在しない官能基の名称を書け．

(b) **B**に存在する新たな置換基の名称を書け．

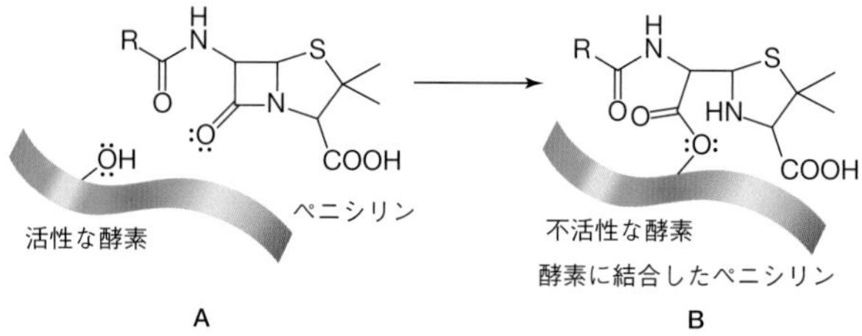

アミンと神経伝達物質

麻薬や鎮痛薬として用いられるモルヒネはアミンの一種である(§8・4A)．ケシの実にはモルヒネが含まれており，第二次世界大戦までは，英国の一部で民間療法に用いられていた．ケシの実を含むポピーシードケーキやベーグルを食べると，薬物スクリーニングにおいて陽性になることもある．

8章ではアミン，すなわち窒素原子を含む有機化合物に注目する．アミンの窒素原子は1〜3個のアルキル基と結合しており，窒素原子を環内にもつアミンも多い．すべてのタンパク質や多くのビタミン，ホルモンもアミン部位をもつ．アミンは天然にも広く存在し，また鎮痛薬や抗ヒスタミン薬など多くの合成薬剤もアミンである．8章の最後には，体内の重要な化学的伝達体である神経伝達物質と，関連する生理活性をもつアミンについて説明する．

8・1　構造と結合

アミンは窒素原子を含む有機化合物であり，アンモニア NH_3 の一つの，あるいは複数の水素原子をアルキル基で置き換えることによって生成する．アミンは窒素原子に結合しているアルキル基の数によって，第一級，第二級，第三級に分類される．

アミン amine

アミンの第一級，第二級，第三級への分類は7章で述べたアミドの分類を思い出させるが，アルコールやハロゲン化アルキルにおける第一級，第二級，第三級への分類とは異なっている．たとえば，第二級アミンと第二級アルコールを比較してみよう．第二級アミン R_2NH は二つのC−N結合をもっている．しかし，第二級アルコール R_2CHOH はただ一つのC−O結合をもち，酸素原子に結合した炭素原子上に二つのC−C結合をもっている．

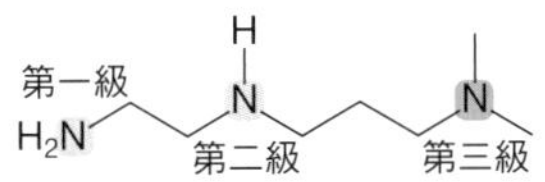

- 一つのC−N結合をもつアミンを**第一級アミン**という．第一級アミンは一般式 RNH_2 をもつ．
- 二つのC−N結合をもつアミンを**第二級アミン**という．第二級アミンは一般式 R_2NH をもつ．
- 三つのC−N結合をもつアミンを**第三級アミン**という．第三級アミンは一般式 R_3N をもつ．

第一級アミン primary amine

第二級アミン secondary amine

第三級アミン tertiary amine

アンモニアと同様，アミンの窒素原子は非共有電子対をもつ．一般に，簡略構造式では非共有電子対は表記しない．また167ページのコラムでは，窒素原子に第四のアルキル基が結合した**第四級アンモニウムイオン**について学ぶ．この化合物では，窒素原子には非共有電子対はなく，正電荷を保持している．

第四級アンモニウムイオン quaternary ammonium ion

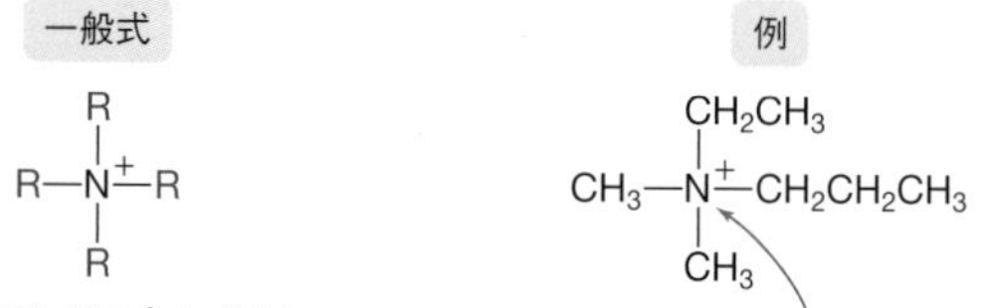

一般式

$R-N^{+}(R)(R)-R$

第四級アンモニウムイオン

例

$CH_3-N^{+}(CH_2CH_3)(CH_3)-CH_2CH_2CH_3$

窒素原子は非共有電子対をもたない

複素環 heterocycle

§4・7で述べたように，複素環は窒素原子，酸素原子，硫黄原子のようなヘテロ原子を含む環であることを思い出そう．

また，アミンの窒素原子が環の一部となり，**複素環**を形成する場合もある．例として，黒コショウから単離される化合物の一つであるピペリジンや，ドクニンジンの毒素であるコニインをあげることができる．これらはいずれも，窒素原子を含む六員環をもつ化合物である．

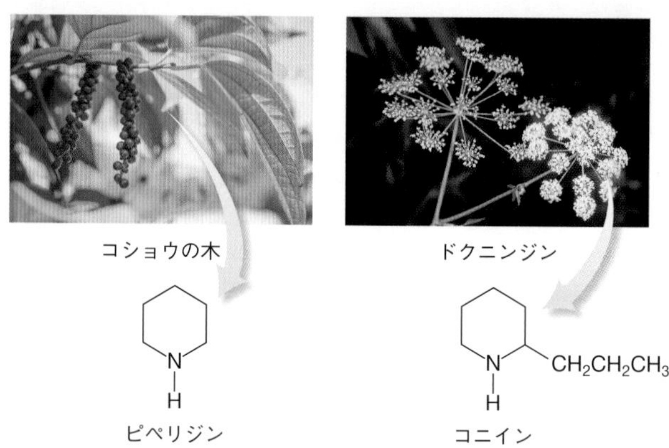

アミンの窒素原子は，三つの原子と一つの非共有電子対によって囲まれている．したがって，三角錐形の形状をもち，結合角は約 109.5°となる．

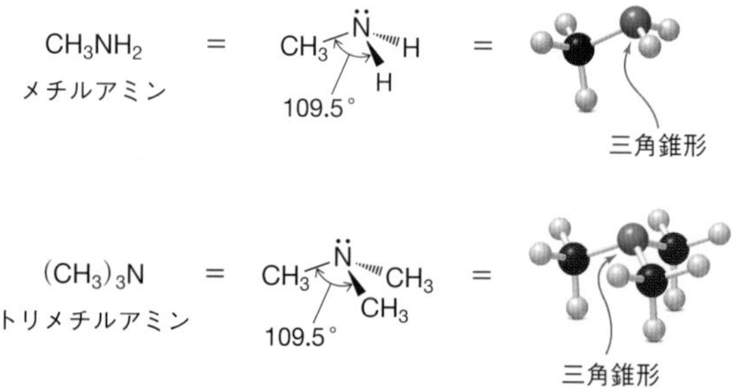

CH_3NH_2 = CH_3–N̈(H)(H) = （球棒模型）
メチルアミン
109.5°
三角錐形

$(CH_3)_3N$ = CH_3–N̈(CH_3)(CH_3) = （球棒模型）
トリメチルアミン
109.5°
三角錐形

例題 8・1 アミンを分類する

次の図は，腐った魚が放つ悪臭の一つの要因となるプトレシンと，一般に“エクスタシー”とよばれる違法の興奮剤 MDMA の構造式である．それぞれの化合物に含まれるアミンを，第一級，第二級，第三級に分類せよ．

(a) $H_2N(CH_2)_4NH_2$
プトレッシン

(b) 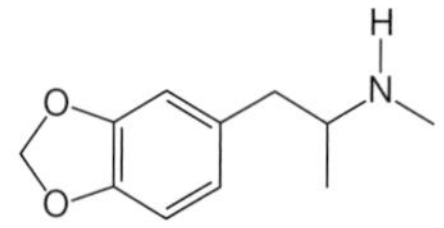
MDMA
“エクスタシー”

解答 それぞれの化合物について完全な構造式を書くか，あるいは骨格構造式に水素原子を付け加えることによって，アミンの窒素原子がいくつの C−N 結合をもつかを明確にする．

(a) $H-N(H)-CH_2CH_2CH_2CH_2-N(H)-H$
プトレッシン

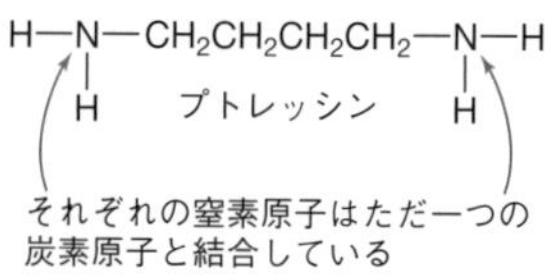

それぞれの窒素原子はただ一つの炭素原子と結合している
どちらのアミンも**第一級**である

（つづく）

(b)

MDMA
"エクスタシー"

この窒素原子は二つの炭素原子と結合しているので，**第二級アミン**である

練習問題 8・1　次の化合物に含まれるアミンを，第一級，第二級，第三級に分類せよ．

(a) $H_2N(CH_2)_3NH(CH_2)_4NH(CH_2)_3NH_2$　スペルミン

(b)　メペリジン

メタンフェタミン（図8・1）は，本章で述べる生理活性をもつ多数のアミンのうちの一つである．メタンフェタミンは心身に重大な影響を与えるが，使用すると満ち足りた高揚感が得られるため，広く乱用されている違法薬物である．メタンフェタミンはスピード，メスなどの俗称をもち，中毒性が高く合成も容易であり，心臓，肺，血管，その他の器官に有害作用を及ぼす．長期にわたって使用すると，不眠症，けいれん，幻覚，妄想症や重大な心臓病をひき起こすことがある．

メタンフェタミン methamphetamine

問題 8・1　以下の図はメタンフェタミンの構造式である．次の問いに答えよ．
(a) メタンフェタミンに含まれるアミンの種類は何か．
(b) 図に指示されたそれぞれの原子のまわりの形状を述べよ．

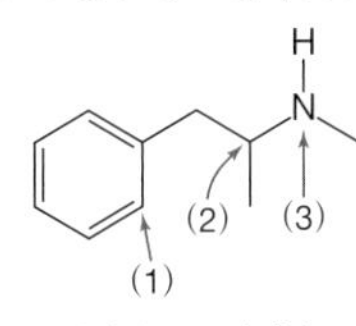

メタンフェタミン

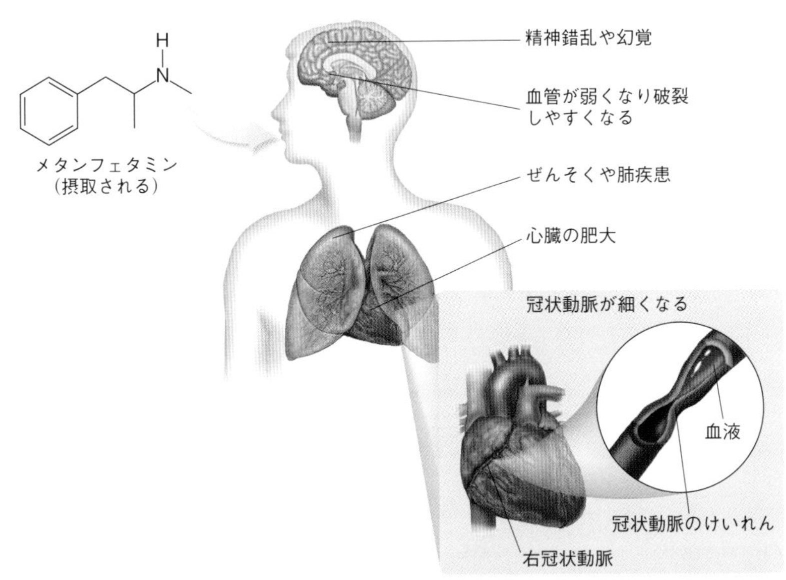

図 8・1　**メタンフェタミンを使用した効果**

8・2 命 名 法

8・2A 第一級アミン

第一級アミンはIUPAC名あるいは慣用名のいずれかを用いて命名される．IUPAC名はすべてのアミンに対して用いることができる．IUPAC命名法を用いてアミンを命名するには，まずアミンの窒素原子に結合した最長の炭素鎖を見つけ，母体となるアルカンの語尾“-e”を接尾語“-amine”に変換する．つづいて，命名法の一般的な規則を適用し，炭素鎖に番号をつけ，置換基を命名する．日本語では，アルカンの名称の後に接尾語として“アミン”をつける．

慣用名は簡単なアミンに対してのみ用いられる．慣用名によってアミンを命名するには，窒素原子に結合したアルキル基を命名し，語尾に“-amine”をつけて一つの語とする．

CH_3NH_2

慣用名：メチルアミン (methylamine)

IUPAC名：メタンアミン (methanamine)

$CH_3CH_2CH_2CH_2NH_2$ = (NH₂の骨格式)

4 3 2 1

慣用名：ブチルアミン (butylamine)

IUPAC名：1-ブタンアミン (1-butanamine)

8・2B 第二級および第三級アミン

同一のアルキル基をもつ第二級および第三級アミンは，第一級アミンの名称に，それぞれ接頭語“di-”および“tri-”（日本語では“ジ”および“トリ”）をつけることによって命名される．

$CH_3CH_2—N(CH_2CH_3)—CH_2CH_3$

トリエチルアミン (triethylamine)

$CH_3CH_2CH_2—NH—CH_2CH_2CH_3$

ジプロピルアミン (dipropylamine)

複数の異なる種類のアルキル基をもつ第二級および第三級アミンは，次に述べるHow Toの方法を用いて，窒素原子上に置換基をもつ第一級アミンとして命名する．

How To 異なるアルキル基をもつ第二級および第三級アミンを命名する方法

例　第二級アミン $(CH_3)_2CHNHCH_3$ を命名せよ．

段階 1　窒素原子に結合した最長のアルキル鎖（あるいは最大の環）を母体アミンとして命名する．

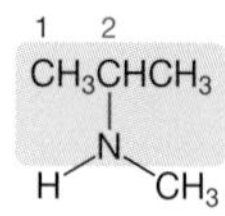

- 最長の炭素鎖は3個の炭素原子をもつので，母体となるアミンはプロパンアミン (propanamine) である．
- 窒素原子は中央の炭素に結合しているので，名称は2-プロパンアミン (2-propanamine) となる．

段階 2　窒素原子上の他の基をアルキル基として命名し，複数の置換基があるときはその名称をアルファベット順に並べる．それぞれのアルキル基の名称の前に接頭語“*N*-”をつける．

CH_3CHCH_3 ／ N ／ H, CH_3

一つのメチル基 (methyl)

答　*N*-メチル-2-プロパンアミン (*N*-methyl-2-propanamine)

問題 8・2　次のアミンの名称を示せ．

(a) $CH_3CH_2CHCH_3$（NH_2 が3位の炭素に結合）

(b) シクロペンチル-N(CH_3)(CH_2CH_3)

8・2C 芳香族アミン

芳香族アミン，すなわちベンゼン環に直接結合した窒素原子をもつアミンは，アニリン（aniline）の誘導体として命名する．

NH_2　　$NHCH_2CH_3$　　NH_2 / Br

アニリン (aniline)　　*N*-エチルアニリン (*N*-ethylaniline)　　*o*-ブロモアニリン (*o*-bromoaniline)

問題 8・3　次のアミンに対応する構造式を書け．

(a) 3,5-ジエチルアニリン（3,5-diethylaniline）

(b) *N*,*N*-ジエチルアニリン（*N*,*N*-diethylaniline）

8・2D 命名法に関するその他の事項

NH_2 基を置換基として命名する際には，**アミノ基**という名称を用いる．

窒素原子を含む複素環（**含窒素複素環**）にはさまざまな種類があり，環に含まれる窒素原子の数と環の大きさに依存して，それぞれ異なる名称がつけられている．以下に，よくみられる4種類の含窒素複素環の構造と名称を示す．

アミノ基 amino group

含窒素複素環 nitrogen heterocycle

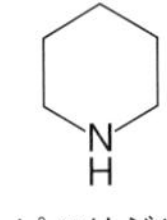

ピペリジン (piperidine)

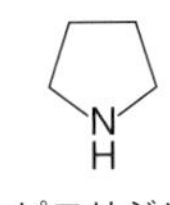

ピロリジン (pyrrolidine)

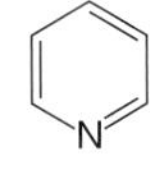

ピリジン (pyridine)

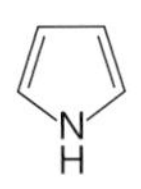

ピロール (pyrrole)

問題 8・4　次の名称に対応する構造式を書け．

(a) *N*-メチルペンチルアミン（*N*-methylpentylamine）

(b) *N*-メチルピペリジン（*N*-methylpiperidine）

(c) 2-アミノシクロヘキサノン（2-aminocyclohexanone）

(d) 1-プロピルシクロヘキサンアミン（1-propylcyclohexanamine）

8・3 物理的性質

分子量の低いアミンには，きわめて不快なにおいをもつものが多い．**トリメチルアミン** $(CH_3)_3N$ はある種の魚のタンパク質が酵素によって分解されたときに生成し，腐った魚に特有のにおいをもつ．**カダベリン** $NH_2CH_2CH_2CH_2CH_2CH_2NH_2$ も腐った魚に存在する不快なにおいをもつ有毒なジアミンであり，精液や尿，あるいはくさい息のにおいの要因の一つとなる．

トリメチルアミン trimethylamine

カダベリン cadaverine

窒素は炭素や水素に比べて非常に電気陰性であるから，アミンは極性の C−N 結合と N−H 結合をもつ．また，第一級アミンと第二級アミンは N−H 結合をもつので，分子間で水素結合を形成することができる．

分子間水素結合

CH_3−N̈−H（H）＝ [分子模型] ＝ H H N̈ CH_3

しかし，窒素は酸素ほど電気陰性ではないので，窒素原子と水素原子の間の分子間水素結合は，酸素原子と水素原子の間の分子間水素結合よりも弱い．その結果，次のようになる．

- 類似の分子量をもつ化合物と比較すると，第一級および第二級アミンは，水素結合を形成できない化合物よりも高い沸点をもつが，分子間でより強い水素結合を形成するアルコールよりも沸点が低い．

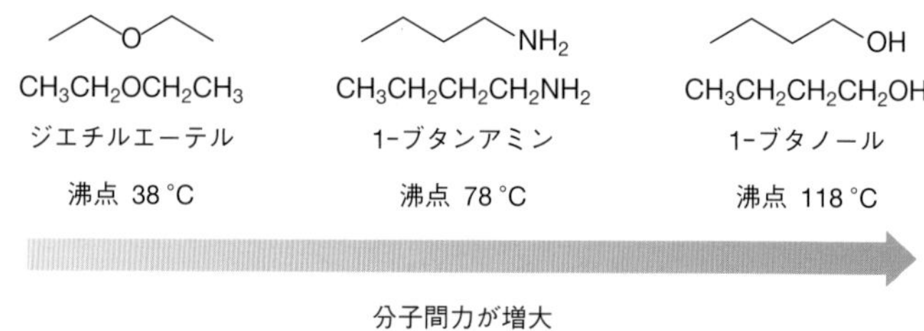

- 第三級アミンはN−H結合をもたないので，類似の分子量をもつ第一級および第二級アミンよりも，沸点が低い．

$= CH_3CH_2N(CH_3)_2$　　　$CH_3CH_2—NH—CH_2CH_3 =$

窒素原子に3個の炭素原子が結合　第三級アミン

N−H結合をもたない　沸点 38 °C

一つのN−H結合をもつ　沸点 56 °C

窒素原子に2個の炭素原子が結合　第二級アミン

より沸点が高い

アミンは分子の大きさにかかわらず，有機溶媒に溶ける．また，アミンは水と水素結合を形成できるので，炭素原子が6個より少ないアミンは水に溶ける．しかし，アルキル基がそれよりも大きくなると，無極性のアルキル基の部分が極性溶媒の水に溶けるにはあまりに大きいため，アミンは水に溶けなくなる．

例題 8・2　相対的な沸点の高さを推定する

次のそれぞれの組における化合物のうち，高い沸点をもつものはどちらか．

(a) $CH_3CH_2NHCH_3$ と $CH_3CH_2OCH_3$

(b) $(CH_3)_3N$ と $CH_3CH_2CH_2NH_2$

解答　(a) 第二級アミン $CH_3CH_2NHCH_3$ はN−H結合をもつので，分子間で水素結合を形成することができる．一方，エーテル $CH_3CH_2OCH_3$ はC−H結合だけをもつので，分子間水素結合を形成する可能性がない．したがって，$CH_3CH_2NHCH_3$ の方が分子間力が強いので，高い沸点をもつ．

(b) 第一級アミン $CH_3CH_2CH_2NH_2$ はN−H結合をもつので，分子間で水素結合を形成することができる．一方，第三級アミン $(CH_3)_3N$ はC−H結合だけをもつので，分子間水素結合を形成する可能性がない．したがって，$CH_3CH_2CH_2NH_2$ の方が分子間力が強いので，高い沸点をもつ．

$CH_3CH_2CH_2NH_2$　　　$CH_3—N(CH_3)—CH_3$

N−H結合をもつ第一級アミン　分子間水素結合を形成　より沸点が高い

C−H結合だけをもつ第三級アミン

練習問題 8・2　次のそれぞれの組における化合物のうち，高い沸点をもつものはどちらか．

(a) $CH_3C(=O)CH_2CH_3$　と　$(CH_3)_2CHCH_2NH_2$

(b) $(CH_3)_2CHCH_2NH_2$　と　$(CH_3)_2CH_2OH$

8・4 アルカロイド：植物に由来するアミン

カフェインと**ニコチン**は含窒素複素環をもつアミンであり，中枢神経系の興奮剤として広く用いられている．本節で説明する他のアミンと同様に，カフェインとニコチンは**アルカロイド**，すなわち植物を起源とする天然に存在するアミンの一種である．

カフェイン caffeine
ニコチン nicotine
アルカロイド alkaloid

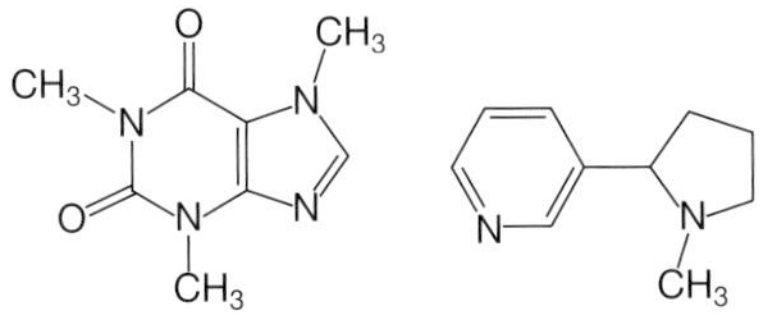

カフェイン　ニコチン

医薬品として有用な性質をもつアルカロイドとして，モルヒネ，キニーネ，アトロピンの三つがある．これらの化合物はいずれも，含窒素複素環をもち，さらにいくつかの官能基が置換した複雑な構造をもっている．

"alkaloid"（アルカロイド）という用語は"alkali"（アルカリ）に由来している．これは，一般にアルカロイドの水溶液は，弱い塩基性を示すことによるものである．

8・4A モルヒネと関連アルカロイド

植物のケシ *Papaver somniferum* が心的効果や鎮痛作用をもつことは，約6000年も前から知られており，それらは何世紀もの間，娯楽のための麻薬や鎮痛薬として広く用いられてきた．ケシの鎮痛および麻薬作用は，おもに**モルヒネ**によるものである．一つのメチルエーテルをもつ類似構造のアルカロイドである**コデイン**も存在するが，その量はきわめて少ない．

モルヒネ morphine
コデイン codeine

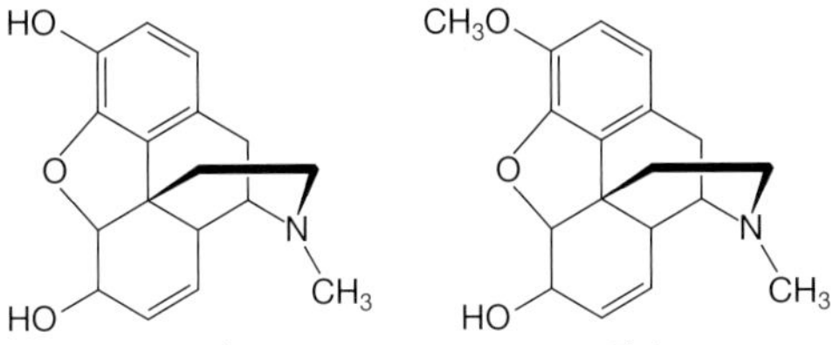

モルヒネ　コデイン

モルヒネは特に慢性的な苦痛を取除く際に用いられ，そのためしばしば末期がんの患者に処方される．また，モルヒネは非常に中毒性が高く，同じ効果を得るためには，時間とともに投与量を増大させる必要がある．コデインはそれほどひどくない痛みをやわらげるために有用な薬剤であり，合法的に栽培されたケシから得られたモルヒネの約95%は，コデインに変換されている．

ヘロインは広く用いられる非常に中毒性の高い違法薬物であり，モルヒネの二つのヒドロキシ基を酢酸エステルに変換することによって容易に合成される．ヘロインはモルヒネに比べて極性が低いので，モルヒネよりも生体内の脂肪細胞に溶けやすい．その結果，幸福感を与えたり，苦痛を取除くことにおいて，ヘロインはモルヒネの2～3倍強い効果がある．

ヘロイン heroin

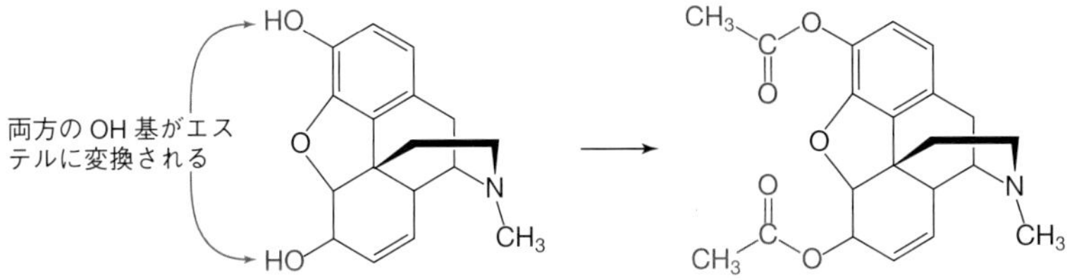

両方のOH基がエステルに変換される

モルヒネ　ヘロイン

カフェイン

カフェインはコーヒーや茶に含まれる苦味をもつアミンである．またカフェインは，清涼飲料水やチョコレートにも存在し，鎮痛薬や眠気防止剤にもカフェインが含まれている．

カフェインはふつう摂取した後に覚醒感が得られるため，弱い興奮剤として用いられる．またカフェインは，心拍数を増大させ，気道を拡張し，胃液の分泌を刺激する．これらの効果が現れるのは，カフェインがグルコースの生成を増大させるためである．

適度に摂取するならば，カフェインは全く健康に害を与えないが，多量の摂取は不眠症，不安感，脱水症状をひき起こすことがある．また，いくつかの研究は，妊婦はカフェインの摂取量を制限すべきであり，過剰にカフェインを摂取すると流産の危険性が増大することを示唆している．

コーヒーの木

コーヒーチェリー

カフェイン
$C_8H_{10}N_4O_2$

カフェイン：コーヒーの木から得られるアルカロイド． コーヒーは世界中の50余りの熱帯国で栽培されており，国際的に取引される量では，石油に次いで第二位を占める．"コーヒーチェリー"とよばれる果実は手で摘まれ，乾燥させると1個の果実当たり2個の種が得られる．生のコーヒー豆は世界中の焙煎施設に輸出される．

ニコチン

ニコチンはタバコから単離される高い毒性をもつアミンである．少ない投与量では，ニコチンは興奮剤となるが，投与量が多くなるとうつ病や吐き気をひき起こし，死に至ることもある．

吸入されたたばこの煙には4000種類以上の化合物が含まれている．そのうちの多くは有毒あるいは発がん性をもっているが，ニコチンは喫煙を習慣性にする作用をもつ化合物である．たばこの煙は肺疾患や心臓疾患，がんをひき起こすことが認識されている．このよく知られた事実にもかかわらず，ニコチン依存症は，現在の喫煙者に喫煙をやめることを困難にしている．

喫煙をやめるためにしばしば用いられる方法の一つは，ニコチンパッチの使用である．パッチを皮膚に当てると，ニコチンが皮膚を通って血流の中に拡散する．こうして，喫煙者は依然としてニコチンから快楽を得ることができるが，たばこの煙に含まれる他の成分の有害な効果にさらされることはない．

タバコの木

乾燥したタバコの葉

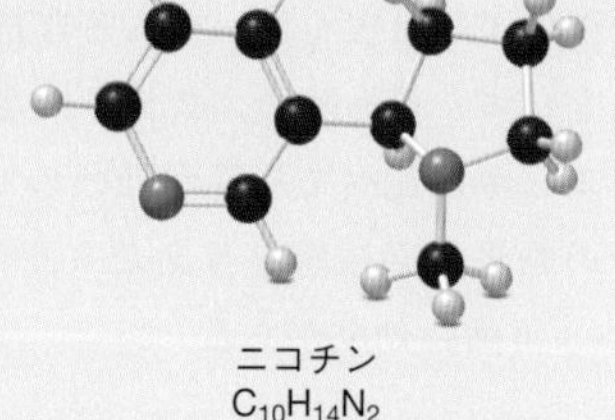

ニコチン
$C_{10}H_{14}N_2$

ニコチン：タバコの木から得られるアルカロイド． タバコは温暖な気候の地域で栽培される．タバコの葉を収穫して乾燥させ，紙巻きたばこや他のタバコを含む製品に加工される．

問題 8・5 右の図はナロキソンの構造式である．ナロキソンは，ヘロインおよびモルヒネに類似した処方鎮痛薬の過剰投与を治療するために用いられる薬剤である．次の問いに答えよ．
(a) ナロキソンに含まれるアミンを第一級，第二級，第三級に分類せよ．
(b) ヘロインとナロキソンで異なる官能基を特定し，その名称を記せ．
(c) ヘロインとナロキソンがもつ官能基を考慮すると，より極性であるのはどちらの薬剤か．

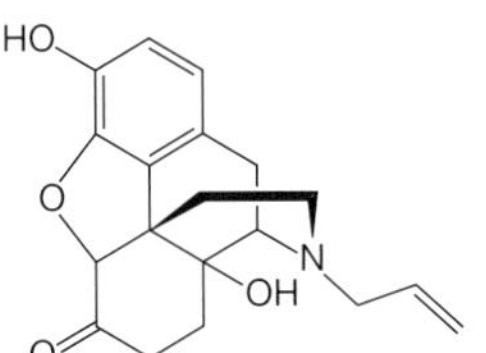

8・4B キニーネ

キニーネはアンデス山脈を原産とするキナノキの樹皮から単離されたアルカロイドである．キニーネは強力な解熱作用をもち，何世紀にもわたって，マラリアに対する唯一の有効な治療薬であった．炭酸水に添加すると，苦味と独特の風味を与える．

キニーネ quinine

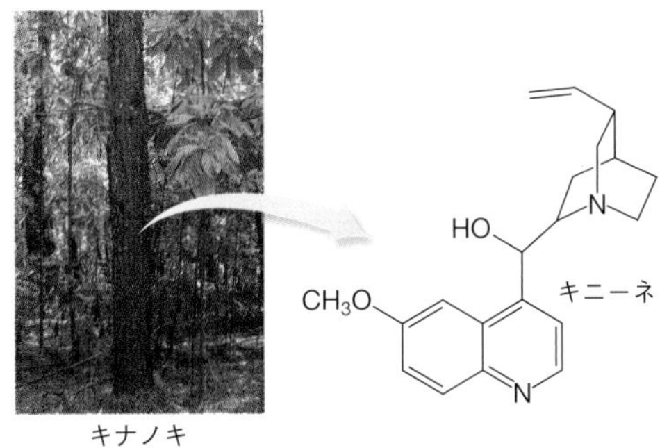

キナノキ

8・4C アトロピン

アトロピンはナス科の有毒植物ベラドンナ *Atropa belladonna* から単離されたアルカロイドである．

アトロピン atropine

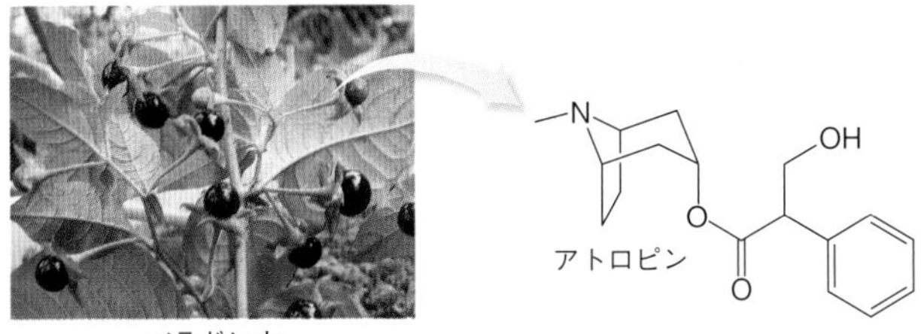

ベラドンナ

14 世紀から 17 世紀のルネサンスの時代には，女性たちは美顔的な理由から，ひとみを大きくするためにベラドンナの果汁を用いていた．今日でも眼科医が，瞳孔を拡大するためにアトロピンを用いることがある．また，アトロピンは心拍数を増加させるため，内科医はこの目的のためにアトロピンを投与する．アトロピンは平滑筋を弛緩させ，神経インパルスを妨害する作用をもつ．大量に服用するとアトロピンは有毒であり，けいれんをひき起こして昏睡状態に陥り，死に至ることもある．

8・5 塩基としてのアミン

アンモニウムイオン ammonium ion

アンモニア NH_3 と同様に，アミンは塩基，すなわちプロトン受容体として作用する．アミンが水 H_2O に溶けると，酸塩基平衡が成立する．アミンは H_2O からプロトン H^+ を受容して，その共役酸である**アンモニウムイオン**が生成する．一方，H_2O は H^+ を失い，水酸化物イオン OH^- が生成する．

この電子対がプロトンと
新たな結合を形成する

$$\mathrm{H{-}\ddot{N}(H){-}H} \;+\; \mathrm{H{-}\ddot{O}{-}H} \;\rightleftharpoons\; [\mathrm{H{-}N(H)_2{-}H}]^+ \;+\; {}^-\mathrm{:\ddot{O}{-}H}$$

アンモニア　　このプロトンが除去される　　アンモニウムイオン

一般式

$$\mathrm{R{-}\ddot{N}(H){-}H} \;+\; \mathrm{H{-}\ddot{O}{-}H} \;\rightleftharpoons\; [\mathrm{R{-}N(H)_2{-}H}]^+ \;+\; {}^-\mathrm{:\ddot{O}{-}H}$$

第一級アミン

この酸塩基反応は，第一級アミン，第二級アミン，第三級アミンのいずれでも起こる．アミンは有機化合物のうちで最も塩基性が高い化合物群であるが，それらは水酸化ナトリウム NaOH のような無機塩基に比べて弱い塩基である．

$$\mathrm{CH_3{-}\ddot{N}(H){-}H} \;+\; \mathrm{H{-}\ddot{O}{-}H} \;\rightleftharpoons\; [\mathrm{CH_3{-}N(H)_2{-}H}]^+ \;+\; {}^-\mathrm{:\ddot{O}{-}H}$$

第一級アミン

8・5A アミンと酸との反応

アミンは塩酸 HCl のような酸と反応して，水に可溶な塩が生成する．この反応では常に，アミンの窒素原子がもつ非共有電子対が，酸から供給されるプロトン H^+ と新たな結合を形成するために用いられる．

$$\mathrm{CH_3{-}\ddot{N}(CH_3){-}CH_3} \;+\; \mathrm{H{-}Cl} \;\rightleftharpoons\; [\mathrm{CH_3{-}N(H)(CH_3){-}CH_3}]^+ \;+\; \mathrm{Cl^-}$$

第三級アミン　　このプロトンが酸から塩基へ移動する

- アミン $(CH_3)_3N$ は H^+ を獲得して，その共役酸であるアンモニウムイオン $(CH_3)_3NH^+$ が生成する．
- 酸 HCl から H^+ が除去され，その共役塩基である塩化物イオン Cl^- が生成する．

アミンは H_2SO_4 のような他の無機酸や，CH_3COOH のような有機酸とも類似の酸塩基反応を起こす．それぞれの反応では，アミンは H^+ を獲得し，酸は H^+ を失う．例題 8・3 で示すように，このアミンの基本的な反応は，たとえアミンの構造がどのように複雑であっても起こる．

• アミンの酸塩基反応では常に，アミンの窒素が H^+ と新たな結合を形成し，アンモニウムイオンが生成する．

例題 8・3 アミンと酸との反応生成物を書く

メタンフェタミン（§8・1）と塩酸 HCl との反応によって生成する化合物の構造式を書け．

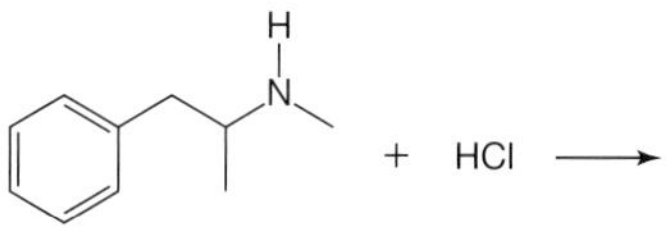

メタンフェタミン　+ HCl ⟶

解答　H^+ を酸から塩基へ移動させる．窒素原子上の非共有電子対を用いて，酸の H^+ と新たな結合を形成させる．

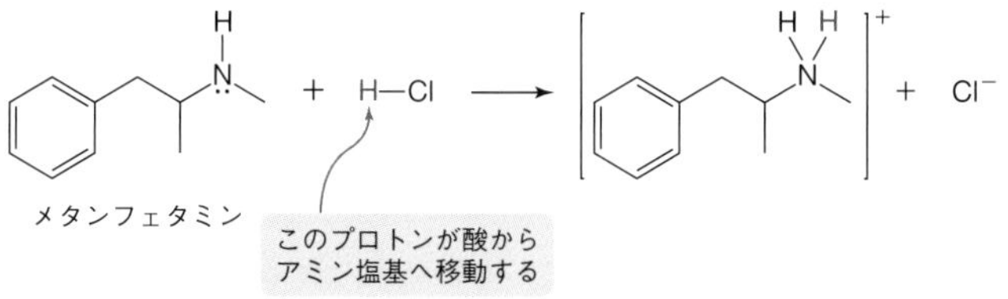

メタンフェタミン + H—Cl ⟶ [ ]$^+$ + Cl^-

このプロトンが酸からアミン塩基へ移動する

こうして，HCl は H^+ を失って Cl^- が生成し，メタンフェタミンの窒素原子は H^+ を獲得して，アンモニウムイオンが生成する．

練習問題 8・3　次のそれぞれの酸塩基反応によって生成する化合物の構造式を書け．

(a) $CH_3CH_2CH_2CH_2—NH_2$ + HCl ⟶

(b) $(CH_3)_2NH$ + C_6H_5COOH ⟶

(c) 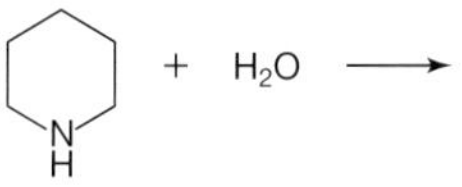 (ピペリジン，NH) + H_2O ⟶

8・5B アンモニウム塩

アミンが酸と反応したとき，生成する塩を**アンモニウム塩**という．アミンはその共役酸である正電荷をもつアンモニウムイオンとなり，酸はその共役塩基であるアニオンとなる．

アンモニウム塩 ammonium salt

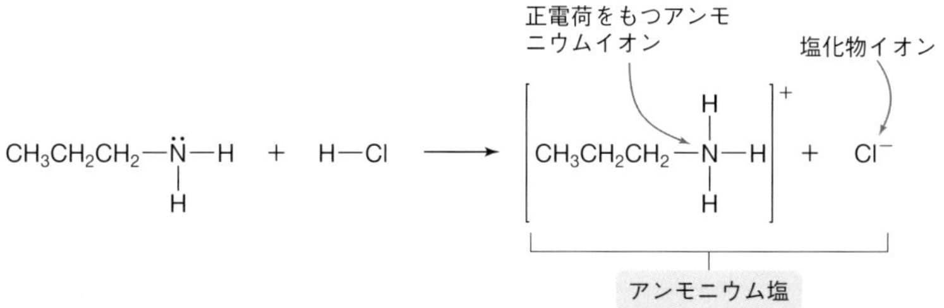

$$CH_3CH_2CH_2—\ddot{N}H—H + H—Cl \longrightarrow [CH_3CH_2CH_2—NH_3]^+ + Cl^-$$

正電荷をもつアンモニウムイオン　塩化物イオン

アンモニウム塩

アンモニウム塩を命名するには，塩を生成する母体のアミンの語尾“-amine”を“-ammonium”に変える．そして，アニオンの名称を別の語として付け加える．日本語では最初にアニオンの名称をよび，アンモニウムイオンの名称を続ける．アンモニウムイオンの名称は，母体のアミンの語尾“アミン”を“アンモニウム”に変える．例題 8・4 で二つの例を示してみよう．

例題 8・4　アンモニウム塩を命名する

次のアンモニウム塩を命名せよ．

(a) $(CH_3CH_2NH_3)^+ Cl^-$　(b) $[(CH_3)_3NH]^+ CH_3COO^-$

解答

(a) $[CH_3CH_2-NH_3]^+$ Cl^- 塩化物イオン (chloride)

エチルアミン (ethylamine) $CH_3CH_2-NH_2$ に由来

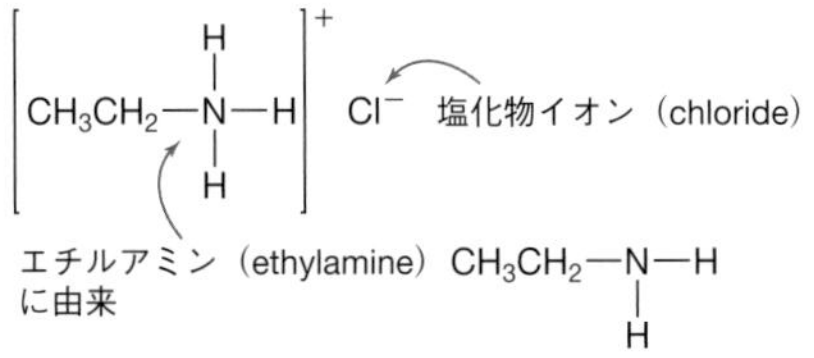

- アミンの名称である ethyl<u>amine</u> を，ethyl<u>ammonium</u> に変える．日本語では，“エチルアンモニウム”となる．
- アニオンの名称である chloride を付け加える．日本語では“塩化”となる．

答　塩化エチルアンモニウム (ethylammonium chloride)

(b) $[CH_3-NH(CH_3)-CH_3]^+$ CH_3COO^- 酢酸イオン (acetate)

トリメチルアミン (trimethylamine) $CH_3-N(CH_3)-CH_3$ に由来

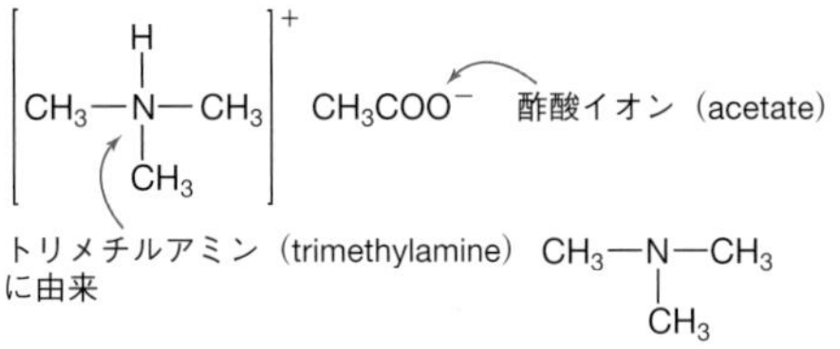

- アミンの名称である trimethyl<u>amine</u> を，trimethyl<u>ammonium</u> に変える．日本語では，“トリメチルアンモニウム”となる．
- アニオンの名称である acetate を付け加える．日本語では“酢酸”となる．

答　酢酸トリメチルアンモニウム (trimethylammonium acetate)

練習問題 8・4　次のアンモニウム塩を命名せよ．

(a) $(CH_3NH_3)^+ Cl^-$　(b) $[(CH_3CH_2CH_2)_2NH_2]^+ Br^-$

(c) $[(CH_3)_2NHCH_2CH_3]^+ CH_3COO^-$

アンモニウム塩はイオン化合物である．その結果，次のような性質を示す．

- アンモニウム塩は固体であり，水に溶ける．

こうして，アミンの溶解特性を酸との反応によって変化させることができる．たとえば，8 個の炭素原子をもつオクチルアミンは水に溶けない．しかし，塩酸 HCl と反応させると塩化オクチルアンモニウムが生成し，このイオン性固体は水に溶ける．

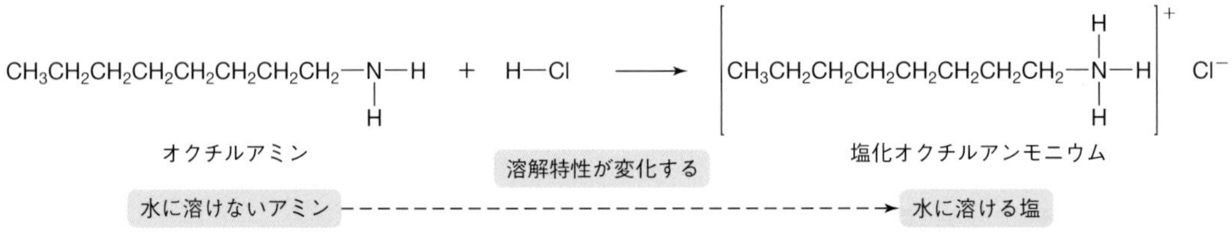

$$CH_3CH_2CH_2CH_2CH_2CH_2CH_2CH_2-NH_2 + H-Cl \longrightarrow [CH_3CH_2CH_2CH_2CH_2CH_2CH_2CH_2-NH_3]^+ Cl^-$$

オクチルアミン　　塩化オクチルアンモニウム

溶解特性が変化する

水に溶けないアミン → 水に溶ける塩

- 水に溶けないアミンは酸と反応させることによって，水に溶けるアンモニウム塩に変換することができる．

例題 8・5　アミンとアンモニウム塩の水に対する溶解性を推定する

次の化合物を，水に可溶あるいは不溶に分類せよ．

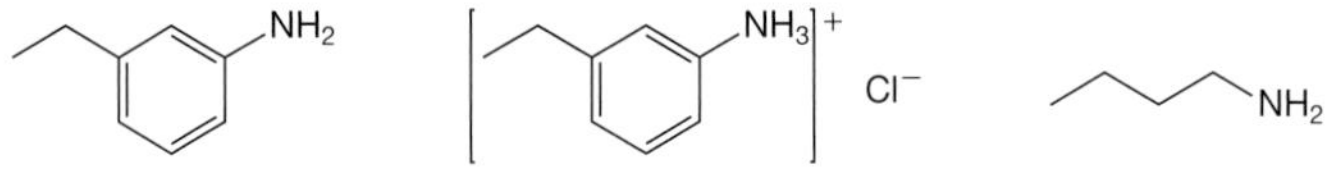

A（3-エチルアニリン，NH_2）　B（$[\ \ NH_3]^+ Cl^-$）　C（ブチルアミン，NH_2）

解答

- **A** は 8 個の炭素原子をもつアミンであるので，水に溶けない．
- **B** はアンモニウム塩であるので，水に溶ける．
- **C** は 4 個の炭素原子をもつ低分子量のアミンであるので，水に溶ける．

練習問題 8・5　次の化合物を，水に可溶あるいは不溶に分類せよ．

(a) $(CH_3CH_2)_3N$　(b) $[(CH_3CH_2)_3NH]^+ Br^-$　(c) CH_3CH_2NH

アンモニウム塩は塩基と反応させることによって，再びアミンに変換することができる．塩基によってアンモニウム塩の窒素原子からプロトン H^+ が除去され，電気的に中性のアミンが再び生成する．

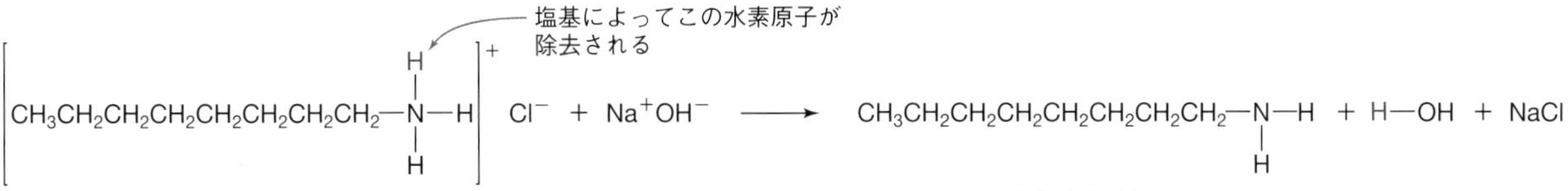

$$[CH_3CH_2CH_2CH_2CH_2CH_2CH_2CH_2{-}NH_3]^+ Cl^- + Na^+OH^- \longrightarrow CH_3CH_2CH_2CH_2CH_2CH_2CH_2CH_2{-}NH_2 + H{-}OH + NaCl$$

塩基によってこの水素原子が除去される

塩化オクチルアンモニウム
水に溶ける塩

オクチルアミン
水に溶けないアミン

問題 8・6　次のアンモニウム塩を水酸化ナトリウム NaOH と反応させたときに，生成する化合物の構造式を書け．

(a) $(CH_3CH_2NH_3)^+HSO_4^-$　　(b) 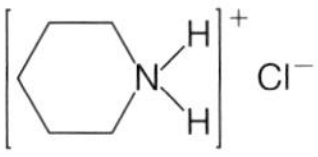 $[C_5H_{10}NH_2]^+ Cl^-$（ピペリジニウム）

有用な薬剤としてのアンモニウム塩

医薬品として有用な性質をもつアミンは，そのアンモニウム塩として売られていることが多い．アンモニウム塩は母体のアミンよりも水に対する溶解性が高いので，血液の水溶性部分に溶け，容易に身体中に運ばれる．

たとえば，第三級アミンであるジフェンヒドラミンのアンモニウム塩は，ジフェンヒドラミンを塩酸 HCl と反応させることによって合成され，市販の抗ヒスタミン薬（174 ページのコラム参照）として，皮膚の発疹やじんましんによるかゆみや炎症をやわらげるために用いられる．

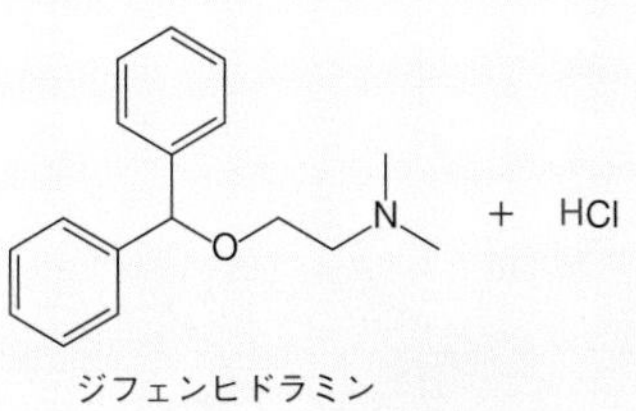

ジフェンヒドラミン + HCl ⟶ アンモニウム塩（Cl^-）

ジフェンヒドラミン

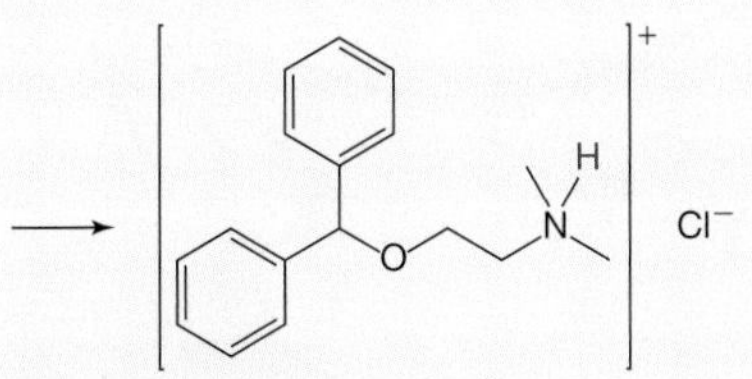

アンモニウム塩

アンモニウム塩として売られているアミンの他の二つの例として，塩酸フェニレフリンと塩酸メタドンがある．塩酸フェニレフリンは充血除去薬として用いられ，塩酸メタドンは，慢性的な痛みを治療するために経口投与される持続性のある麻薬性鎮痛薬である．また塩酸メタドンは，ヘロイン中毒者の代用麻薬としても用いられる．

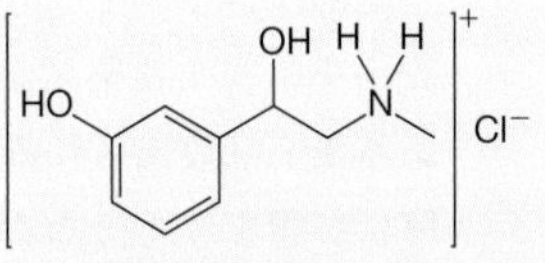

塩酸フェニレフリン
（充血除去薬）

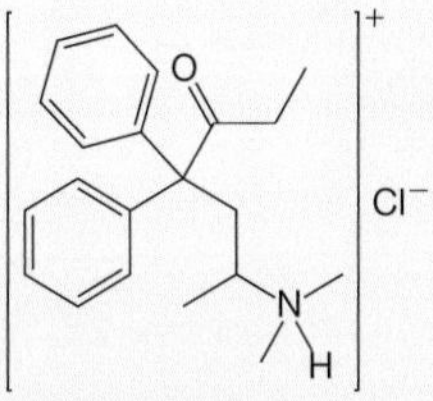

塩酸メタドン
（麻薬性鎮痛薬）

第四級アンモニウム塩（quaternary ammonium salt, $R_4N^+X^-$，§8・1），すなわち四つのアルキル基に結合した窒素原子をもつアンモニウム塩にも，医薬品として有用なものがある．たとえば，安息香酸デナトニウムは強い苦味をもつ無毒の塩であり，子供の指に塗って，爪をかんだり親指をしゃぶるのをやめさせるために用いられる．また，塩化ベンザルコニウムは消毒薬や殺菌剤として，うがい薬などに用いられる．

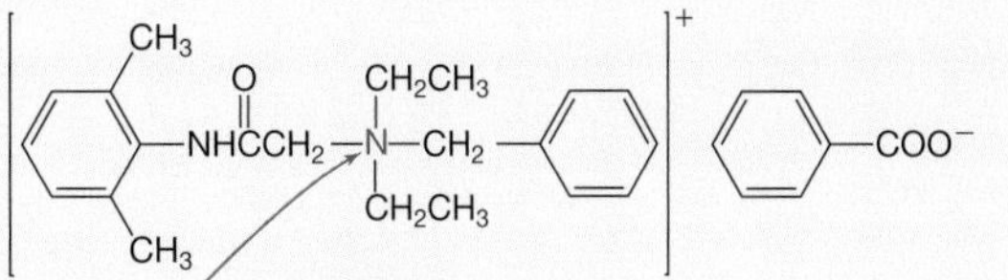

$$[2,6\text{-}(CH_3)_2C_6H_3{-}NHCOCH_2{-}N^+(CH_2CH_3)_2{-}CH_2{-}C_6H_5]\ C_6H_5COO^-$$

安息香酸デナトニウム

窒素原子は 4 個の炭素原子に結合している

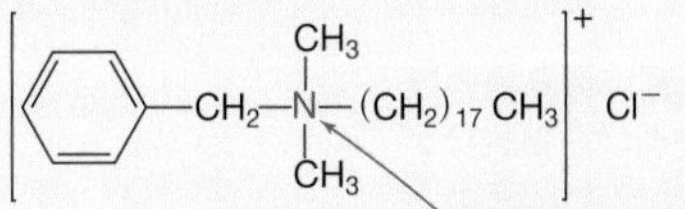

$$[C_6H_5{-}CH_2{-}N^+(CH_3)_2{-}(CH_2)_{17}CH_3]\ Cl^-$$

塩化ベンザルコニウム

窒素原子は 4 個の炭素原子に結合している

8・6 神経伝達物質

神経伝達物質 neurotransmitter

樹状突起 dendrite

軸索 axon

シナプス synapse

小胞 vesicle

神経伝達物質は，神経インパルスを一つの神経細胞（ニューロン）から別の細胞へと伝達する役割を果たす化学物質である．図8・2に示すように，神経は，細胞体に連結した**樹状突起**とよばれる多くの短い糸状構造体からできている．また，細胞体から**軸索**という長い茎状の突起物が伸びている．軸索の反対側の末端は多数の微小な糸状の構造体に分岐しており，近傍にある神経の樹状突起と微小な間隔をもって接合している．この接合部位を**シナプス**という．

神経伝達物質は，シナプスに近い軸索の末端の中の**小胞**に貯蔵されている．電気的な信号が細胞体から軸索に沿って流れ，末端に到達すると，神経伝達物質が放出される．神経伝達物質はシナプスの間隙を拡散し，隣接する神経の樹状突起上に分布する受容体に結合する．

シナプス前細胞 presynaptic neuron

シナプス後細胞 postsynaptic neuron

- 神経伝達物質を放出する細胞を**シナプス前細胞**という．
- 神経伝達物質を結合する受容体をもつ細胞を**シナプス後細胞**という．

ひとたび神経伝達物質が受容体に結合すると，化学的な情報が伝えられる．その後，神経伝達物質は分解されるか，あるいはシナプス前細胞に戻り，この過程が繰返される．

薬剤はさまざまな方法で神経伝達物質に影響を与える．たとえば，神経伝達物質の放出を阻害する薬剤があり，あるいは受容体への結合を阻害する薬剤もある．また，ある薬剤は放出される神経伝達物質の量を増加させる．他の薬剤は神経伝達物質の分解に影響を与え，あるいはシナプス前細胞による再取込みを阻害する．

すべての神経伝達物質には窒素原子が含まれている．重要な神経伝達物質として三つのアミン，すなわちノルエピネフリン，ドーパミン，セロトニンと，アンモニウムイオンであるアセチルコリンがある．

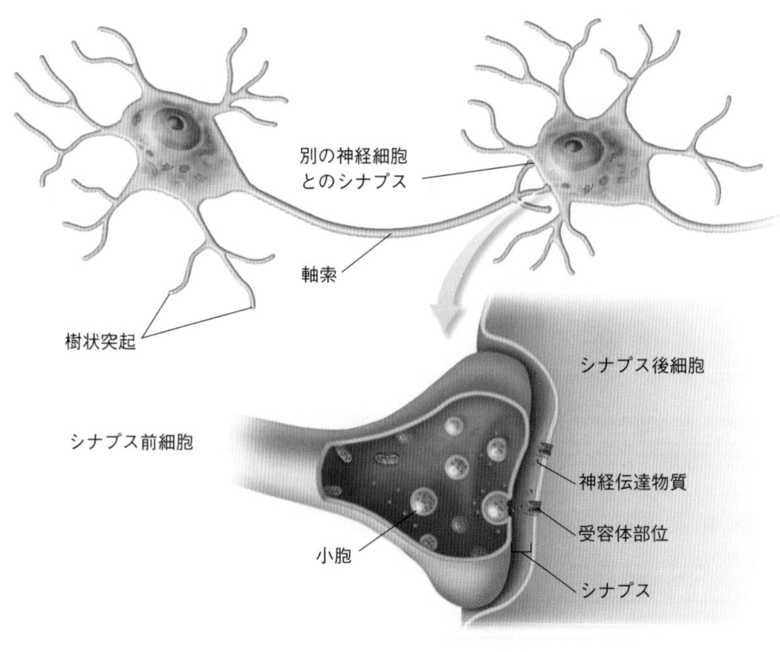

図8・2 **神経伝達物質：神経細胞間で情報を伝達する．** 神経伝達物質はシナプス前細胞にある小胞から放出され，シナプスの間隙を拡散し，シナプス後細胞にある受容体部位に結合する．

ノルエピネフリン
（ノルアドレナリン）

ドーパミン

セロトニン

アセチルコリン

8・6A ノルエピネフリンとドーパミン

ノルエピネフリンと**ドーパミン**は，構造的に関連のある二つの神経伝達物質である．図 8・3 に示すように，いずれもアミノ酸のチロシンから合成される．

精神的健康を良好に保つためには，両方のアミンの濃度が適切であることが必要となる．たとえば，ノルエピネフリンの濃度が正常値を超えるとヒトは気分が異常に高揚し，さらに高濃度になると，躁状態にかかわる行動をとるようになる．また，§8・7 で学ぶように，ヒトが恐怖やストレスを感じると，ノルエピネフリンがエピネフリンに変換される．

一方，ドーパミンは運動，感情，快楽を制御する脳の過程に影響を与える．ドーパミンを生成する神経細胞が失われ，脳内のドーパミン濃度が著しく低下すると，ヒトは繊細な運動技能を制御することができなくなり，パーキンソン病に陥る．101 ページのコラムで学んだように，脳内のドーパミン濃度は，ヒトにドーパミンを投与することによって簡単に増大させることはできない．これは，ドーパミンが**血液脳関門**，すなわち血液と脳の組織液との間の物質交換を制御する機構を通過することができないためである．図 8・3 に示したドーパミンの前駆物質である L-ドーパは，血液から脳へと移動できるので，パーキンソン病の治療に効果的に用いられる．高いドーパミン濃度もまた健康に害があり，統合失調症に関連があるとされる．

また，ドーパミンは中毒症状に重要な役割を果たしている．正常なドーパミン濃度は，ヒトに快感や満足感を与える．しかし，ドーパミン濃度が増大すると，強い“高揚感”をひき起こす．ヘロインやコカイン，あるいはアルコールのような薬物は，ドーパミン濃度を上昇させる．ドーパミン受容体が正常よりも強く刺激されると，受

ノルエピネフリン norepinephrine．ノルアドレナリン（noradrenaline）ともいう

ドーパミン dopamine

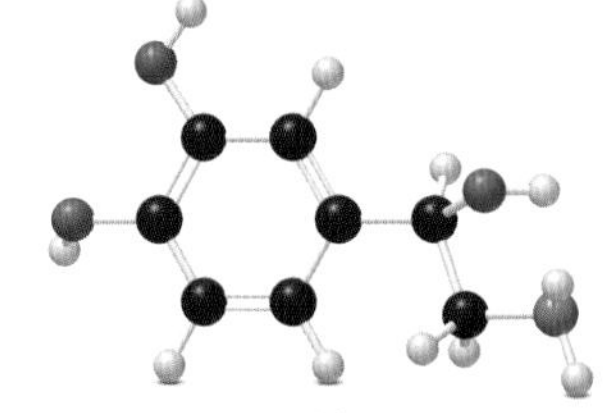

ノルエピネフリン

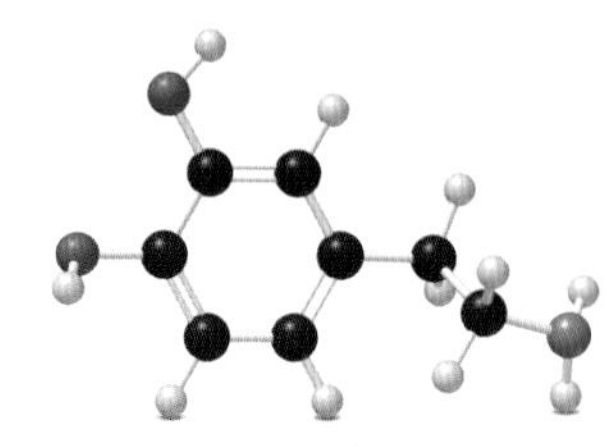

ドーパミン

血液脳関門 blood-brain barrier

チロシン → L-ドーパ → ドーパミン → ノルエピネフリン

図 8・3 **ノルエピネフリンとドーパミンの合成**．ノルエピネフリンとドーパミンはいずれも，アミノ酸の一種であるチロシンから多段階を経て合成される．赤字は，それぞれの過程で新たに導入された基を示す．

容体の数と感度が低下するため，ヒトは同じ快楽を得るためにもっと多くの薬物を必要とするようになるのである．

問題 8・7　右の図は，パーキンソン病の治療薬として市販されているラサギリンの構造式である．次の問いに答えよ．

(a) ラサギリンにおけるアミンを，第一級，第二級，第三級に分類せよ．

(b) ラサギリンに存在する他の官能基を特定し，その名称を記せ．

(c) ラサギリンにおけるキラル中心の位置を示せ．

8・6B　セロトニン

セロトニン serotonin

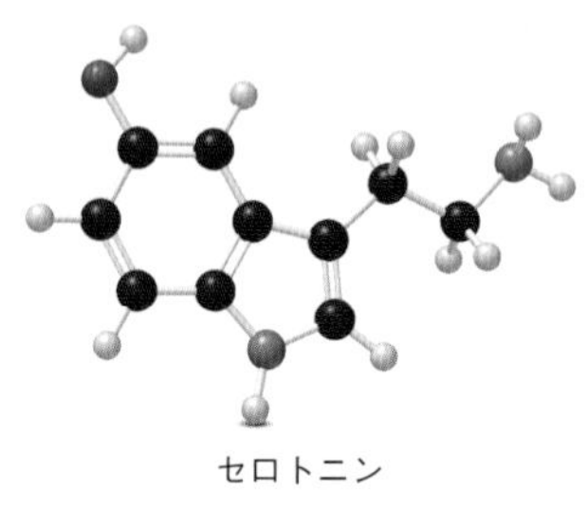

セロトニン

神経伝達物質の一つである**セロトニン**は，アミノ酸のトリプトファンから合成される．セロトニンは気分，睡眠，知覚，体温調節において重要な役割を果たす．

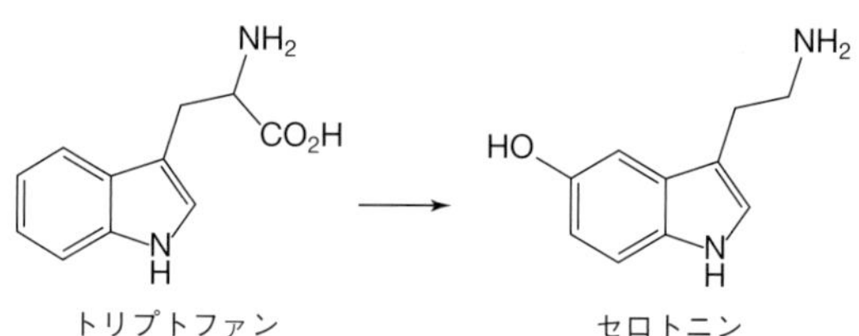

セロトニンの欠乏はうつ病をひき起こす．ヒトの気分の決定にセロトニンが主要な役割を果たしていることが判明し，これによりうつ病を治療するためのさまざまな薬剤が開発された．現在，最も広く用いられている抗うつ薬は，**選択的セロトニン再取込み阻害薬**である．この薬剤は，シナプス前細胞によるセロトニンの再取込みを阻害することによって，セロトニン濃度を効果的に増大させる作用をもつ．このような作用を示す一般的な抗うつ薬として，フルオキセチンとセルトラリンの二つがある．

選択的セロトニン再取込み阻害薬 selective serotonin reuptake inhibitor，略称 SSRI

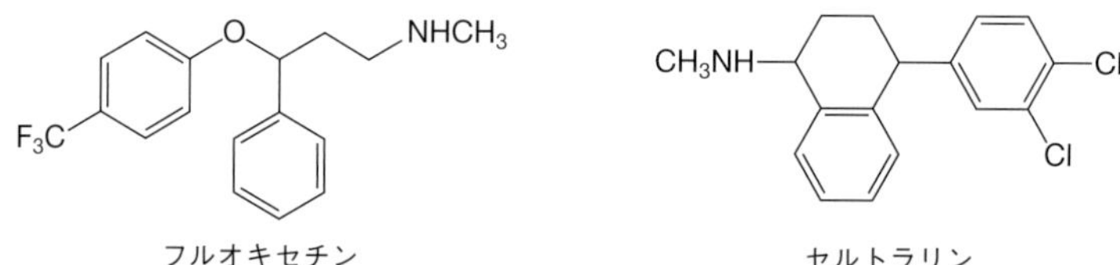

また，脳内のセロトニン濃度が適切でないと偏頭痛が起こることが発見され，これによってこの症状に関連する痛みや吐き気，光過敏症に対抗するさまざまな薬剤が合成された．これらの薬剤には，スマトリプタンやリザトリプタンなどがある．

スマトリプタン　　リザトリプタン

問題 8・8　トリプトファンからセロトニンへの変換は二段階の過程で進行する．この過程において，付け加えられる官能基と，除去される置換基の名称をそれぞれ記せ．

セロトニンの代謝を妨害する薬剤は，精神状態に重大な効果をもたらす．たとえば，アマゾンの密林にすむヒキガエルから単離されたブホテニンや，キノコの一種であるシビレタケから単離されたシロシンは，構造がセロトニンときわめてよく似ており，いずれも強い幻覚症状をひき起こす．

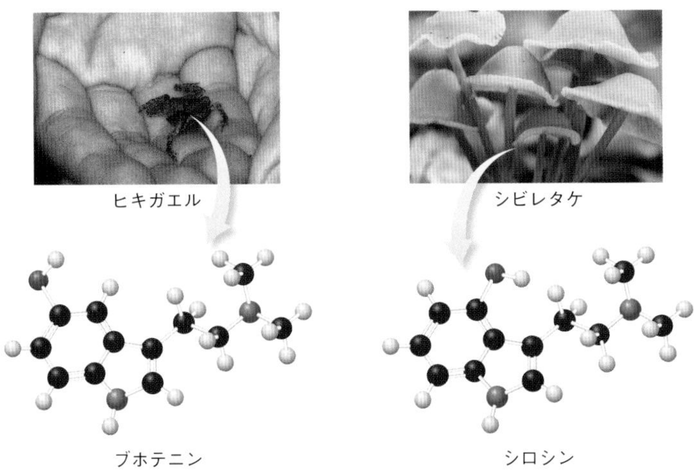

8・6C アセチルコリンとニコチン中毒

アセチルコリン acetylcholine

アセチルコリンは，神経細胞と筋肉細胞の間の神経伝達物質として働く第四級アンモニウムイオンである．脳内においてアセチルコリンは，記憶や感情など，さまざまな機能に関与している．

$$\left[CH_3-\overset{O}{\overset{\|}{C}}-O-CH_2CH_2-\underset{CH_3}{\overset{CH_3}{\overset{|}{\underset{|}{N}}}}-CH_3 \right]^+$$

アセチルコリン

ニコチン

喫煙者が感じる愉快な高揚感は，ニコチンがアセチルコリン受容体と相互作用することによるものである．低濃度では，ニコチンはこれらの受容体に結合して幸福感や覚醒感をもたらすので，興奮剤となる．他の神経細胞も活性化され，これによってドーパミンが放出される．ドーパミンの放出によってひき起こされる快感が，ニコチン中毒の要因となる．時間がたつと受容体は不活性化し，その一部は退化するので，ニコチンに対する耐性が強くなる．このため，継続して同じ快感を得るためにはさらに多くの量が必要になる．

8・7 エピネフリンと関連化合物

ホルモン hormone

神経伝達物質が神経系の化学的な伝達体であるのに対して，**ホルモン**は内分泌系の化学的な伝達体である．ホルモンは内分泌腺で合成され，その後，血流によって標的となる組織や器官に移動する．

エピネフリン epinephrine
アドレナリン adrenaline

エピネフリンは一般に**アドレナリン**ともよばれ，副腎においてノルエピネフリンから合成されるホルモンである．

ノルエピネフリン（ノルアドレナリン） → エピネフリン（アドレナリン）

ヒトが危険を感じたりストレスに直面すると，脳の視床下部とよばれる領域から副腎に信号が送られ，エピネフリンが合成され放出される．エピネフリンは血流に入り，多くの器官にある受容体を刺激する（図8・4）．たとえば，肝臓で貯蔵されていた炭水化物が代謝され，グルコースを生成し，それはさらに代謝されてエネルギーが増産される．また，心拍数や血圧を増大させ，肺の気管を拡張させる．これらの生理的変化は一般に“アドレナリンラッシュ”とよばれ，これによってヒトは危険やストレスから身を守るために，“戦うか逃げるか”の準備を整える．

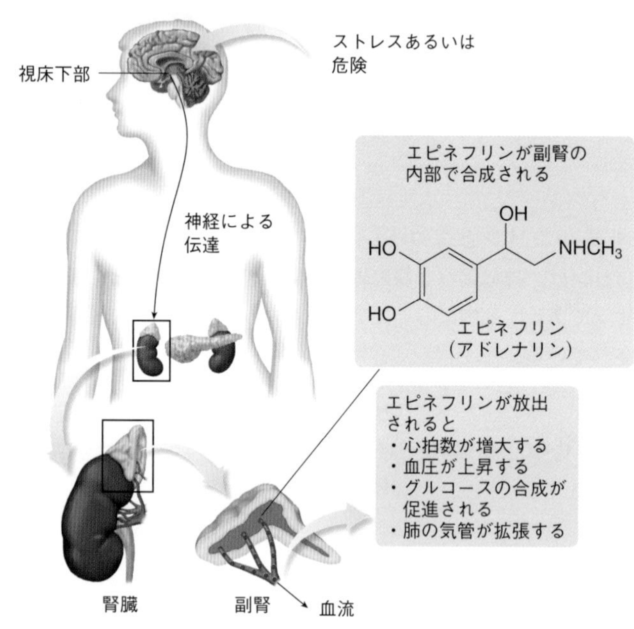

図 8・4　**エピネフリン：“戦うか逃げるか” のホルモン**

8・7A　2-フェニルエチルアミンの誘導体

エピネフリンやノルエピネフリンのように，2-フェニルエチルアミン $C_6H_5CH_2$-CH_2NH_2 の誘導体には生理活性をもつ化合物が非常に多い．これらの化合物はいずれも，共通の構造単位をもっている．すなわち，窒素原子に結合した2個の炭素からなる炭素鎖が結合したベンゼン環である．

2-フェニルエチルアミン　　　共通の構造単位を赤字で示した

アンフェタミン amphetamine

メタンフェタミン methamphetamine

注意欠陥多動障害 attention-deficit hyperactivity disorder，略称 ADHD

たとえば，中枢神経系の強い興奮剤である**アンフェタミン**と**メタンフェタミン**は，いずれも2-フェニルエチルアミンの誘導体である．これらのアミンは心拍数や呼吸速度を増大させる作用をもつ．これらはまた血液に含まれるグルコースの濃度を増大させるので，空腹感や疲労を減少させる．アンフェタミンとメタンフェタミンは，**注意欠陥多動障害**や体重減少に対して処方されることもある．しかし，それらはきわめて中毒性が高く，広く乱用されている薬物であり，細心の注意をもって取扱う必要がある．アンフェタミンとメタンフェタミンはいずれも，脳内のドーパミン濃度を増大させることによって，愉快な高揚感をひき起こす．

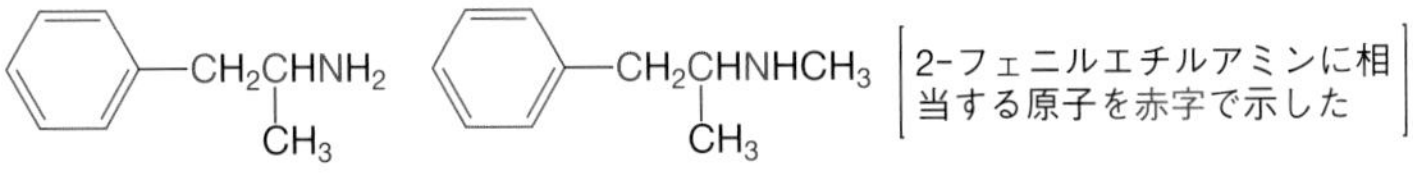

アンフェタミン　メタンフェタミン

［2-フェニルエチルアミンに相当する原子を赤字で示した］

鼻づまり薬の有効成分である**プソイドエフェドリン**も，2-フェニルエチルアミンの誘導体である．プソイドエフェドリンはメタンフェタミンに容易に変換できるので，多くの商品では，類縁アミンである**フェニレフリン**に置き換えられている．プソイドエフェドリンを含む商品は，まだ店頭で販売されてはいるが，その売買は厳重に規制されている*．

プソイドエフェドリン pseudoephedrine

フェニレフリン phenylephrine

＊　訳注：日本ではプソイドエフェドリンを含む一般医薬品は，販売時の数量を原則として１人１箱に制限されている．

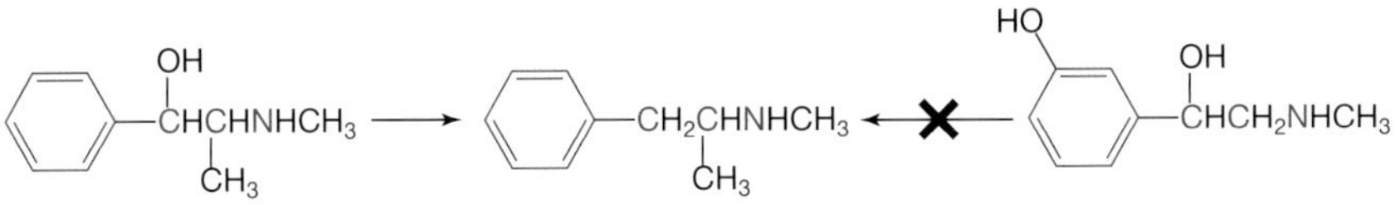

プソイドエフェドリン　メタンフェタミン　フェニレフリン

問題 8・9　次の化合物について，2-フェニルエチルアミンの構造単位に相当する原子を標識せよ．メスカリンは，米国南西部やメキシコを原産とするサボテンのペヨーテに含まれる化合物であり，幻覚剤としての活性を示す．また，LSD は“アシッド”と俗称される幻覚剤であり，1938 年にスイスの化学者ホフマン（Albert Hofmann）によって最初に合成された．

(a) メスカリン　(b) LSD

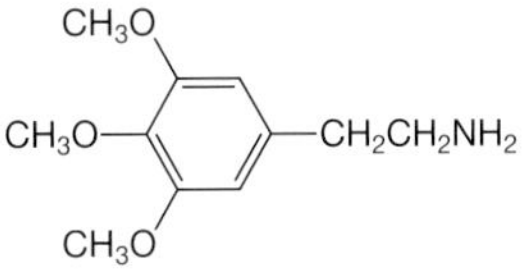

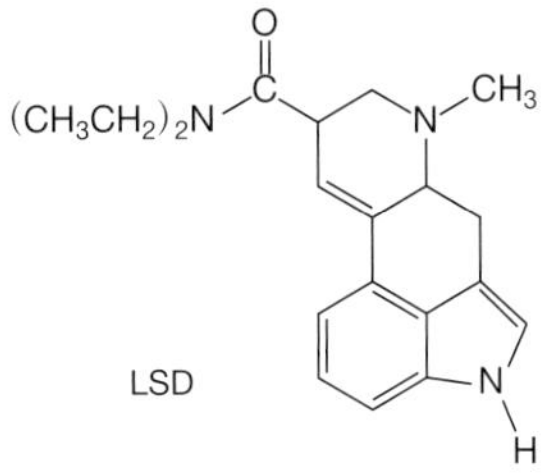

8・7B　ぜんそくを治療するための薬剤

エピネフリンと構造的に類似しているが，その広範囲に及ぶ生理活性のうちのある部分だけを示す薬剤の探索が行われ，それによっていくつかの有用な医薬品が開発された．たとえば，**アルブテロール**と**サルメテロール**はいずれも 2-フェニルエチルアミンの誘導体であり，気管支拡張薬として用いられる．さらにそれらは心臓を刺激しないため，ぜんそくの治療に有用な化合物である．アルブテロールは短時間に作用する薬剤であり，ぜんそくに関連するゼーゼーという息をやわらげるために用いられる．サルメテロールはもっと長時間にわたって作用するため，ぜんそくの症状に一晩中悩まされることがないように，就寝前に用いられることが多い．

アルブテロール albuterol

サルメテロール salmeterol

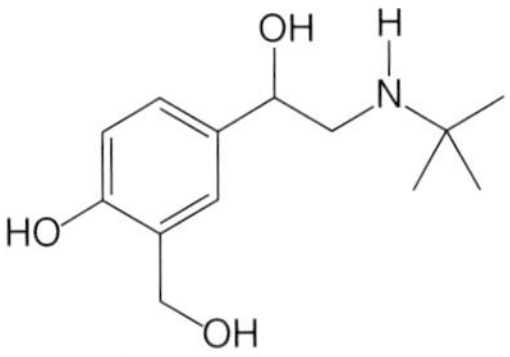

アルブテロール 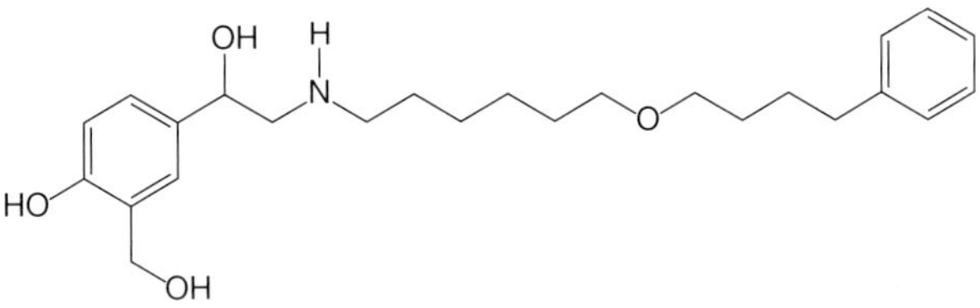　サルメテロール

ヒスタミンと抗ヒスタミン薬

ヒスタミン（histamine）は生理活性をもつアミンの一つであり，アミノ酸の一種であるヒスチジンから多くの組織で合成される．

ヒスチジン

ヒスタミン

ヒスタミンは神経伝達物質の一種であり，H_1 受容体および H_2 受容体とよばれる二つの異なる受容体に結合して，人体にさまざまな生理学的効果を与える．ヒスタミンは血管拡張作用，すなわち毛細血管を広げる作用をもつので，血流を増大させるために傷口や細菌が感染した部位で放出される．またヒスタミンは，鼻水や涙目などのアレルギー症状の原因となる物質である．胃では，ヒスタミンは胃酸の分泌を促進する作用をもつ．

スコンブロイド食中毒は，冷蔵が適切でなかったシイラやマグロなどの魚を食べたことにより起こる食中毒であり，顔面紅潮，じんましん，一般的なかゆみなどの症状がみられる．微生物によって，魚に含まれるアミノ酸の一種のヒスチジンがヒスタミンに変換され，多量に摂取されたときに，これらの症候群が現れる．

H_1 ヒスタミン受容体に結合するが，ヒスタミンとは異なった応答をひき起こす薬剤を**抗ヒスタミン薬**（antihistamine）という．たとえば，クロルフェニラミンやジフェンヒドラミンのような抗ヒスタミン薬は，血管拡張を抑制するため，ふつうのかぜや環境に由来するアレルギー症状の治療に用いられる．また，これらの抗ヒスタミン薬は血液脳関門を通過し，中枢神経系の H_1 受容体に結合することによって，眠気をひき起こす．しかし，フェキソフェナジンのような比較的新しい抗ヒスタミン薬は，H_1 受容体に結合するものの，眠気をひき起こすことはない．これは，それらの抗ヒスタミン薬は血液脳関門を通過することができないので，中枢神経系の H_1 受容体に結合しないためである．

クロルフェニラミン
（抗ヒスタミン薬）

ジフェンヒドラミン
（抗ヒスタミン薬）

フェキソフェナジン
（非鎮静性抗ヒスタミン薬）

H_2 受容体に結合する薬剤は異なる効果をもたらす．たとえば，シメチジンは H_2 ヒスタミン受容体に結合し，その結果，胃における胃酸の分泌を減少させる．このため，シメチジンは効果的な抗潰瘍薬となる．

シメチジン
（抗潰瘍薬）

掲 載 図 出 典

1 章

章頭図 ©nevodka/Shutterstock.com，p.2 上 段 写 真 左 か ら ©Pakhnyushchy/Shutterstock.com，©Ingram Publishing RF，p.6 欄外 ©Pakhnyushchy/Shutterstock.com, p.14 欄外 ©Mazur Travel/Shutterstock.com, 図 1･4 左 か ら ©vitor costa/Shutterstock.com，©Good luck images/Shutterstock.com，©Jochen Schoenfeld/Shutterstock.com，©9 comeback/Shutterstock.com，図 1･5 ©FoodCollection/StockFood RF，p.22 ©Pavel Korotkov/Shutterstock.com

2 章

章頭図 ©ilmarinfoto/Shutterstock.com，p.24 左から ©God of Insects，©Jack Hong/Shutterstock.com，p.29 欄外 ©chaiyapruek youprasert/Shutterstock.com，p.34 ©Alex Veresovich/Shutterstock.com，図 2･2a ©Photo smile/Shutterstock.com, p.37 欄外 ©jukurae/123RF.com

3 章

章頭図 ©McGraw-Hill Education/Jill Braaten, photographer, p.43 欄 外 ©Zigzag Mountain Art/Shutterstock.com，p.47 欄 外 ©Bankrx/Shutterstock.com, p.53 コラム図 ©McGraw-Hill Education/Jill Braaten, photographer，p.54 ©Andrew Lambert Photography/Science Source，図 3･4 左上から時計回りに ©McGraw-Hill Education/John Thoeming, photographer，©MyImages-Micha/Shutterstock.com，©McGraw-Hill Education/John Thoeming，photographer，©Svetlana Zaporozhets /123RF.com，表 3･2 上から ©Image Source/Getty Images RF，©Steve Allen/Shutterstock.com，©Jill Braaten RF，p.65 上段 左から Bob Nichols, USDA Natural Resources Conservation Service，©Stepan Kapl/Shutterstock.com， 中 段 左 か ら ©okimo/Shutterstock.com，©gunungkawi/Shutterstock.com，©Dipak Shelare/Shutterstock.com，コラム図 ©NORIKAZU SATOMI/123RF.com

4 章

章頭図 ©StevanZZ/Shutterstock.com， 図 4･1 左 か ら ©Meandering Trail Media/Shutterstock.com，©Jesus Cervantes/Shutterstock.com，Photo by Dan-Cristian Pădureț on Unsplash，p.75 左から ©kazoka30/123RF.com，Photo by Trisha Downing on Unsplash，p.77 欄外 Ben Mills，p.81 上から ©Ed Reschke，©yoshi0511/Shutterstock.com，p.87 コ ラ ム 写 真 NASA，p.89 ©McGraw-Hill Education/Suzi Ross，photographer

5 章

章頭図 ©PeskyMonkey/Shutterstock.com, 図 5･1a ©McGraw-Hill Education/Jill Braaten, photographer, 図 5･1b ©biosphoto/Claude Thouvenin，p.96 左から ©Meandering Trail Media/Shutterstock.com，©Iva Villi/Shutterstock.com，p.105 欄外 ©blew_s/Shutterstock.com，p.106 左から ©McGraw-Hill Education/Elite Images，©cpreiser000/Shutterstock.com

6 章

章頭図 ©McGraw-Hill Education/Charles D. Winters/Timeframe Photography, Inc., p.111 欄外 ©Evyatar Dayan/Shutterstock.com, p.115 ©McGraw-Hill Education/Jill Braaten, photographer, p.121 欄外 ©Daniel C. Smith, p.126 ©Tarasyuk Igor/Shutterstock.com, 欄外 ©Richo Cech, Horizon Herbs, LLC.

7 章

章頭図 ©mblach/123RF.com, p.130 ©McGraw-Hill Education/Jill Braaten，photographer，p.135 欄外 ©EQRoy/Shutterstock.com, p.136 左から ©Jiang Hongyan/Shutterstock.com，©emmanuelle-grimaud/Shutterstock.com，©lermont51/Shutterstock.com，p.140 ©Anna Sedneva/Shutterstock.com，p.141 左から ©Zerbor/Shutterstock.com，©Biopix，p.153 Library of Congress, Prints & Photographs Division

8 章

章頭図 ©Andrii Horulko/Shutterstock.com，p.156 左から ©David Bokuchava/Shutterstock.com，©Steven P. Lynch RF，p.162 コ ラ ム「 カ フ ェ イ ン 」左 か ら ©nimon/Shutterstock.com，©Atstock Productions/Shutterstock.com，©Photoongraphy/Shutterstock.com，p.162 コラム「ニコチン」左から ©Thanrada Homs/Shutterstock.com，©garr_333/Shutterstock.com，©Stepan Kapl/Shutterstock.com，p.163 上から Photo by Forest and Kim Starr，©Werner Arnold，p.171 左 か ら ©Daniel C. Smith，©serrgey75/123RF.com，p.174 コラム図 ©Daniel C. Smith

索　　引

あ　行

か　行

ま 行

や～わ

村田　滋（むらた しげる）

1956年 長野県に生まれる
1979年 東京大学理学部 卒
1981年 東京大学大学院理学系研究科修士課程 修了
現 東京大学大学院総合文化研究科 教授
専門 有機光化学，有機反応化学
理学博士

第1版 第1刷　2021年8月31日 発行

スミス 基礎有機化学
（原著第4版）

訳　者　　村　田　　滋
発行者　　住　田　六　連
発　行　　株式会社 東京化学同人
東京都文京区千石3丁目36-7（〒112-0011）
電話（03）3946-5311・FAX（03）3946-5317
URL: http://www.tkd-pbl.com/

印刷・製本　日本ハイコム株式会社

ISBN978-4-8079-2014-3
Printed in Japan